自動車工学の基礎理論

エンジン・シャシー・走行性能

工学博士
林　義正

グランプリ出版

編集部より

　小社が、本書『自動車工学の基礎理論』を刊行することになったのは、日本陸用内燃機関協会の機関誌「LEMA」編集長の飯塚昭三氏から、「LEMA」に連載されていた林義正氏の連載記事についてお聞きしたことがきっかけです。「エンジンとクルマの108の煩悩」という非常にユニークなタイトルで、毎回、「なぜこうなるのか？」という疑問形式のテーマに対し、林氏が、理論的かつ平易な文章と、自ら手描きしたオリジナルの図版で分かりやすく解説をする、という内容で、飯塚氏から書籍化へのご提案をいただきました。

　疑問と解説の数は、仏教でいう煩悩の数と同じ108におよんでおり、掲載された著者手描きの図版は、あわせて約400点もあります。これを一冊にまとめることで、技術者を志して自動車工学を学ぶ学生の方はもちろん、現場の技術者の方や、自動車に興味をもつ一般の方まで、幅広い読者の皆様にとって非常に役立つ書籍を刊行することができたと考えております。

　本書の企画に対し快く応じていただいた著者の林義正氏、そして「LEMA」の飯塚編集長ならびに連載開始時「LEMA」編集長を務めておられた中澤宏氏に、感謝を申し上げます。

本扉写真：著者が2008年、学生チームとともに参戦したル・マンカーに搭載されたYR40Tエンジン（YGK製）。学生チームによる出場はル・マン史上初であった。

はじめに

　本書は日本陸用内燃機関協会の機関誌「LEMA」に連載された「エンジンとクルマの108の煩悩」に加筆し、ジャンル別にアレンジし直したものです。

　自動車メーカーの研究開発現場から大学教授に転身してまずおどろいたのは、モノ作りや工学に憧れる学生の多いことでした。しかし、大学では専門科目を演繹的に積み上げていく工学教育が行われていました。真のモノ作りを経験してないと、どうしても抽象的な講義になるのはやむを得ない面もあります。しかし悲しいかな、学生たちの興味はやがて薄れていくようでした。

　そこで、モノ作りの現場で技術課題を解決するのにそれぞれの専門科目がどのように応用されているのかを、帰納的に論じる試みをしてみました。補助教材は手作りのプリントと部品などの現物です。そして機械工学の4力学といわれる材料力学、機械力学、流体力学、熱力学を感覚的に理解できるように工夫しました。私の担当であるエンジン工学や自動車工学などは総合工学といえます。どこからも切り口しだいで、専門科目やそれを支える物理や数学まで掘り下げられると思い、実際そうしました。例えば、エンジンの振動問題から機械力学や材料力学を、燃費の改善から熱力学を、レーシングカーではウイングや車体形状から流体力学を論じることができます。

　こうした工夫が学生にうけて、教室はやがて立ち見ができるほどになりました。モノや現象から理論に入ることも大切であることを、この試みから学びました。それを踏襲して執筆したのが連載であり、本書です。

　通常は単位にはカッコはつけませんが、本書ではXやYのような置き字のあとの単位にはX（m）のように（　）をつけてmが単位であることを明確にし、数字には付けないで分かりやすくしています。

　写真を除く図はモノとしてのプロポーションにこだわった手描きとし、これをフォトグラファーの田中紀子さんがスキャナーで取り込んで文字を打ち完成させてくれました。その忍耐強いご苦労に感謝しております。

林　義正

目次

本書に記載のアルファベット記号は、以下のように使い分けをしています。

①物理では一般に質量はmで表しますが、本書では敢えて自動車の質量をMとして強調しました。

②gは質量の単位グラム、gは重力加速度（本書では $9.8\,\mathrm{m/s^2}$ とする）を表します。

③vは速度、Vは体積または容積を表します。

④kは1000（ 10^3 ）倍を意味するキロを表し、Kは絶対温度のケルビン、または比例定数を表します。

第1章
物理と化学と熱力学

地上で1キログラムの重さのものでも、国際宇宙ステーションの中で計るとゼロである。だが、依然として質量は存在する。ここから工学単位からSI単位に移行した必然性を考える。またエンジンやクルマで不思議に思う現象や特性を物理的に解説する。例えば、熱エネルギーを仕事に変えるときなぜガスの膨張を使うのか、これが分かれば、抽象的な学問にも思える熱力学が身近に感じられる。本書を楽しく理解するのに必要な予備知識をここに纏めた。

1-1. トルクや出力の単位kgmやpsはなぜ使われなくなったのか

　以前の自動車のカタログに使われていたkgmやpsが、NmとkWにかわっている。それは世界の標準となる国際単位、すなわちSI単位に移行したからである。これまでの力の単位kgがN（ニュートン）に、よく使う仕事や熱量はJ（ジュール）に統一された。

　1kgの力というと1kgの物体の重さとして感じることができる力であり、質量のkgと区別するため、これを1kgfということもある。しかし、無重力の人工衛星の中で同じ質量のものをもっても、重さはゼロである。だが1kgという質量は依然として存在している。

　日常で感じる1kgは地球の引力による加速度gすなわち$9.8m/s^2$（正確には$9.80665m/s^2$）によって生じる重量である。これはニュートンの運動の法則$F=m\alpha$（F：力、m：質量、α：加速度）により$1kg \times 9.8m/s^2=9.8kg\cdot m/s^2$ということになる。ここで、図1のように1kgの物体にはたらいて$1m/s^2$の加速度を生む力として1Nが定義された。従って、1kgの力は9.8Nとなる（図2）。

　このNを使って図3のように質量1,200kgの自動車が0.2gで加速をしているときの駆動力を算出してみる。先の$F=m\alpha$の式でm=1,200kg、0.2gは$0.2 \times 9.8m/s^2$$=1.96m/s^2$であるので、$F=1,200 \times 1.96=2,352N$ということになる。これを以前のkgに直すと9.8Nが1kgの力であるので2,352/9.8=240kgとなる。

　また、従来のkgのかわりにNを用いトルクの単位としたのがNmで、中心から1mのところに回転方向に1Nの力を加えたときのトルクが1Nmである。エンジン

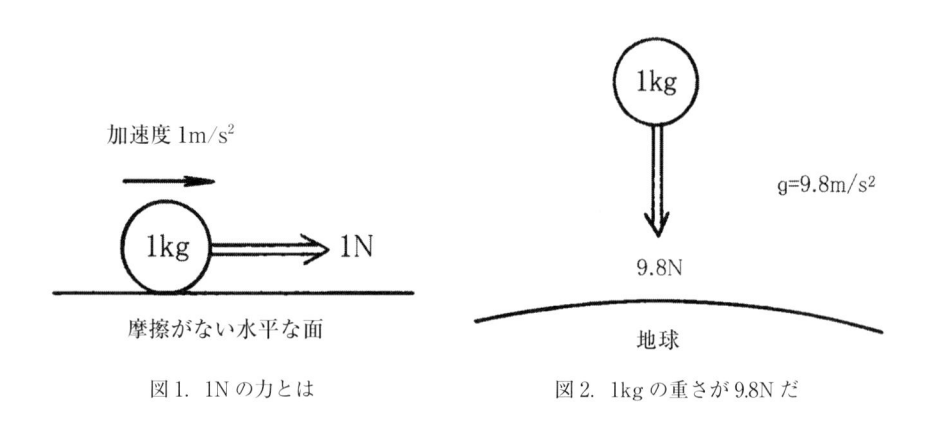

加速度 $1m/s^2$

1kg ⟹ 1N

摩擦がない水平な面

1kg

g=$9.8m/s^2$

9.8N

地球

図1. 1Nの力とは　　　　　　　　図2. 1kgの重さが9.8Nだ

のトルクが377Nmの場合は、これを9.8で割って38.5kgmと換算できる。

　この図4のように1Nの力で摩擦力に打ち勝って1m動かした時の仕事、すなわち1N × 1mを1J（ジュール）と定義している。これを1,000倍して1kJとして使う場合が多い。そして、1秒間に1Jの仕事をするときの仕事率を1W、その1,000倍を1kWという。キロワットと従来の馬力（ps）との間には1ps=0.7355kWの関係がある。200psは200 × 0.7355=147.1kWとなる。このJは熱量の単位でもある。熱力学の法則により熱と仕事は互いに行き来できるので同じという考えである。従って単位も同じJ（1,000倍してkJ）を用いる。1kcalは約4.2kJに相当する。600kcalの食事は4.2 × 600=2,520kJとなる。

　また、圧力の単位もkg/cm^2（工学単位では$1kg/cm^2$を1気圧と称していた）からNを用いたPa（パスカル）に変わった。1Paは図5のように$1m^2$の面積に1Nの力が加わった時の圧力で$1Pa=1N/1m^2$である。これではあまりにも小さいので自動車では1,000倍したkPaや100万倍したMPaを使うことが多い。天気予報で使われるhPaは100Paのことである。タイアの空気圧$2.3kg/cm^2$は$9.8 × 2.3N/cm^2=9.8 × 2.3 × 10^4/m^2=225.4 × 10^3Pa$、約225kPa=0.225MPaとなる。また、1MPaは$10.2kg/cm^2$なので大体10気圧、同じく100kPaは約1気圧と覚えておくと便利である。

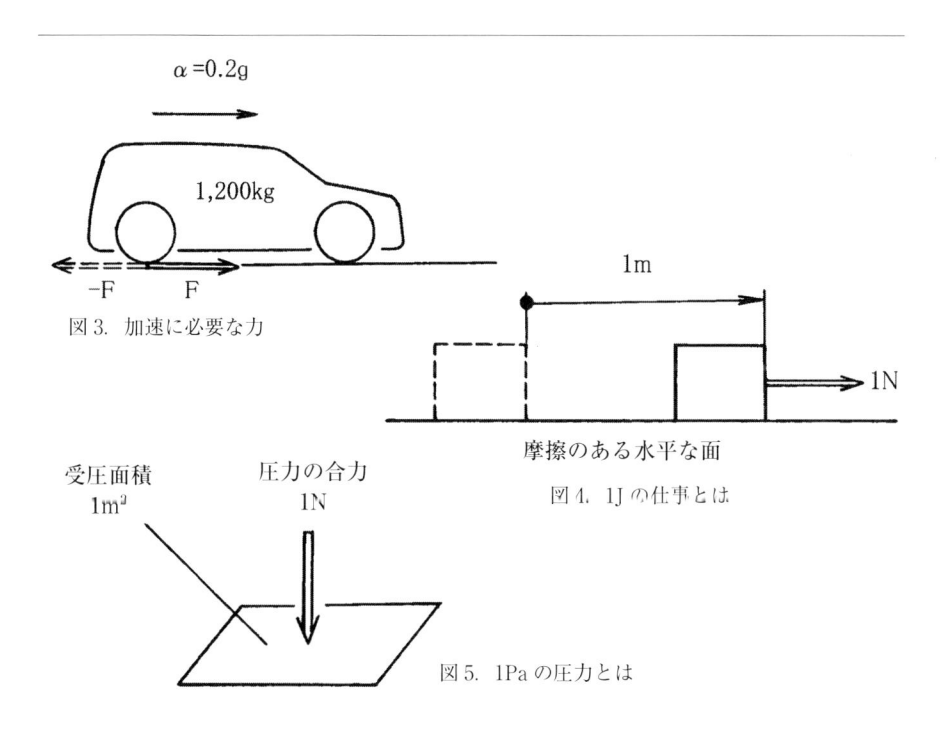

α =0.2g

1,200kg

−F　F

図3. 加速に必要な力

受圧面積
$1m^2$

圧力の合力
1N

1m

1N

摩擦のある水平な面

図4. 1Jの仕事とは

図5. 1Paの圧力とは

1-2. エンジンのトルクと出力（馬力）、どちらが大切か

　トルクと出力は次元が異なるので直接比較することはできない。トルクTは回そうとする力で単位は仕事と同じNmであるが仕事ではない。ホイールナットを100（Nm）で締めてホイールレンチを外しても、100（Nm）のトルクは残ったままであるが、それ以後は動いていないのでなにも仕事をしていない。トルクとは図1のように中心からr（m）離れたところに円周に沿って接線方向に力F（N）をかけたときの回転力（回転モーメントともいう）$F \times r$のことである。ところがこのFを円周にそって1周させると仕事にかわる。1周するとFは$2\pi r$（m）動くから、このFがした仕事は$F \times 2\pi r$（Nm）となる。ところが$F \times r = T$であるので、このトルクは$2\pi T$（Nm）の仕事をしたことになる。

　一方、出力は仕事率とも呼ばれ、1秒間にした仕事（Nm/s）である。このTで1秒間にする仕事を出力と呼び単位はNm/s、すなわちWである。これでは自動車のエンジンの出力としては、あまりにも小さな値なので1000倍してkWとして用いる。このように出力はトルクと単位時間に回った回転数の積に比例しているので、時間の次元が加わっている。

　エンジンがT（Nm）のトルクを出しながらN（rpm）しているときの出力を求めてみる。エンジンは1秒間に$N／60$回転しているから、その間にする仕事Lは$2\pi T \cdot N／60 = \pi TN／30 ≒ 0.105TN$（W）となる。これをキロワットに直すと、

$$L ≒ 0.105TN／1000 （kW） \qquad ……（1）$$

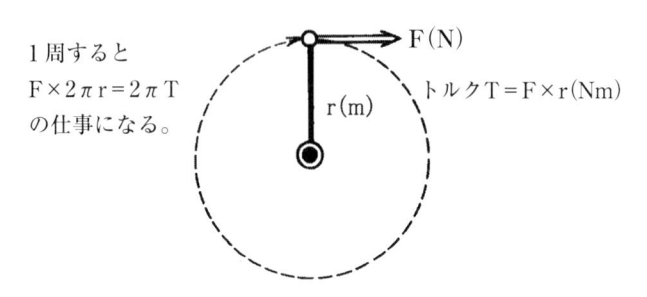

1周すると
$F \times 2\pi r = 2\pi T$
の仕事になる。

r(m)

F(N)

トルク$T = F \times r$(Nm)

図1. トルクが仕事に変わるとき

図2の破線のようにもしNが200（Nm）で一定ならば、(1) 式のTに200を代入して出力は21×N／1000（kW）となり、回転数だけに正比例した直線になる。ところがトルクは実線のように慣性過給や慣性排気などにより変化する。この上に凸のトルクカーブから各回転数に対応する値を読み取って、(1) 式で出力を求めると出力特性も曲線になる。

　トルク特性はバルブの開閉タイミングやリフト特性、吸気・排気マニホールドなどの設計仕様によって味付けをすることができる。図3の実線は最大トルク点を4000rpmに、破線は低速トルクを重視して2500rpmにした場合の模式的な特性図である。最大トルクはいずれの場合も200（Nm）であ る。二つのトルクカーブは3500rpmで交差する。

　式 (1) から明らかなように回転数が低いほど、トルクの差tが出力の差に与える影響は小さい。ところが図の ℓ と ℓ' のように回転数が高くなるほど、トルクの差は大きな出力の差となる。破線の場合は3500rpmまでは、アクセルを踏むと出力の差は小さくてもグッとくるトルク感となる。スポーティな走行をしないのならば、この方を好む人が多い。しかし、エンジンが単位時間にする仕事が大きいほど高速で走ることができるし、重いものを積んでも楽々と坂を登ることができる。高速で駆動力に余裕が生まれる。一方、低速のトルク不足はエンジンが回るのだからギア比でカバーできる。本格的なレーシングカーでは高出力が低速トルクより優先される。

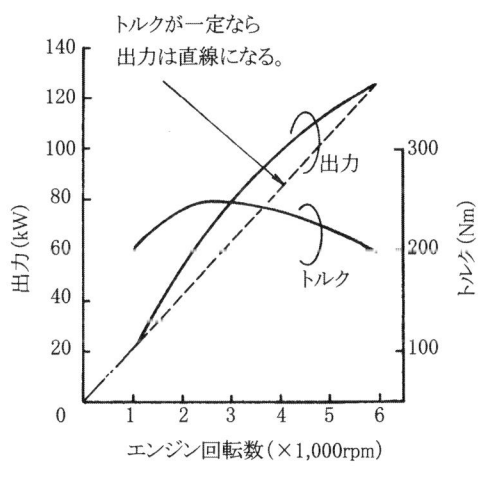

図2. 出力はトルクと回転数の積に比例する

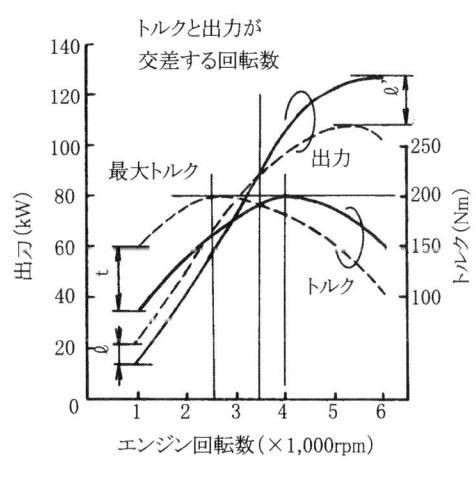

図3. トルクで勝負のデメリット

1-3. 燃料のもつ熱エネルギーはどうなってしまうのか

　工学的に熱勘定といわれる熱の行方はエンジンの諸元や運転状態によっても変わるが、フルスロットル近くでは大体図1のようになっている。正味出力はダイナモメーターで測る出力で、燃料の持つエネルギーの32％程度である。一番大きい排気損失は排気の圧力P（Pa）と流量V（m^3/s）の積PV（Pa×m^3/s）と単位時間に流れる排気の内部熱エネルギーq（J/s）の和（PV+q）である。ここでPaはN/m^2であるからPVの単位はN/m^2×m^3/sはNm/sすなわちJ/s=Wとなる（図2）。ここで、圧力の低い吸気ポートからシリンダーに吸い込み、圧力の高い排気ポートにピストンが押し出すためのポンプ損失（ポンピングロス）を含めて吸排気損失ということもある。

　冷却損失は冷却水とエンジンオイルが奪った熱エネルギーである。エンジンの材料の保護と、ガソリンエンジンではノッキングの抑制のために冷却は必須である。冷却水がシリンダーヘッドの燃焼室や排気ポート、シリンダーまわりから奪った熱はラジエーターから空気に放出される。また、エンジンオイルの冷却作用によってピストンやベアリングから奪う熱量は、冷却水に捨てられる熱量の1／5〜1／4に

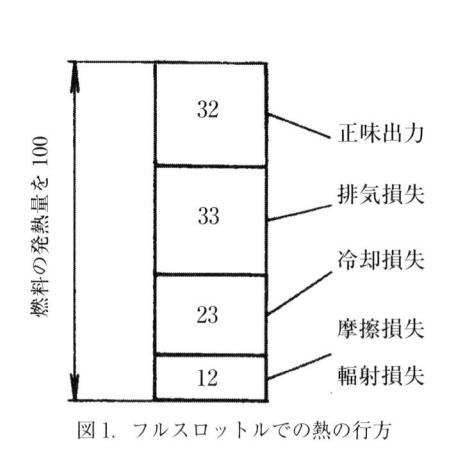

図1. フルスロットルでの熱の行方

正味出力　32
排気損失　33
冷却損失　23
摩擦損失
輻射損失　12

燃料の発熱量を100

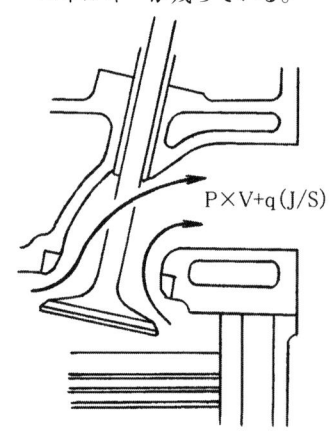

勢いよく噴出する排気にはターボを回せるほどのエネルギーが残っている。

P×V+q（J/S）

図2. もったいない排気損失

相当する。この熱はオイルパンやオイルクーラーから空気に捨てられる。リーンバーンエンジンでは燃焼温度が低くなるので、冷却損失と排気損失が小さくなる。熱効率が改善される一つの要因である。

　輻射損失はエンジンの表面から直接放射される熱エネルギーであり、せいぜい5%以下である。摩擦損失はピストンやベアリングなどの摩擦や動弁系やウォーターポンプ、オルタネーターやオイルポンプの駆動に要する損失である。エアコンやエアブレーキ用の圧縮空気を作るコンプレッサーを駆動するための動力は正味出力から捻出することになるので、その分、自動車を走らせるのに使えるパワーは目減りする。なお、正味出力と摩擦損失を加えた図示出力については2-1-1および2-1-16で詳しく説明する。

　ここで燃料のもつエネルギーには低（位）発熱量（Hu）と高（位）発熱量（Hh）がある。一般に発熱量は低発熱量を指す。熱エネルギーとして有効に使えるのは低発熱量である。一方、高発熱量は燃料の分子中の水素原子が燃えて水蒸気となり、それが凝縮するときに放出する潜熱を含めた熱量である（図3）。石油ストーブで熱として暖房に使えるエネルギーが低発熱量、これに窓ガラスに結露したときに放出する潜熱を加えたのが高発熱量である。燃料の分子中の水素原子が多いほど、高発熱量と低発熱量の差（Hh − Hu）は大きくなる。

　ガソリンの低発熱量はブレンドの仕様や産地、精製方法などによって差があり42500～44000kJ/kgである。工学では熱量の単位はJ、これでは小さいのでその1000倍のkJを使うが、日常よく使うカロリー（kcal）との間には1kcal=4.186kJ ≒ 4.2kJ、逆にいえば1kJ=0.239kcal ≒ 0.24kcalの関係がある。先程のガソリンの発熱量を0.24倍してカロリーに換算すると10200～10560kcal/kgとなる。

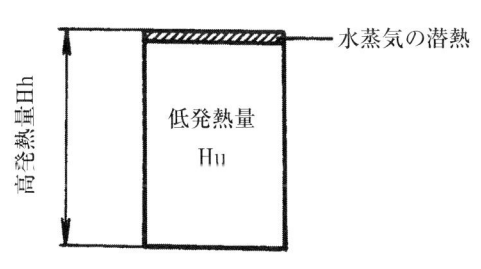

図3. フルスロットルでの熱の行方

1-4. エンジンはなぜガスの圧力を使うのか

　エンジンは熱エネルギーを仕事に変換するための機械であり、その変換過程で必ずガスの膨張がある。図1のようにエンジンの内部で熱を発生させ、これによるガスの膨張を機械エネルギーに変換するものを内燃機関、ボイラーなどの熱発生部からの高温高圧のガスで作動するものを外燃機関と呼ぶ。自動車用エンジンは前者である。ガソリンエンジンのような火花点火エンジンや圧縮着火のディーゼルエンジンはシリンダーの中で直接燃料を燃やして、その熱で作動流体（シリンダー内のガス）の温度を上げることにより、圧縮行程時より強いガス圧力を得てピストンを押し下げて仕事をする。

　どんな気体でも1℃温度が上昇するごとに、0℃のときの体積の1／273ずつ膨張する。273℃になると0℃のときの体積の2倍になる（図2）。この値は固体の体膨張係数より3桁以上も大きい。仮に頑丈な容器の中に0℃で1気圧の気体が封入されていたとする。何らかの方法で中の気体に熱を加えて、2000℃に上げたとする。すると、気体は2000／273=7.33倍の体積になろうとする。しかし、容器の容積は一定だから膨張できず、その代わりに7.33気圧に上昇することになる。この容器がシリンダーヘッドとシリンダーとピストンで構成されていたら、ピストンは初期圧7.33気圧で押し下げられることになる。もし、最初が2気圧なら、14.7気圧もの

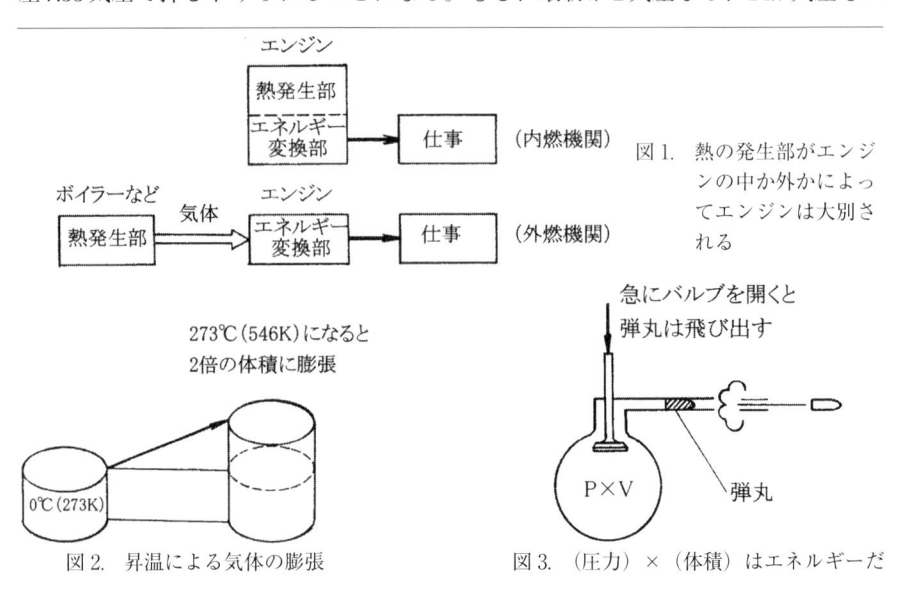

図1. 熱の発生部がエンジンの中か外かによってエンジンは大別される

図2. 昇温による気体の膨張

図3. （圧力）×（体積）はエネルギーだ

圧力になる。

　ここで、圧力 P（単位は Pa すなわち N/m²）と体積 V（m³）との積 PV の単位は(Nm²)×(m³)＝(Nm) となり、エネルギーと仕事の単位 J（Nm）と同じである（図3）。ここで、熱力学ではこの PV に気体の内部エネルギーを加えたものをエンタルピーと称している。排気ターボを回して過給できるのも、排気の持つエンタルピーによるものである。

　次に、気体はすばやく器の形状に従うし、移動できるので都合がよい。もし、体膨張係数が気体なみに大きな液体や固体があったとしても、気体よりはるかに重く仕事をした後で一瞬にしてもとの状態に戻ることはできない。気体の物性は変幻自在であるので、この特性をエンジンに利用するのである。これをガソリンエンジンやガスエンジンのルーツの、理論サイクルであるオットーサイクルを例に説明する。

　図5に示すように1→2で気体を断熱圧縮し、上死点2で瞬間的に熱が加えられると気体の温度が上昇し、それにともなって圧力は3まで上昇する。この圧力でピストンを押しながら下死点4まで断熱膨張をする。ここで、断熱とことわったのは、圧縮や膨張中に熱の出入りがない状態を意味する。この下死点で瞬間的に外部に熱を捨て1の状態にもどる。ピストンとシリンダーとの摩擦がなければ外部に取り出せる仕事は斜線で示した面積になる。これは基本的には圧力と体積の積であるから、単位は Nm であり仕事である。

　気体は1℃上昇するごとに0℃のときの体積の1／273ずつ膨張するが、1℃下がるごとに1／273ずつ収縮する。理論的には-273℃で体積はゼロになる。この-273℃のことを絶対0度、0 K（ケルビン）と称しこれより低い温度は存在しない。一方、高い方には限界はない。

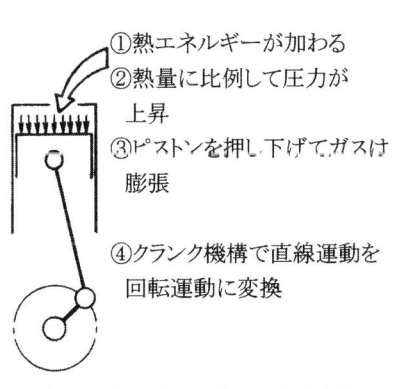

①熱エネルギーが加わる
②熱量に比例して圧力が上昇
③ピストンを押し下げてガスは膨張
④クランク機構で直線運動を回転運動に変換

図4.　容積型エンジンの作動原理

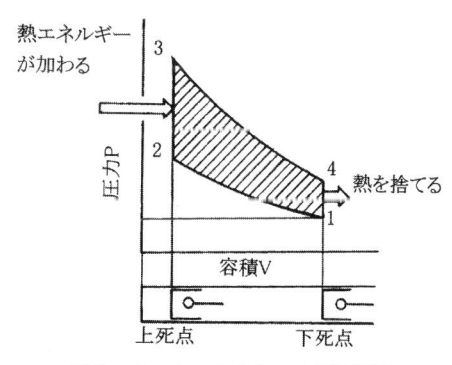

図5.　オットーサイクルの PV 線図

1-5. 空気を急に圧縮するとなぜ温度が上がるのか

　自転車の空気ポンプで空気を圧縮すると、シリンダーの部分が熱くなる。その熱はピストンがシリンダーと摩擦するために発生する摩擦熱ばかりではない。大部分は空気が急に圧縮されるために生ずる熱なのである。ディーゼルエンジンは空気を圧縮して高温になったところに燃料を噴射して着火・燃焼させる。空気は水とちがって圧縮すれば体積は小さくなる。ブレーキオイルはマスターシリンダー内で加圧されても体積は小さくならないで、そのままの体積のオイルがホイールシリンダーに流入する。圧縮すると体積が小さくなる気体を可圧縮性流体、また液体を非圧縮性流体と呼ぶ。

　1-4で述べたように気体は温度が$1℃$（1K）上昇すると$0℃$のときの体積の$1/273$（正確には$1/273.15$）ずつ膨張する。下がるときも同様に$0℃$のときの体積の$1/273$ずつ収縮する。従って、$-273℃$では体積はゼロになる。この温度のことを絶対零度と呼び、0 K（ケルビン）で表す。このとき気体の分子運動はなくなり、まったくエネルギーを持たなくなる。気体の分子運動が停止するこの温度より低い温度は存在しない。

　この絶対零度を基準にすると気体の状態では何がしかのエネルギーを持っていることになる。平たくいえば、気体を圧縮するとこのエネルギーが凝縮して温度が上がる。圧縮という仕事により気体の持つエネルギーが大きくなる。高校の教科書にあるボイルの法則は図1のように体積V_1の気体をV_2まで圧縮するとき、それぞれの圧力をP_1、P_2とすると$P_1 \times V_1 = P_2 \times V_2$（＝一定）になることを意味する。しかし、この式は圧縮によりシリンダー内の気体の温度が上昇するから、実線のように熱を逃がして内部の温度を一定にした場合に成り立つ。また、逆にピストンを引っ

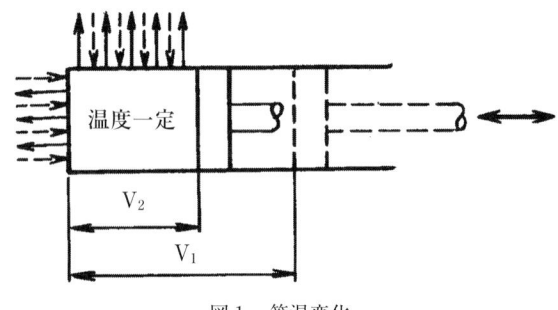

図1.　等温変化

張って気体を膨張させようとしたときは、シリンダー内の温度が下がるので破線のように外部から熱を加えて温度を一定に保つ。このように温度が一定の状態で気体の体積が変化することを等温変化と呼ぶ。

　図2のようにシリンダーを断熱して中の気体を圧縮すると、気体の温度が上昇するのでボイルの法則で計算される圧力よりはるかに高くなる。これを等温変化に対して断熱変化と呼ぶ。気体には圧力が一定の状態における比熱（定圧比熱Cp）と体積が一定のときの比熱（定容比熱Cv）がある。途中は省略するが、この比熱の比Cp／Cv=nがエンジンには重要な値である。先の断熱変化のときはn=κとなり、ヘリウムなどの単原子分子ではκは1.66、窒素や酸素のような2原子分子では1.40、水蒸気や二酸化炭素のような三原子分子では1.33となる。等温変化のときはn=1である。

　図3のように圧力P_1、絶対温度T_1（K）の気体をV_1からV_2まで断熱変化させると、圧縮後の圧力P_2は$P_2 = P_1 \times (V_1／V_2)^{\kappa}$、またこのときの温度は$T_2 = T_1 \times (V_1／V_2)^{\kappa-1}$となる。等温変化の場合は温度は$T_1$のまま一定で、圧力はボイルの法則のように$P_2 = P_1 \times (V_1／V_2)$となる。ここで、図4のように外圧に等しい圧力PでdVだけ気体が膨張するときにする仕事を絶対仕事と呼び、気体が膨張するときに外部に対して仕事をすることを意味する。

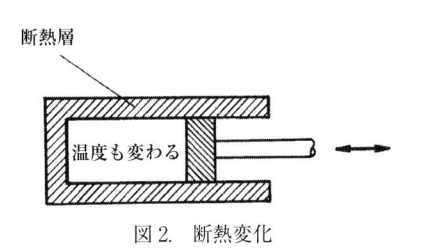

図2. 断熱変化

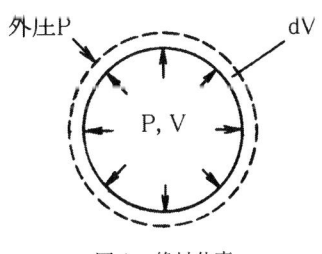

図4. 絶対仕事

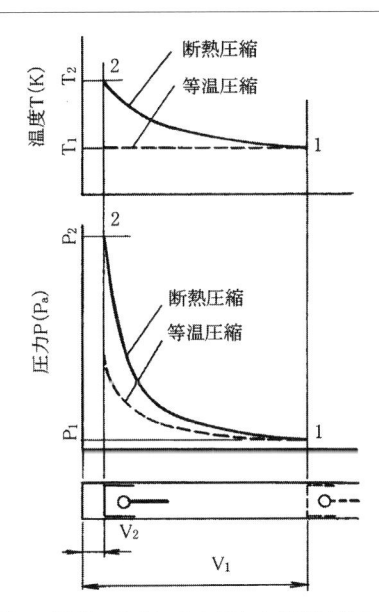

図3. 圧縮の仕方により圧力と温度は異なる

1-6. ディーゼルエンジンは圧縮するだけでなぜ火が点くのか

　空気を急に圧縮すると温度が上がることはすでに1-5で説明したが、実際にどのくらい温度が上昇するかを計算で求めた結果を図1に示す。エンジンの場合は急に圧縮するので、断熱圧縮とみなし圧縮中に逃げる熱は無視してある。シリンダーに吸入した圧縮直前の空気の温度を37℃（310K）とする。圧縮直前の体積をV_1、圧縮中の体積をV_2とすると、V_2になったときの温度（K）は$310 \times (V_1／V_2)^{\kappa-1}$となる。空気の$\kappa$は1.40でこれを代入すると$310 \times (V_1／V_2)^{0.4}$となり、圧縮されて$V_2$が小さくなると急激に温度は上昇する。$V_1／V_2$=15では915K（642℃）、20では1026K（753℃）となり、いずれも軽油の着火温度以上になる。

　ディーゼルエンジンではシリンダー内で圧縮された空気が燃料の着火温度以上となる上死点の少し手前で、燃料の噴射が開始される。その後は図2のように複雑な経過をたどって燃焼する。図の下側の実線が燃料の噴射率（mm³/s）で、クランク角度を時間に換算した値との積が噴射量（mm³）になる。また、破線は熱発生率でクランク角ごとの発熱量（J）、あるいは全発熱量の何％が燃焼したかを意味する。燃料の噴射が開始してAだけ経過して熱発生率が急激に立ち上がっている。この間は着火していないので着火遅れ期間と呼ぶ。図の上はシリンダー内のガス圧力で、この着火遅れ期間では噴射された燃料の気化などに熱を奪われるので、圧力の上昇勾配は一旦緩やかになる。

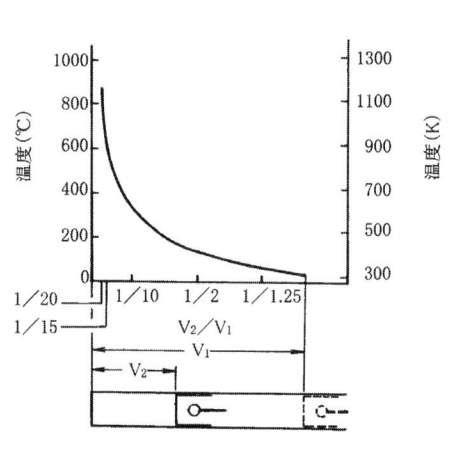

図1. 圧縮による吸入空気の昇温

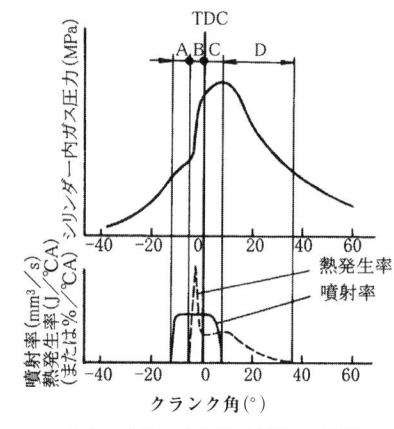

図2. 圧縮による吸入空気の昇温

この期間Aでは図3に模式的に示すように、燃焼室内の燃料微粒子は加熱によって可燃性の混合気を形成する。まだ着火して発光はしていないが、この期間に燃料の微粒化や気化、空気との混合や化学的な反応が起こっている。一触即発の前炎反応と呼ばれる状態になる。この反応がもっとも進行したところから燃焼が開始する。ここがBの始まりであり、Aの間に噴射されて溜まっていた燃料が一気にドカンと燃焼する。この燃焼は制御できないのでBを無制御燃焼期間と呼び、上死点近くまで続く。熱発生率は大きくなりシリンダー内圧力も急上昇する。Aの期間が短いと無制御で燃焼する燃料が少なくなるので、穏やかな燃焼になり騒音も低減する。雰囲気温度や圧力が高く燃料が微粒化され、セタン価が大きいとAは短くなる。最近は電子制御のコモンレールシステムを駆使して少量の燃料をパイロット噴射したり、多段噴射をして燃焼が穏やかになるように工夫されている。

　Bでの無制御燃焼が上死点近くで収まると噴射が終了するまで、噴射量に従って燃料が燃える制御燃焼期間Cがおとずれる。このCの間は熱発生率、シリンダー内ガス圧力の変化も穏やかである。燃料の噴射が終了し、まだシリンダー内にある燃えかかりの燃料が燃焼を続けている後燃え期間Dに移る。このDが終了するのがクランク角で上死点後40°近くである。CとDの後に続くガスの膨張期間で出力のほとんどを発生させている。

　ガソリンエンジンのように火花で強制的に点火をしないディーゼルエンジンでは、燃料の微粒子が蒸発しガス化しながら不均一な状態で空気と混合し、圧縮熱によって自然着火して、拡散しながら燃焼するのでその過程は複雑である。

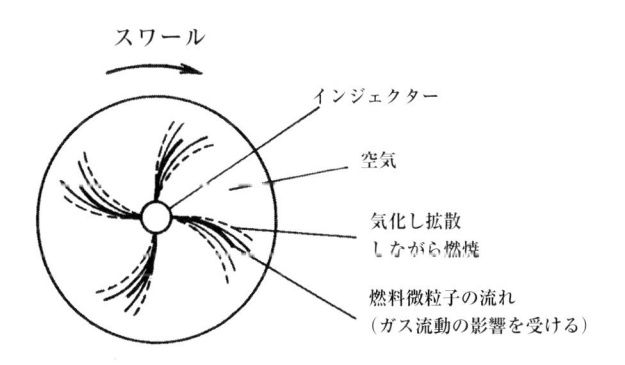

図3.　シリンダー内での燃焼のイメージ

1-7. オットー／ディーゼル／サバテの各サイクルのちがいは何か

　これらは現実には存在しないエンジンの理論サイクルであるが、エンジンの作動の神秘性を理解するためには欠くことはできない。いずれもエンジンが熱エネルギーを仕事に変換するプロセスの特徴を、ピストンより上（図では左側）にある容積（V）に対するシリンダー内の圧力（P）と熱の加わり方の特性によって分類したものである。図1～4は横軸にピストンの位置、縦軸にシリンダー内の圧力を取っている。このグラフのことをPV線図という。また、理論サイクルであるのでピストンの摩擦はない。

　オットーサイクルを図1で説明する。ピストンが下死点にきたときの、シリンダー内の容積をV_1、上死点での容積をV_2とする。圧縮比は$V_1／V_2$である。シリンダー内の気体を1から2まで断熱圧縮をすると、2の圧力は1における圧力の$(V_1／V_2)^\kappa$倍になる。ここで、V_2まで圧縮された気体に熱エネルギーQ_1が瞬間的に加えられると、容積はV_2のままで瞬時に3まで圧力は上昇する。これはQ_1による温度上昇、すなわちQ_1（J）／シリンダー内ガスの熱容量（J／K）によるものである。この圧力によりピストンを押しながら4まで膨張する。4で瞬時にQ_2の熱を捨て、ガス圧は最初の状態1まで低下する。この1→2→3→4で囲まれた面積が仕事（Nm）に相当し、Q_1-Q_2（J）と等しい。上死点でシリンダー内の容積が一定のままで熱が加えられるので、定容サイクルと呼ばれる。

　図2はディーゼルサイクルであるが、自動車用のディーゼルはむしろ次の図3の

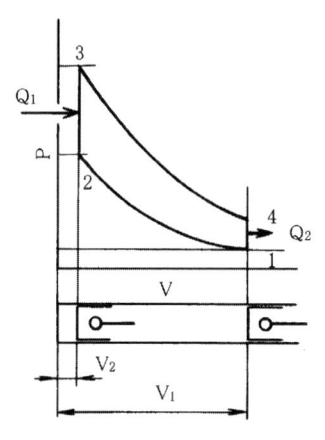

図1.　オットーサイクルのPV線図

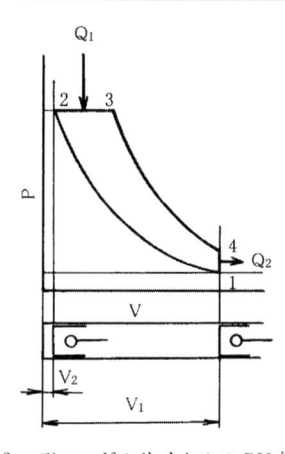

図2.　ディーゼルサイクルのPV線図

サバテサイクルに近い。図2においてV$_2$は図1のそれより小さく、従って圧縮比はオットーサイクルより大きい。1から2まで断熱圧縮すると、2の温度は1における絶対温度（K）の $(V_1 / V_2)^{\kappa-1}$ 倍、圧力は1の $(V_1 / V_2)^{\kappa}$ 倍になる。

　ピストンが下がってもこの圧力を維持するように3まで時間をかけて熱エネルギーQ$_1$を加える。その後は断熱膨張をして4に達し、ここで瞬時にQ$_2$の熱を捨てガス圧は、最初の状態1まで低下する。オットーサイクルと同様に1→2→3→4で囲まれた面積が仕事（Nm）に相当し、Q$_1$-Q$_2$（J）と等しい。圧力が一定になるように熱エネルギーが加えられるので、定圧サイクルと呼ばれる。大型船舶の低速回転のディーゼルはこのサイクルに近い。

　サバテサイクルは図3のようにオットーサイクルとディーゼルサイクルの特徴を合わせもつ。すなわち、圧縮終わりの2と3の間にQ$_1$、3と4の間が定圧になるようにQ$_2$が加えられる。4→5間は断熱膨張である。5で瞬間的にQ$_3$を捨て1の状態にもどる。この定容分と定圧分のある、複合サイクルをサバテサイクルと呼び、先述のように自動車用のディーゼルはこのサイクルに近い。

　図4はオットーサイクルをルーツにもつ実際のガソリンエンジン（火花点火エンジン）の例で、1→2で吸入し、2から圧縮が始まるが3で点火すると、圧力は急上昇しながら上死点4に至る。5でシリンダー内圧力は最大になりその後は膨張により圧力は低下する。6で排気バルブが開くと急に圧力は低下し下死点7から排気行程に移り1に至る。

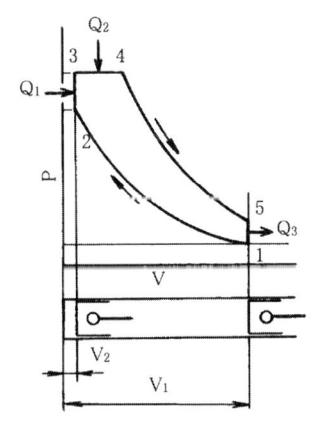
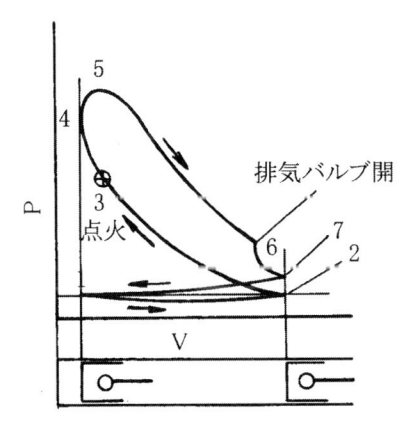

図3. サバテサイクルのPV線図　　図4. 実際の4ストローク火花点火エンジンのPV線図

1-8. シリンダーの中で火炎はどのように伝わって行くのか

　燃焼とは神秘的なもので神事などにも使われることがある。蚊取り線香のように静かに燃え続けるものもあれば、エンジンのように供給された燃料がダイナミックに燃焼するのもある。かつてエンジンは研究し尽くされたとも言われたことがあったが、排気や熱効率の改善でシリンダー内での燃焼に関する基礎研究が進み、それを応用して技術は進歩を続けている。

　エンジンの急速燃焼で（急速燃焼については2-1-15で説明する）火炎が伝播するときの状況は複雑である。その主役は図1のフレームフロント＝火炎前面である。このフレームフロントが未燃部（未だ燃えていない領域、未燃域）に攻め込んで行く現象が火炎伝播である。また、フレームフロントの内側は既燃部（既に燃焼した領域、既燃域）と呼ばれる。図1の下部分のようにフレームフロントでは温度が急激に変化する。ここは反応帯であり燃料の分子が吸気中の酸素によって激しく酸化されている。未燃域の温度が高いほど反応帯の傾斜は急になる。

　この酸化は複雑な過程を経て進んで行く。炭化水素C_nH_m（n、mは一つの分子中のCとHの数）が酸素O_2と反応するとき、第1段階として$C_nH_m \to H_2$、COとなり、燃料の分子がまず水素と一酸化炭素に分解される。第2段階はこのH_2が酸化されて$H_2 \to H_2O$、$CO \to CO_2$すなわち水蒸気と二酸化炭素（炭酸ガス）になる。この反応は連鎖反応であり、発熱はほとんどが第2段階である。この反応には活性種と呼ばれる反応性がきわめて高いOH、H、Oが大きくかかわっているが、ここでは長くなるので説明を省略する。

　図2のようにX方向の火炎伝播速度は燃焼によって温度が上がった未燃部のガスの圧力でフレームフロントが外に押し出される速度のX方向の成分v_1とガス流動のX方向成分v_2と火炎がボワッと燃え広がる速度v_3の和である。v_1とv_2が支配的で、v_3は後で説明するように無視できるほど小さい。火炎伝播速度はF1などの本格的なレーシングエンジンでは100m/sを超える。普通の乗用車でも高速時には50m/s以上になるのもある。

　図1や図2の火炎が円周方向に伝播する円環状の波は進行波と呼ばれ、ふたたびもとのルートを戻ることはない。もし、戻れたら酸素さえ残っていれば完全燃焼ができ、未燃の炭化水素HCが出なくなるようにできるかも知れない。この進行波は燃焼室の壁面やピストンの冠面に到達するまでは三次元に進んで行く。

　図3はノッキングを起こしているときの状態である。既燃部のガスの圧力が上昇

して、未燃部の混合気は薄い隙間のスキッシュ域に押し込まれる。狭いところには火炎は進みにくいので、既燃部の圧力による圧縮と照り返しで我慢できず、図の×のところの混合気が自己着火する。これを引き金に周辺の混合気も瞬間的に燃焼し高い圧力波となってシリンダーの中を往復する定在波となる。単位時間に往復する回数はシリンダー径が小さいほど多い。従って、小さいシリンダー径のエンジンは周波数の高いノック音となる。

　火炎がそれ自身で燃え広がる速度、図2のv_3は図4のようにして経験することができる。ガスバーナーのガスの圧力が低い間は、火は噴口から出ているが、圧力を上げると噴口から離れる。ガスの噴出速度と火炎が伝わる速度が等しくなったところが、火炎伝播速度である。ガソリン蒸気の場合でも30から40cm/s程度である。

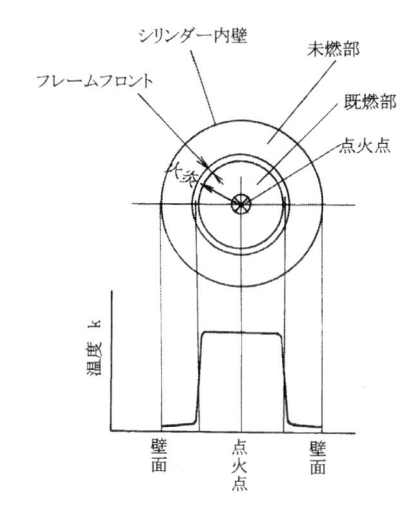

図1.　フレームフロントは進行波

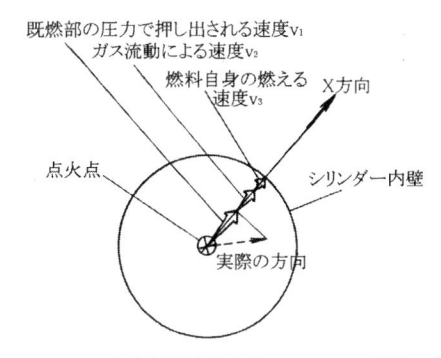

図2.　火炎伝播速度を決める三つの要素

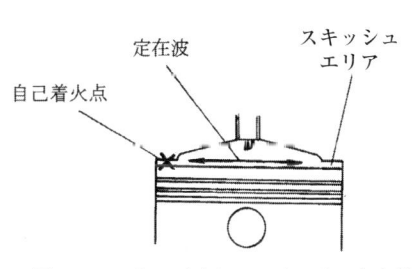

図3.　ノッキングはクエンチエリアから発生

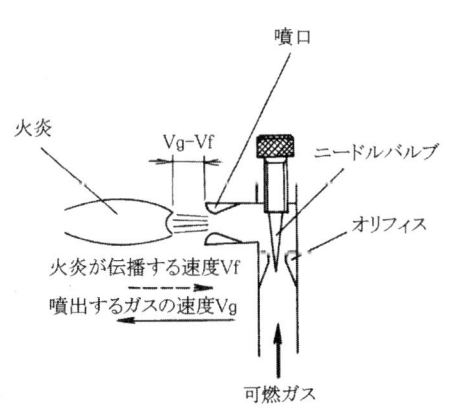

図4.　燃料自身で燃え広がる速度は意外に小さい

1-9. 造物主がきめた空気中の酸素濃度21％の恵みはなにか

　神様の創ったエンジンに少しでも近づくように英知を絞るのが、エンジン開発者の使命である。エンジンの熱効率の向上と低公害化を図るためには、自然界のさまざまな現象を知ることが重要になってくる。エンジンの中で起こっている現象は自然現象としてとらえなくてはならないからである。

　自然の摂理というのは、とてもすばらしいものだと感心せざるを得ない。空気に含まれる酸素の割合は南極でも赤道上でも、地表ならどこに行っても21％で一定である。気圧についてもそうである。図1のように排気量が500ccのエンジンがサイクル毎に排気量と同じ体積の空気を吸入したとする。大気の温度を20℃、気圧を1気圧とすると500ccの空気の質量は0.6g、これに含まれる酸素は2-1-6で触れるが、計算して0.14gであり、これで燃やせる燃料の質量は、その1/14.7の0.041gである。これが2気圧になると0.082gとなり、シリンダー内での発熱量も2倍になる。逆に考えると2気圧ならば半分の排気量の250ccで同じ図示出力を出せることになる。一方、摩擦損失はほとんど気圧の影響を受けないので、1気圧での500ccの排気量の時より正味出力は大きくなる。

　次に、酸素濃度が倍近くの40％になったとしよう。吸入空気量が同じでも、それに含まれる酸素の質量は40/21＝1.9倍になる。これで燃やせる燃料の質量も1.9

外気温度	20℃	
気圧	1気圧	2気圧
空気の密度	1.2kg/m³	2.4kg/m³
空気の質量	0.6g	1.2g
O_2の質量	0.14g	0.28g
燃やせる燃料の質量	0.041g	0.082g

図1.　空気の密度が2倍になると2倍の質量の燃料を燃やせる

倍である。図2の左のように作動ガスの温度上昇（K）と熱容量（kj/k）の積が発熱量（kj）になる。シリンダーの中で発生する熱量は1.9倍になるが、作動ガスの熱容量はほとんど変化しないので、燃焼による温度の上昇は1.9倍となる。同じ容積のもとで作動ガスに熱が加わると、図の右のようにガスの圧力は温度に比例して上昇する。そして、ピストンを押し下げる力はそれに比例して大きくなる。

　ところが喜んでばかりではいられない。燃焼温度が極端に上昇するということは、燃焼室やピストン、シリンダーなどに致命的なダメージを与える。現在の酸素濃度21%の場合はシリンダー内のガス温度は最高でも2800k程度であるが、境界層があるため壁面の温度は250℃程度かそれ以下に保たれ、金属が溶融することはない。ところが、燃焼温度が倍近くになったり、40%の濃度の酸素に触れると大変なことになる。ちなみに、酸素濃度が40%になると、アルミや鉄に火をつけると燃えてしまう。もう一つのデメリットは酸素濃度が高くなるとNOxが現在とは比較にならないほど生成することである。

　逆に酸素濃度が低くなると、息苦しくなるし場合によっては酸欠状態になる。エンジンはパワーダウンするので、排気量を増やしてこれを補うことになる。そして熱効率の低下と重量の増加を避けることはできない。

　空気中の酸素濃度が21%になっているのは、エンジンにとっては絶妙なバランスになっている。植物による光合成で酸素濃度は安定している。すべてをつかさどる造物主、そして自然は偉大だといわざるを得ない。

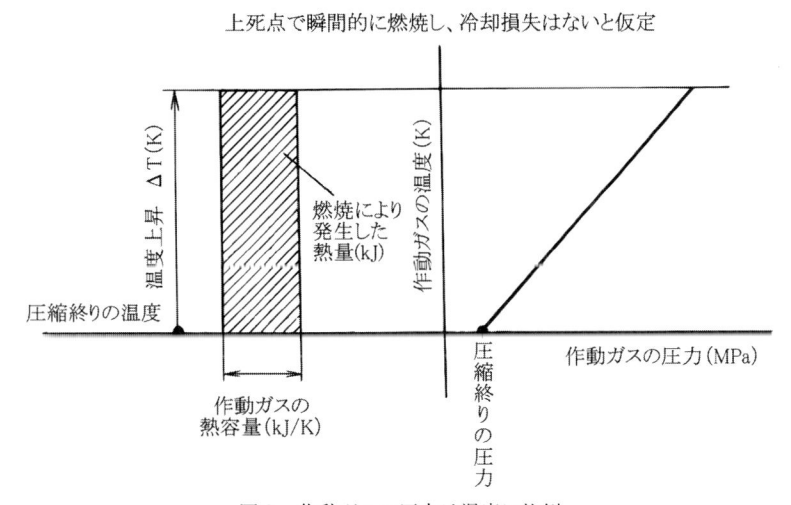

図2. 作動ガスの圧力は温度に比例

1-10. アルミのヘッドの燃焼室やピストンが融けないのはなぜか

　小学生のとき先生が理科の実験で紙を折って箱を作り、水を入れてアルコールランプの炎にかざしてお湯を沸かせて見せた。中に水を入れるとなぜ紙が燃えないのか不思議だった。今思うと子供の好奇心に火をつけた先生であった。紙とアルミの違いはあるが、熱でアルミが融けないのとは同じ原理である。

　本論に入る前に三つの熱の伝わり方について図1で説明する。金属の棒の一端を熱すると冷たい他端に伝わって行く。これが伝導で、ステンレスより銅の棒の方が熱が伝わりやすい。次にビーカーに水を入れて熱すると熱くなって膨張して軽くなった水が上昇し、表面で冷やされて下がって行くのが対流である。三つ目は輻射とよばれ、停止直後のエンジンからは熱線が放射されているので、さわらなくても熱いのがわかる。

　アルミ合金のヘッドを鋳造するときドロドロと融けたアルミの温度は570℃程度である。圧縮された混合気が燃焼するときの温度は、フルスロットルの場合2500℃（2773k）以上にもなる。鋳造温度よりはるかに高い燃焼ガスにさらされても、燃焼室の壁面が融けないのは、紙の箱でお湯を沸かしても燃えないのと共通している。

　壁面を図2のように単純化して説明する。片方の面は高温のガスにさらされ、裏側は冷却水に接している。熱力学の第一法則で熱は必ず温度の高い方から低い方に移動する。従って、温度に勾配が生じる。ガス側は2500℃以上の高温のガスにさらされるが、温度勾配がきわめて急な境界層があるため、火花点火エンジンでは壁

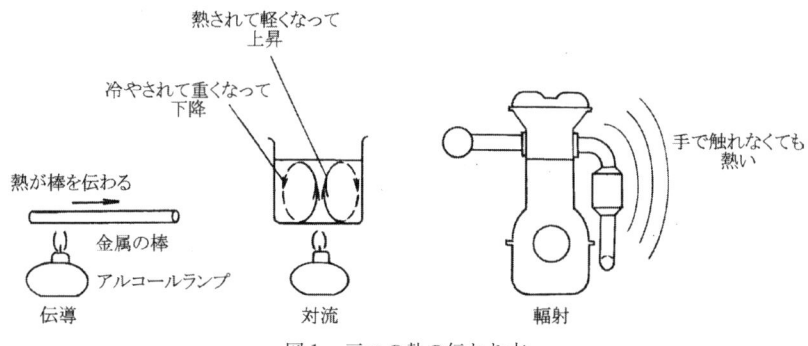

図1.　三つの熱の伝わり方

のガス側の表面温度は高くても250℃程度であり、アルミ合金の溶融温度よりはるかに低い。

　この境界層は壁の表面にへばりついて動かないガスの薄い層のことである。この層が断熱層の役割を果たす。熱い風呂に入ってもじっと我慢しているとやがて熱くなくなるが、動くと境界層がなくなって、また体が熱い湯に触れるので熱く感じる。境界層は冷却水側にも存在する。ここでも温度勾配は大きいが、先の熱力学の法則のようにガス側の壁面温度より冷却水側の温度が低いので、アルミの壁の中を熱が流れる。だが、アルミは熱が伝わりやすいので（熱伝導率が大きいので）温度勾配は小さい。

　ガス側の表面積をAとして単位時間にここを通過する熱量はQ=kA（Tg-Tc）kJ/sとなり、冷却水の温度Tcを低くすればQが大きくなる。kは熱通過率とよばれ、面積や熱伝達率、先の熱伝導率の関数である。その個々の要素は実験的に求めた式や数値から算出されたものが各種提案されており、かなり複雑になるのでここでは省略する。

　境界層がなくなると壁面温度が高くなる面白い実験結果がある。図3のように厚いアルミの容器に水を入れて大気圧のもとで徐々に熱して行く。内側の壁面温度が水温より少しでも高ければ熱は水へと伝わって行く。燃焼室壁面と同じように水温が高くなるに従って壁面温度は高くなり、水温との差は増大して行く。水が激しく沸騰する直前で壁温は最高になり、激しく沸騰し出すと水が無くなるまで壁温は100℃　のままである。これは沸騰によって境界層がこそぎ取られ、熱伝達が大きくなるからである。この原理を応用したのが沸騰冷却である。

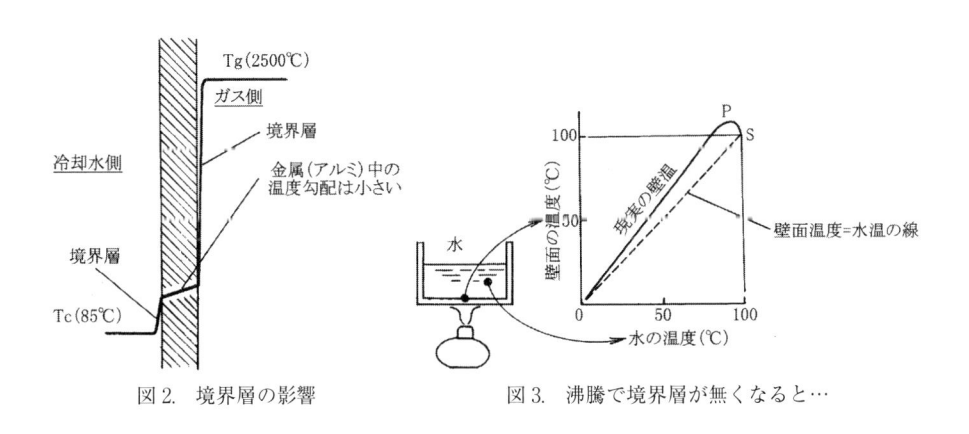

図2.　境界層の影響　　　　　　図3.　沸騰で境界層が無くなると…

1-11. クルマを運転していて心地よい音と騒音とはどこがちがうのか

　レッスンをしている愛娘のピアノの音はママにとっては心地よい音だが、隣家にとってはうるさい音となることがある。聞きたくない音、不快に感じる音を騒音、快く感じる音を楽音（がくおん）という。騒音か楽音かは状況や感覚あるいは個人によって異なるものである。クルマを運転していて、騒音や楽音と感じる音の特徴について考える。

　まず、空気中を伝わる音は空気の圧力の微視的な振動である。図1は太鼓を叩いたときに発生する圧力振動、すなわち粗密波の発生と伝播状態を示す。太鼓の膜は質量と弾力による固有振動数をもっている。叩くと膜は一瞬内側にへこみ、次の瞬間に今度は外側に膨らむ。膜がへこんだときには近傍の空気は引きこまれて圧力が下がり粗となる。外側に膨らんだときには空気を圧縮して密となる。この粗密の波が伝わる速さが音速である。

　音速c（m/s）は空気の温度t（℃）によって変化し、常温近くでは温度をt℃とするとc=$\sqrt{20t+273}$（m/s）となる。15℃で$20\sqrt{15+273} \fallingdotseq 340$（m/s）となる。水面を波が伝わる横波と異なり、音は粗密の波が音速で進行して行くので縦波と呼ばれる。だが、縦波を図で表すのは難しいので図1の下部分のように、横波で表し密度の高いとことろを山、低いところを谷で表現する。この山谷の1サイクル間に進む距離を波長λ（m）、それにかかる時間を周期（s）という。また1秒間にある山谷の数が周波数fであり、これらの間にはλ=c/f、f=1/（周期）の関係がある。周波数の単位はHz（ヘルツ、またはs^{-1}）である。

　自動車の場合、エンジンや排気音は燃焼が起こる間隔を周期とした基本波が発生する。例えば、4シリンダーのエンジンが3000rpmで回転していたとする。1秒間に50回転している。シリンダーが四つあるので、4ストロークなら1回転に2回、6シリンダーの場合は3回、燃焼が起こる。それぞれ回転の2次成分、3次成分の音ともいう。従って、基本波の周波数は50×2=100Hzとなる。このときの音速を340m/sとすると、基本波の波長は3.4mとなる。しかし、自動車から発する音は図2のように基本波にそれ以外の周波数が乗ったものとなる。特に不規則で周波数が高い波が騒音となることが多い。

　心地よい音とは図3のように車速が上がるにつれて、徐々に振幅が大きくなったり、同じ微小時間Δtに含まれる周波数が多くなるような感覚にマッチした音である。基準の時間に含まれる周波数が多い音を高い音、少ない音を低い音という。振

幅の大きさは強弱で表現する。周波数が少ない音を低周波、多い音を高周波と呼ぶ。一般に聞くことができる音は16Hzから16000Hz、最低の音圧（空気の振動の振幅）は2×10^{-5}Paである。超音波とは余りにも周波数が高く、人間の耳では聞くことができない音のことである。16Hz以下は低周波微気圧振動と呼ばれ、耳には聞こえないが健康に被害を及ぼすことがある。

　特に騒音と聞こえる音は図4のように規則性や脈絡がない音である。例えば、エンジンの回転とは関係なく勝手にその固有振動数で振動する、各部の自由振動が原因の音などである。また、ドアを閉じるときの単発の音は、重厚なドスッという音が好まれる。排気音もエンジンの回転の次数成分を強調するようなマフラーにすると、ドライバーにとっては力強く感じる。

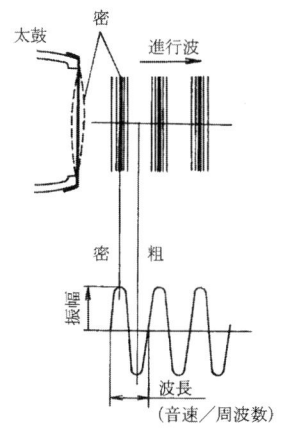

図1.　音は粗密の空気の進行波

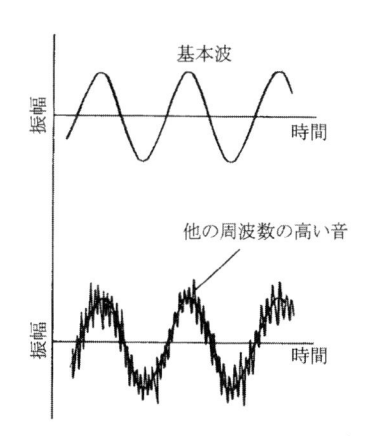

図2.　基本波に他の周波数が乗った音

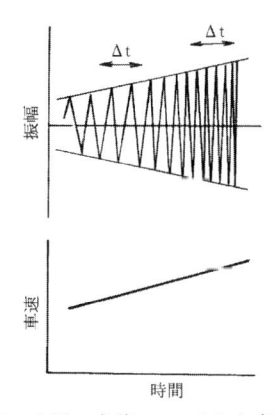

図3.　人間の感覚にマッチした音の例

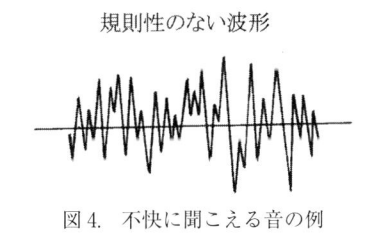

図4.　不快に聞こえる音の例

1-12. 加速度と速度と走行距離の間にはどんな関係があるのか

　パワーのあるクルマは加速がよい。ゼロヨン（SS 1/4マイル加速）のタイムも質量の割にパワーのある方が優れている。加速性能はクルマの重要な商品性である。ここで、加速がよいということは、余裕駆動力が大きいというのと同義語である。余裕駆動力があると登坂性能もアップする。

　図1のように駆動輪が路面を–F（N）の力で蹴ると、作用反作用の法則でクルマには前向きにF（N）の力が加わる。クルマの質量をM（kg）とすると、加速度α（m/s^2）はα=F/Mとなる。αが時間軸に対し一定であるので、等加速度運動という。毎秒ごとにα（m/s）ずつ速くなっていくので、図2のようにt（s）後の速度v（m/s）はv=αtとなり、直線的に速度は増大する。

　クルマが等加速度運動をしているときの、走行距離は時間の二乗に比例して増大することを図3で説明する。速度は直線的に増大するので、微小時間dt間にはv・dtだけ進む。これは図のハッチングをした面積dsである。t秒間に走行する距離は、時間0からt秒までdsを足し合わせた面積sとなる。これを数式で表すと$\int_0^t v dt$となる。t秒後の速度はαtなので、これを代入すると走行距離sは、

$$s= \int_0^t \alpha t dt = 1/2 \cdot \alpha t^2 \qquad \cdots\cdots (1)$$

となる。$\int$はインテグラル（積分記号）と呼び、ここでは0からtまでの区間でグラフの線と、横軸とで囲まれた面積を表す。この場合は図の直角三角形1-2-3の面積である。

　このように走行距離は経過時間の二乗に比例する。これをグラフで表すと図4のような二次曲線になる。同じ微小時間dtでも加速初期の走行距離ds_1より、さらに時間が経過してスピードが出ているds_2の方が大きくなる。

　次に、これまでの応用として図5のように一定速度v_0（m/s）で定常走行しているクルマが時刻t_1からαで加速し出した場合の、経過時間tに対する走行距離を求める。tが時刻t_1より前の場合とそれ以降に分けて考える。t_1までは一定の速度v_0なので、t=t_1までの走行距離s_1は、s_1=$v_0 t_1$となる。

　t_1以降、すなわち$t_1 \leqq$tの加速度αの等加速度運動をしている時間は、（t－t_1）となる。この期間が加速度αの等加速度運動の（1）式が当てはまる時間である。同じくt_1以降に走行した距離をs_2とし、（1）のtに（t－t_1）を代入すると、

$$s_2 = 1/2 \cdot \alpha (t - t_1)^2 \qquad \cdots\cdots (2)$$

となる。走行距離sは時刻t_1以前の走行距離s_1に、それ以降の走行距離s_2を加えた、

$$s = v_0 t_1 + 1/2 \cdot \alpha \, (t - t_1)^2$$

となる。

　2台のクルマが一定速度で並走していて、もし1台が加速し出したとする。加速しているクルマの走行距離は図5の一番上の図の実線のように二次曲線になるが、一定速度で走行しているクルマは仮想線のように直線になるので、時間が経つほどどんどん離されて行くことになる。

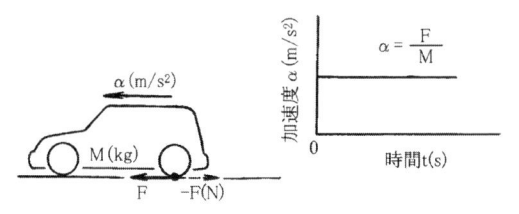

図1.　力が一定なら加速度も一定となる

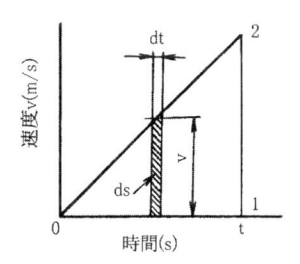

図3.　等加速度運動の移動距離の算出

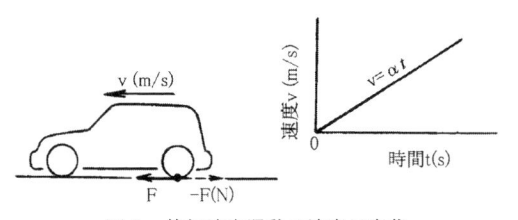

図2.　等加速度運動の速度の変化

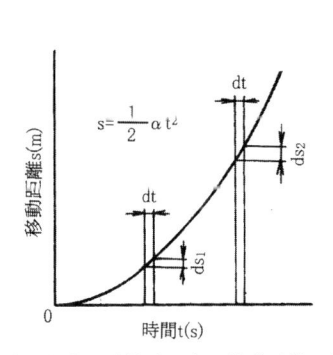

図4.　時間と共に単位時間内の移動距離は増大する

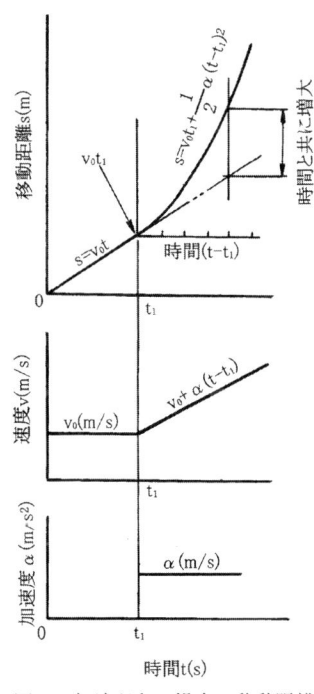

図5.　初速がある場合の移動距離

1-13. 車速が2倍になると制動距離はそれ以上になるのはなぜか

　もう1秒早くブレーキを踏んでいたら……、よく聞く話である。クルマの基本機能は、走る、曲がる、止まるの三つであるがブレーキによる減速は、必ずしもドライバーの思いどおりになるとはかぎらない。

　あぶない！と感じてから止まるまでの過程はブレーキの性能だけでなく、模式的に図1に示すようにドライバーの反射時間や敏捷さに大きく影響を受ける。アクセルから足をはなすまでの反射時間、続いてブレーキペダルに足を乗せ踏み込んで減速が始まるまでの空走時間がある。この時間内に走った距離を空走距離という。ブレーキによる減速が始まってから停止するまでの時間を制動時間、この間に走った距離を制動距離という。この制動時間はホイールシリンダー中のピストンに油圧が完全にかかるまでの過渡時間とそれ以後の主要時間の合計と定義されている。

　走行抵抗Rについては4-1で説明するが、制動時にはこれに前後の車輪からのブレーキによる制動力$F_F+F_R=F$（N）が加わる（図2）。このR+(F_F+F_R)による減速加速度を$-\alpha$とする。マイナスがついているのは進行方向とは逆向きであることを意味する。

　実際にはないが、もし走行抵抗Rが0でブレーキだけで停止する場合の制動時間と制動距離を図3に示す。速度がv_0（m/s）とこれが2倍になった$2v_0$の場合を、それぞれ①と②とする。初速がv_0の場合、速度が0になるまでの時間をt_1（s）、停止距離をS_1（m）とする。速度が0になるまでの時間は$v_0-\alpha t_1=0$から$t_1=v_0/\alpha$となる。この間に移動する距離は1-12の加速の場合でαが$-\alpha$になったと考えて$S_1=v_0t_1-1/2\cdot\alpha t_1^2$、これに$t_1=v_0/\alpha$を代入すると$S_1=1/2\cdot\alpha t_1^2$となる。

　初速が$2v_0$の場合も同様にして$t_2=2v_0/\alpha$、$S_2=2\alpha t_2^2$となる。停止時間は2倍だが、停止距離は4倍になってしまう。

　ところが図2のように走行抵抗Rがブレーキ力に加わるので、実際にはこれよりも、停止するまでの時間も距離も短くなる。図4の下段の図のように走行抵抗は速度が速いほど大きい。これは空気抵抗が速度の二乗に比例するからである。車速が$2v_0$になると制動開始時の走行抵抗はR_2（$\fallingdotseq 4R_1$）となっているので初期の傾斜が大きい。

　それでも、車速がゼロになるのは中段のように、図3をベースとした曲線に近くなる。これを積分すると制動距離になるが、上段のように②は①の2倍よりも大きくなっている。図1のように危ないと感じてから実際にクルマが停止するまでに

は、この制動距離にブレーキ性能とは関係のない人的要因による空走時間と反射時間中に走る距離が加わる。

　前を走っているクルマへの追突を避けるためには車間距離をとることであるが、安全な車間距離が50km/hで走行しているときが50mだとすると、100km/hのときは100mより少し短くてもよい。これは前車も逃げる方向に移動しているからである。

　いずれにせよ速度が上がると運動のエネルギーは二乗に比例して大きくなるので、危険はそれ以上に大きくなる。

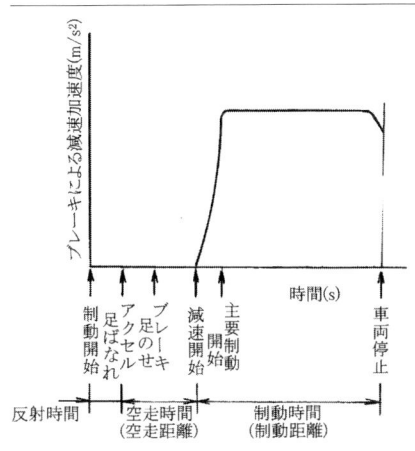

図1.　制御時の空走時間と主要時間の定義

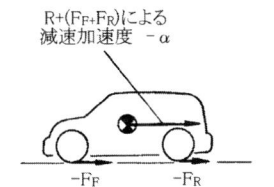

図2.　制動力と減速加速度

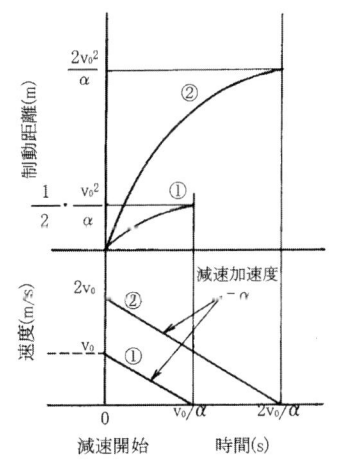

図3.　走行抵抗 R = 0 の場合の減速特性

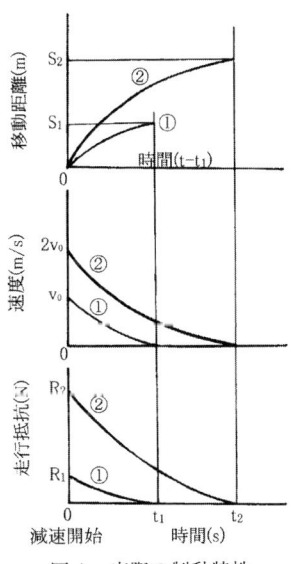

図4.　実際の制動特性

1-14. 放電したバッテリーに希硫酸を足すだけではなぜ回復しない

　バッテリーの放電状態を簡便に調べるとき、電解液の比重を測定する。比重が小さくなっているのなら、比重の大きい希硫酸をつぎ足せばよいような気がするが、それでは回復しない。バッテリーが放電すると＋極（陽極）、－極（陰極）ともに硫酸鉛となり、電気化学的な活性を失ってしまう。図1のように自動車に用いられる鉛酸バッテリーを構成する3大要素は酸化鉛（PbO）の＋極、鉛（Pb）の－極と希硫酸（H_2SO_4）の電解液である。なお、実際のバッテリーでは両極板の接触を防ぐため、セパレーターが極板間に挿入されている。その構造を図2に示す。バッテリーの容量を増やすために、極板を何枚も並列にして合成樹脂製の容器におさめてある。このセルひとつの起電力は約2Vで、6個直列に連結すると12Vとなる。

　電解液の希硫酸H_2SO_4のごく一部は水素イオンH^+と硫酸イオンSO^{--}とに電離している。スイッチを入れ＋極と－極がバッテリーの外部で電気的につながると、－極の鉛分子は電子e^-を2個放出してPb^{++}となる。この電子が電球のフィラメントを通って＋極に流れる。マイナスの電荷を持った電子が－極から＋極に移動する

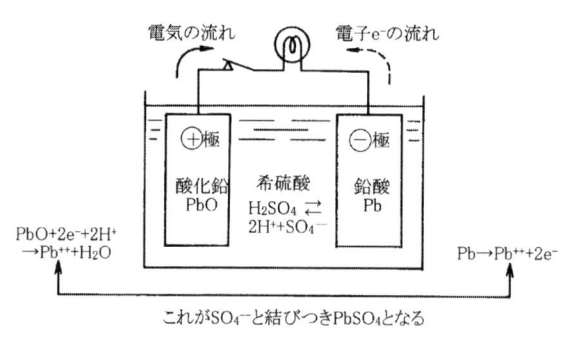

図1.　鉛酸バッテリーの原理

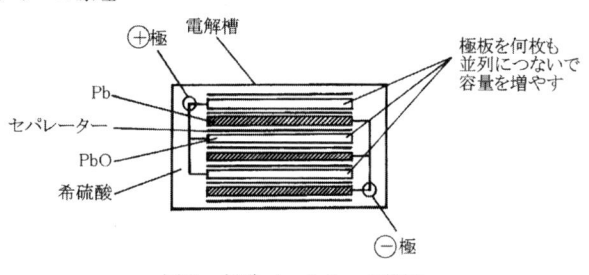

図2.　鉛酸バッテリーの構造

ということは、逆に電気が＋極から－極に流れたことになる。そして、このPb^{++}がSO^{--}と結びつき$PbSO_4$（硫酸鉛）となる。一方、＋極のPbOは流れてきた電子2個と電離していた水素イオンH^{+}2個とにより、Pb^{++}と水の分子（H_2O）になる。このPb^{++}がSO^{--}と結合して硫酸鉛$PbSO_4$となる。このように放電すると両極ともに白色の硫酸鉛となってしまう。

放電にともない電解液中の硫酸イオンSO^{--}はどんどん減り、その相手であった水素イオンH^{+}は＋極で発生した酸素と結合して水（H_2O）になる。希硫酸が減り代わりに比重の小さな水が生成するので電解液は薄められ、図3のように放電の状態によって比重は変化する。両電極表面に生成する硫酸鉛は放電とともに増大する。この硫酸鉛からSO_4を取って元の酸化鉛と鉛と希硫酸に戻すには、充電するしか方法はない。充電により元に戻ることを電気化学反応の可逆性という。これはまだ完全に放電してしまわない状態である。

このようにして放電が続くと最後には＋極、－極ともに電気化学的に反応性を喪失した硫酸鉛で覆われることになる。この状態になるといくら充電しても電気化学反応の可逆性を失っているので回復しない。これをサルフェーションという。もし、電解液をこぼしたり、自然に液量が減って極板が露出したままになり、硫酸鉛が極板に固着すると完全に放電していなくても、充電によりもとに戻すことはできない。

水分が蒸発して比重が大きくなったのならば、満充電（完全に充電された状態）の状態で比重を20℃に換算して1.26になるように蒸留水を補充する。もし、電極がサルフェーションを起こしておらず、満充電状態になっていても比重が小さすぎる場合には希硫酸（比重1.40）を補充する。満充電の状態で比重1.26を境に蒸留水もしくは希硫酸を補充して、液量を所定のレベルに合わせる。

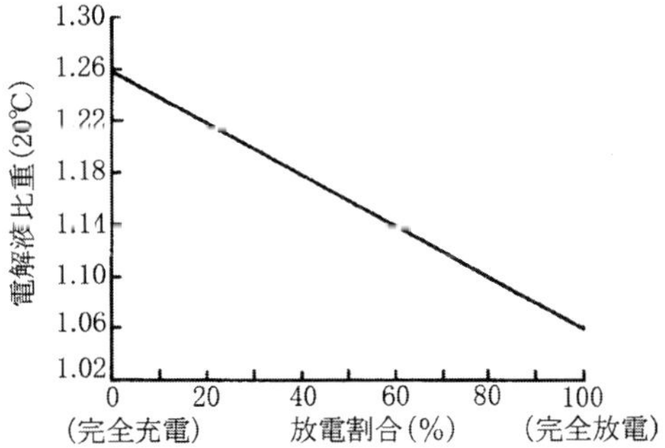

図3. 放電による電解液比重の低下

第2章
エンジン

シリンダーの中で瞬間的に完結する神秘的な燃焼により、エンジンは燃料の持つ熱エネルギーを仕事に変える。燃焼に使う空気の入り方次第でトルク特性は大きく変化する。エンジンの構成要素は多岐にわたるが、特徴的な構造を例に説明する。排気量が大きくても燃費が良いわけや、火花点火エンジンではなぜディーゼルのようにシリンダーを大きくできないのかなどを考える。大気汚染物質の生成と排気の清浄化について特に詳述している。

2-1 性能

2-1-1. 正味平均有効圧Pme、図示平均有効圧Pmi、摩擦平均有効圧Pmfとはなにか

　熱エネルギーを仕事に変換するのがエンジンであるが、その変換過程で必ずガスの膨張を伴う。シリンダー内を往復運動するピストンに作用するガス圧力は刻々変化するが、これを上死点から下死点まで、あたかも一定の圧力であるかのように平均化して扱うと、排気量に関係なくエンジンの出力性能を比較することができる。

　図1のように膨張行程において受圧面積がA（m²）のピストンに平均してPmi（Pa）の圧力が加わって、上死点から下死点までS（m）動いたとするとピストンがした仕事はPmi（Pa）× A（m²）× S（m）、となる。単位はNmである。また、A × Sは行程容積Vh（m³）であるので前式はPmi（Pa）× Vh（m³）Nmとなる。多気筒エンジンでは一つのシリンダー容積の気筒数倍が総排気量だから、これをひとまとめにしてVhとして扱えば簡単である。

　4サイクルエンジンでは2回転に1回膨張行程があるので、回転数をN（rpm）とすると、1秒間にピストンがする仕事Liは、Li=Pmi × Vh × 1/2 × N/60=Pmi × Vh × N/120（Nm/s）となる。ここで（Nm/s）はWであるので、上式は

$$Li=Pmi \times Vh \times N/120 \ (W) \qquad \cdots\cdots (1)$$

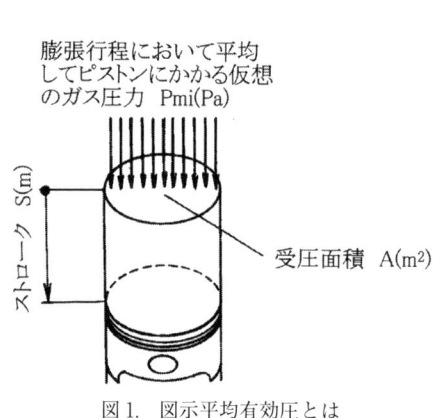

膨張行程において平均してピストンにかかる仮想のガス圧力　Pmi(Pa)

ストローク S(m)

受圧面積　A(m²)

図1. 図示平均有効圧とは

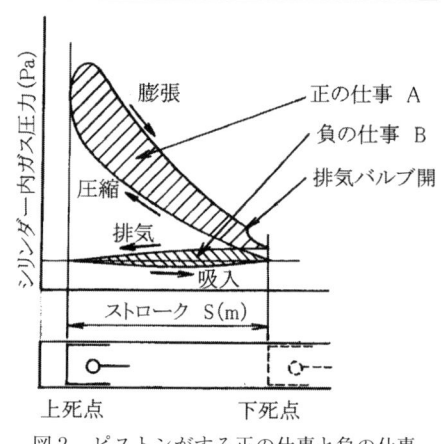

図2. ピストンがする正の仕事と負の仕事

ピストン仕事は図2の正の仕事Aと負の仕事Bの差である。Aは膨張行程と圧縮行程との圧力差による正の仕事、Bは圧力の低い吸気ポートから新気を吸入して、これより高い圧力の排気ポートにガスを押し出すための負の仕事、いわゆるポンピングロスである。この線図は圧力ピックアップでシリンダー内の圧力を測定して計算で求めるか、下記のように出力から正味平均有効圧力Pmeと、モータリングから得られた摩擦平均有効圧力Pmfを合算して求めることができる。正味出力LeとPme、摩擦損失LfとPmfとの間には (1) 式と同様に次のような関係がある。

$$Le=Pme \times Vh \times N/120 \ (W) \qquad \cdots\cdots (2)$$
$$Lf=Pmf \times Vh \times N/120 \ (W) \qquad \cdots\cdots (3)$$

このPmfの中には先程のBによる損失も含まれている。この三つの平均有効圧、Pmi、Pme、Pmfを整理すると、下式および図3のようになる。

$$Pmi=Pme+Pmf \qquad \cdots\cdots (4)$$

(1)、(2)、(3) からLi、Le、Lfを求め (4) に代入すると、

$$Li=Le+Lf$$

また、1-2で説明したように、Leと軸トルクTeとの間にはLe=2πTe$\times$N/60 (W) の関係があるので、2πTe$\times$N/60=Pme$\times$Vh$\times$N/120となる。これからTeを求めると、

$$Te=Pme \cdot Vh/4\pi \ (Nm)$$

同様に図示トルクTi、摩擦トルクTfとPmi、Pmfとの関係は次のようになる。

$$Ti=Pmi \cdot Vh/4\pi \ (Nm)$$
$$Tf=Pmf \cdot Vh/4\pi \ (Nm)$$

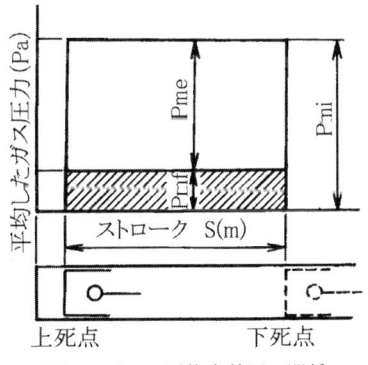

図3. 三つの平均有効圧の関係

2-1-2. ガソリンエンジンで使われるMBTとLBTとはなにか

　点火プラグに火花が飛ぶタイミングと、吸入する空気と燃料の質量の比、すなわち空燃比がエンジンの持つポテンシャルを左右する。パワーが出ると勘違いして燃料を多めにすると、湿った排気音になって逆にパワーダウンし、さらにテールパイプから煙が出ることもある。また、点火時期を進め過ぎるとノッキングを起こし、最悪の場合にはピストンを損傷してしまう。

　カタログにある最高出力と最大トルクは、最適の点火時期と空燃比の組み合わせで得られたものである。この点火時期をMBT、空燃比をLBTと称する。図1のように点火時期を徐々に進めて行くと軸トルクは増大する。そしてピークトルク T_P を過ぎると低下し、さらに進めるとノッキングが発生する。このピークになる点火時期には若干幅があるので、T_P の99.8%の T_1 となる最も遅い点火時期がMBTである。なお、この99.8%は高原状態の幅を意味するのであって、決して T_1 が正確に T_P の99.8%というのではない。

　これはMinimum advance for the Best Torqueの略で、ノッキングまでの余裕が大きい最良のトルクが得られる最小の点火進角を意味する。またピークといっても幅があるので、その幅の遅い点火時期と定義することの方が多い。また、破線のように空燃比がリーンになると燃焼速度が遅くなるので、これを補うためにMBTは進むことになる。

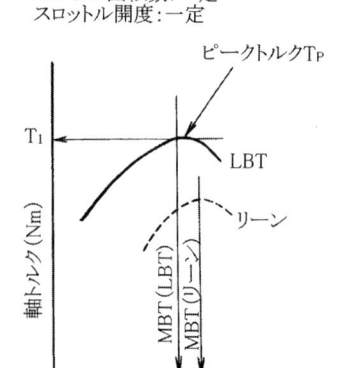

図1. MBT の求め方

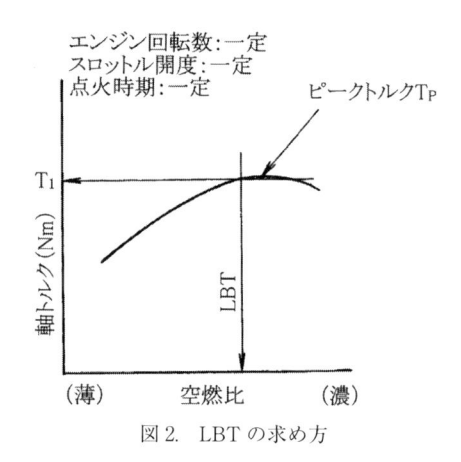

図2. LBT の求め方

LBTは図2のように空燃比を薄い方から濃い方に向かって変化させると、トルクは増大するがピーク点を過ぎると濃すぎてトルクは低下する。MBTと同じように高原状態になる空燃比の薄い方をLBT、すなわちLeaner side for the Best Torqueと称する。薄い方にセッティングするのは同じトルクを得るのに燃費がよいからである。それでもLBTは理論空燃比より濃い領域に存在する。一般にはまずLBTを求めこの空燃比でMBTを求める。

　前述の最大トルクが得られる点火時期MBTについて図3で説明する。この図はPV線図の元となるグラフでPとクランク角θの関係を表しているのでPθ線図とも呼ばれる。圧縮行程の終盤のθ_0で点火後、少し間をおいて点Aからシリンダー内のガス圧力Pはモータリング波形から急に立ち上がり、上死点$\theta=0$を過ぎたθ_1でピークになる。エンジンによって若干異なるが、θ_1が14°になるように点火する点火時期がMBTである。また、燃焼速度が遅いエンジンの場合は、破線のように同じ点火時期θ_0でも圧力がピークとなるタイミングが遅れ、ガス圧力のピークも低くなる。

　どれだけの質量の燃料を燃焼させることができるかは、吸入した空気の質量で決まる。図4のようにGa（kg）の空気を吸入したとき、燃焼できる燃料の最大質量G_F（kg）はガソリンの場合はGaの理論空燃比14.7分の一である。G_FがGa/14.7より大きい場合は、燃料の持つ熱エネルギーをすべて有効に使うことはできない。逆に小さい場合は理論的には全て燃焼する筈であるが、実際には2-4-6で説明するが、一酸化炭素COや未燃の炭化水素HCが発生する。

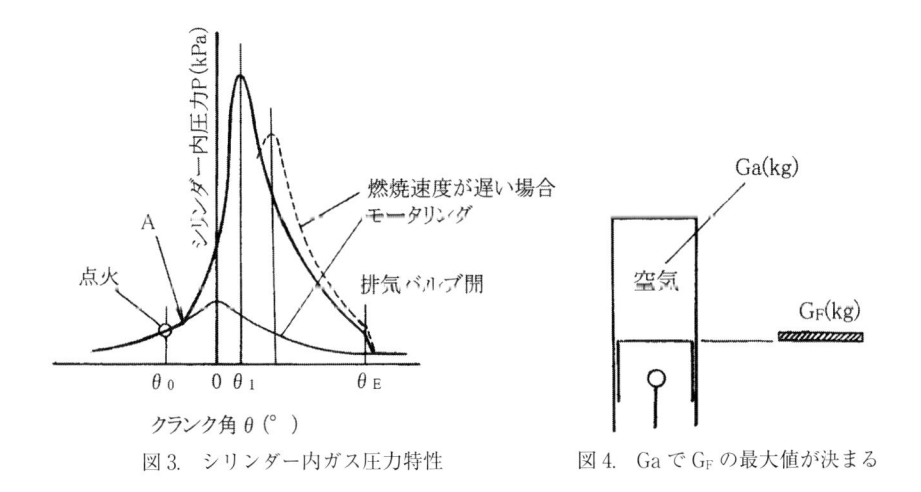

図3. シリンダー内ガス圧力特性　　　　　図4. Ga で G_F の最大値が決まる

2-1-3. ポンピングロスとはなにか

　エンジンは人間と同じように呼吸をしている。人間は大気圧のもとで空気を吸い、大気中に吐き出す。もし、水面に顔を出して空気を吸い込んで、深く潜って水圧に抗して息を吐き出せばポンピングロスが生じる。

　エンジンはピストンが下降するとき圧力の低い吸気ポートから新気を吸い込み、圧力の高い排気ポートに燃焼を終えたガスを押し出す。図1のように低いところから高いところに押し出すポンプ作用をしている。

　吸気ポートの絶対圧を P_{IN} (Pa)、排気ポートの絶対圧を P_{EX} (Pa)、その差圧を ΔP (Pa) $=P_{EX}-P_{IN}$ とする。また、送り出されたガスの流量を V (m³/s) とすると、単位時間あたりの仕事は ΔP (Pa) × V (m³/s) となる。一方、Paは N/m² だから ΔP × V、単位は Nm/s すなわち仕事率の単位 W となる。

　低負荷運転だと P_{IN} が小さくなるので、ΔP が大きくなりポンピングロスは増大する。また、排気系の抵抗が大きいと P_{EX} が増大するのでポンピングロスは大きくなる。

　図2の4ストロークエンジンのPV線図 (1-7を参照) でポンピングロスの発生原理を説明する。1→2で新気を吸入して2→3で圧縮し4でシリンダー内のガス圧力は最高となる。3→4→5が膨張行程である。そして5→1が排気行程である。1→2の吸入行程と5→1の排気行程の圧力の差でポンピングロスが発生する。

　このようにして生ずるポンピングロスが、エンジンのパワーロスに占める割合は意外と大きい。エンジンが作動しているときに発生する損失を、摩擦平均有効圧と

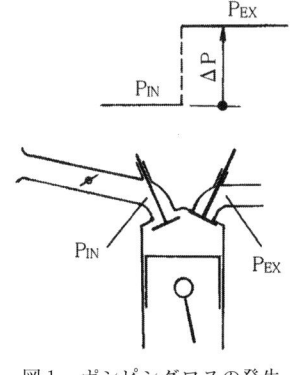

図1. ポンピングロスの発生

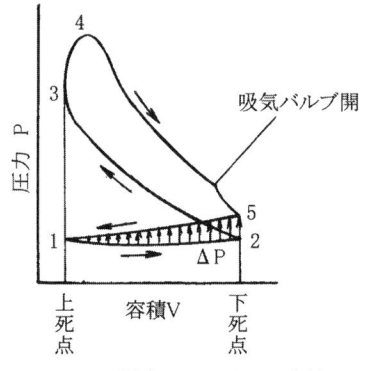

図2. 吸排気ポート間の圧力差

して図3に示す。エンジンは2000ccの4気筒、運転条件はフルスロットルで点火時期はMBT（2-1-2を参照）である。ポンピングロスはピストンやリング、コンロッドベアリングで発生する摩擦損失に並ぶほど大きい。

　一方、火花点火エンジンのルーツであるオットーサイクルの理論サイクルではポンピングロスはゼロとしている。図4のように、理論サイクルであるので大気圧の状態でガスを吸入して、大気圧の状態で排出する。すなわち、吸入抵抗も排気抵抗も発生しない。余談だが冷却損失もゼロとした理論的なPV線図である。

　ところが、私はポンピングロスならぬポンピングゲインを経験したことがある。出力のゲインとしては小さいが、吸入行程でも正の仕事をしていたのである。すなわち、吸入行程の圧力が排気行程の圧力より大きいのである。海外でも世界最強のレーシングエンジンと称されたグループCカー用のエンジンVRH35Zを開発したときのことである。

　このエンジンはツインターボの過給エンジンで、予選のタイムアタック時には1150ps（846kW）以上になる。ブースト圧は1.6kg/cm^2（絶対圧では約2.6気圧）である。面白いもので排気圧はブースト圧より低いのである。排気温度が高く排気が膨張しているため排気のVが大きくなり、結果的にP×Vが大きくなっていた。これにターボの効率を掛けても吸気のそれより大きくなっていたからである。これをPV線図に模式的に表すと、図5のようにハッチングの部分が正の仕事となって、ポンピングゲインとなっていたのである。

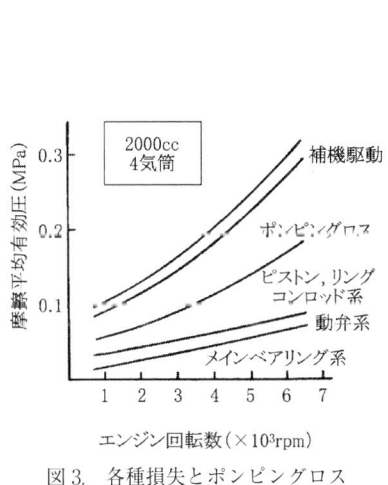

図3.　各種損失とポンピングロス

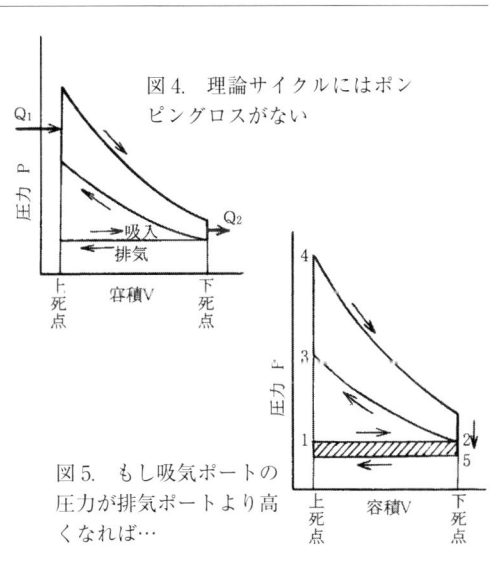

図4.　理論サイクルにはポンピングロスがない

図5.　もし吸気ポートの圧力が排気ポートより高くなれば…

2-1-4. 圧縮比を上げると熱効率が改善されるのはなぜか

　エンジンのチューンナップの常套手段に吸気ポートの研磨とともに、シリンダーヘッドの底面を削ったり、ピストンの頭部を出っ張らせたりして圧縮比を大きくする方法がある。熱効率は仕事と供給した燃料の発熱量の比である。同じ燃料供給量でもパワーが出れば熱効率が向上したことになる。

　1-7で触れた火花点火エンジンのルーツであるオットーサイクルを例に説明する。理論サイクルなので上死点と下死点におけるシリンダー内のガスの急激な圧力変化は熱の授受のみで発生する。図1の下死点でシリンダー内は作動ガスで満たされている。この空間の容積はVc+Vhである。ここでガスが1→2まで断熱圧縮され、2で容積がVcのままで瞬間的にQ_1（J）の熱エネルギーが加えられるとガスが膨張するので圧力は3まで上昇する。

　断熱の条件下ではQ_1-Q_2が仕事に変化するので理論熱効率をη_{th}とすると、

$$\eta_{th}=(Q_1-Q_2)/Q_1=1-Q_2/Q_1 \quad \cdots\cdots(1)$$

また、1、2、3、4のガス温度をそれぞれT_1,T_2,T_3,T_4（K）、気体（ガス）の定圧比熱Cpと定積比熱Cvの比をκ、封じ込まれたガスの質量をG（kg）とすると、

$$Q_1=G\cdot Cv(T_3-T_2) \quad \cdots\cdots(2)$$
$$Q_2=G\cdot Cv(T_4-T_1) \quad \cdots\cdots(3)$$

下死点でVc+Vhの容積を占める気体が上死点ではVcに圧縮されるのだから、圧

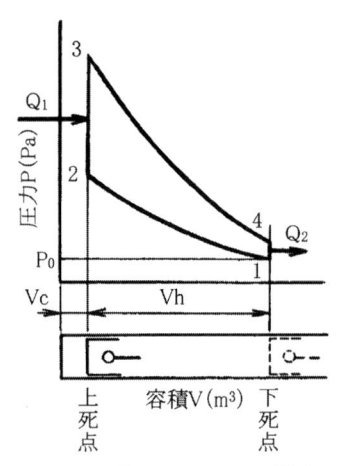

図1. 理論サイクルの PV 線図

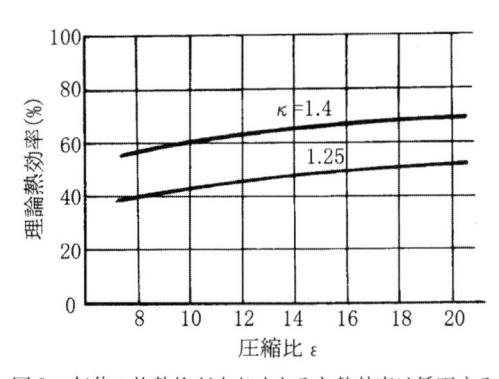

図2. 気体の比熱比が小さくなると熱効率は低下する

縮比 ε は $\varepsilon = (Vc+Vh)/Vc=1+Vh/Vc$ となる。すると、

$$T_2=T_1[(Vc+Vh)/Vc)]^{\kappa-1}=\varepsilon^{\kappa-1} \qquad \cdots\cdots (4)$$

$$T_4=T_3[(Vc/(Vc+Vh)]^{\kappa-1}=\varepsilon^{\kappa-1} \qquad \cdots\cdots (5)$$

(1) に (2) から (5) を代入して整理すると $\eta_{th}=1-1/\varepsilon^{\kappa-1}$ となり、理論熱効率は圧縮比と作動ガスの気体の比熱比で一義的に決まることになる。

　作動ガスを空気とした場合は $\kappa=1.4$、実際のエンジンでは空燃比によって異なるが1.25程度である。これを図示すると図2のようになり、圧縮比とともに熱効率は増加するが徐々に鈍化する。

　実際のエンジンの場合、図3に示すようにサイクルには必ず損失を伴う。冷却による熱損失、火炎の伝播に時間を要するための時間損失、下死点より前にAで排気バルブを開くことによるブローダウン損失を引いたSの部分が仕事となる。そして、さらに2-1-3で説明したポンピングロスを引いたものが図示仕事である。正味仕事はさらにこれから摩擦損失を引いた残りである。

　ピストンが下降するとき仕事をするので、熱効率の改善のために膨張比を大きくする図4のようなアイデアがある。通常のエンジンでは幾何学的な圧縮行程と膨張行程は等しいが、吸気バルブを遅く閉じて実圧縮比を小さくし、膨張比を大きく保つ。そしてハッチングの部分の仕事を稼ぐ方法である。この基本的なコンセプトはアトキンソン氏（英）が提案した。後に実用的な方法で高膨張比エンジンを実現する方法をミラー氏（米）が提唱し、ミラーサイクルとも呼ばれるようになった。これについては2-2-10で詳しく説明する。

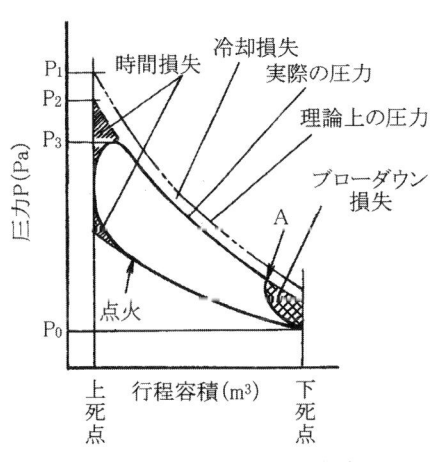

図3. 実際のサイクルの熱損失

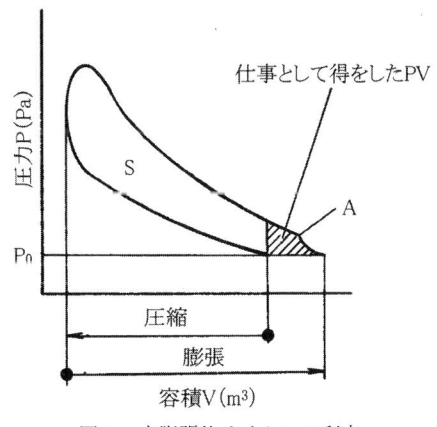

図4. 高膨張比サイクルの利点

2-1-5. 空気の体積効率と充填効率、どちらが大切か

　エンジンが熱エネルギーを仕事に変換する機械であるという基本に立ち返って考えると充填効率が重要である。一方、体積効率が高くならないと充填効率は高くならない。ガソリンエンジンは、どんなに頑張っても吸入した空気の質量の1/14.7の燃料しかシリンダーの中で燃焼させることはできない。14.7はガソリンの理論空燃比である。それ以上に燃料を加えても未燃のままのHCや、燃焼途中のCOとなって排出されてしまう（図1）。

　体積効率は図2のようにピストンがストロークする間に、吸入した空気の体積と容積変化の比である。この空気の体積は温度、気圧ともにエンジンに入る直前の大

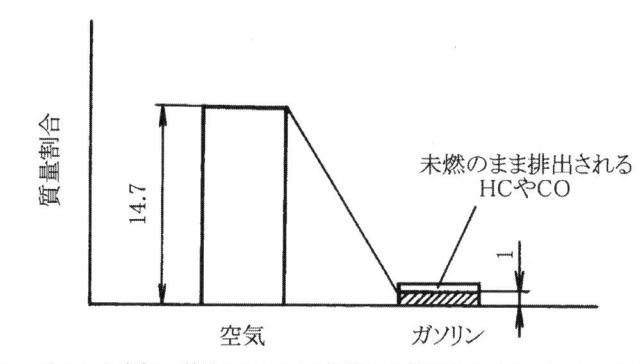

図1. 吸入した空気の質量の 1/14.7 の燃料しか燃焼させることはできない

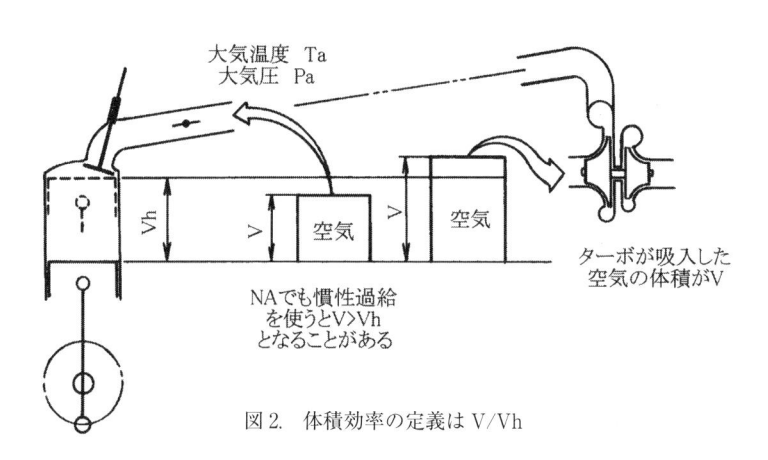

図2. 体積効率の定義は V/Vh

気の状態で測られた値である。話を簡単にするために、シリンダーを一つとして考える。排気量Vh（m^3）のエンジンが1サイクル中に V（m^3）の 空気を吸い込んだら、体積効率η_vはV/Vhと定義されている。3000rpmで回っている2リッター（2×10^{-3}m^3）エンジンが1分間に2.7（m^3）の空気を吸い込んだとする。この間の吸入行程の容積変化は2回転に1回吸入行程があるから、1/2×2×10^{-3}×3000=3（m^3）。従って、η_vは 2.7/3=90%となる。1サイクルに換算しなおしても、またm^{3}の代わりにℓを用いても同じ結果になる。

　ところが、このとき温度が高ければ空気の密度は小さくなっている。また、気圧が低くても同様である。体積効率が高くても高温で密度が小さい「質の悪い」空気だと質量は小さくなり、燃焼させることができる燃料の質量も小さくなる。当然、出力は出なくなる。空気の密度は温度が上がって膨張するほど小さくなる。1気圧、0℃において1.294kg/m^{3}だが、10℃では1.246kg/m^3、20℃では1.023kg/m^{3}となる。そこで、吸入したV（m^3）の空気を標準あるいは基準の状態に換算し、またはこれに密度を掛けて質量の比とした充填効率η_cが定義された。標準状態は0℃、1気圧だが現実的な基準の状態として15℃、1気圧を用いることが多い。

　温度、気圧ともに絶対温度（K）、絶対圧力（Pa Abs.）を使うと換算する手間が省けるので都合がよい。理論的に気体の分子運動が停止して体積がゼロになる温度が0 K（-273℃）、温度が1K（1℃）上昇するごとに273K（0℃）のときの体積の1/273ずつ膨張する。温度が下がるときは1/273ずつ収縮する。標準あるいは基準となる絶対温度をT_0、絶対圧力をP_0とし、このときの空気の密度をρ_0と すると、密度は絶対温度に逆比例し絶対圧力に正比例するから、T_a、P_aにおける空気の密度は$\rho_0 \times T_0/T_a \times P_a/P_0$（kg/m^3）となる。吸入した体積V（m^3）の空気の質量は、

$$\rho_0 \times T_0/T_a \times P_a/P_0 \times V \text{（kg）} \qquad \cdots\cdots (1)$$

となる。一方、分母となるVh（m^3）の空気の標準の状態における質量は、

$$\rho_0 \times Vh \text{（kg）} \qquad \cdots\cdots (2)$$

充填効率は (1)／(2) であるから、$T_0/T_a \times P_a/P_0 \times V/Vh$となる。ここで、V/Vh=$\eta_v$であるから$\eta_c = T_0/T_a \times P_a/P_0 \times \eta_v$となる。体積効率を温度と気圧補正したのが充填効率である。

2-1-6. ガソリンの理論空燃比が14.7なのはなぜか

　空気は窒素（N_2）と酸素（O_2）、およびネオン（Ne）や炭酸ガス（CO_2）などの不活性ガスの混合気体である。おもしろいものでそれらの混合割合は地上においてはどこでも、図1のようにそれぞれ78％、21％、1％で一定である。一方、日本で販売されているガソリンの成分は炭素（C）と水素（H）の化合物である。図2のように炭素原子には他の原子と結びつくことができる結合手が4本、水素には1本ある。この結びつき方によって、パラフィン系、オレフィン系、芳香属系（アロマティック）に 分類される（図3）。ガソリンはいろいろな炭化水素の混合物であるが、構成する炭素と水素原子数の割合は平均すると炭素原子1個に対し水素原子はほぼ1.9個の割合（$CH_{1.9}$）である。

　化学の世界では、気体は標準状態（0℃、1気圧）における 22.4ℓ を基準にしている。これを1モルと称し分子の数では 6.065×10^{23} 個（これをアボガドロ数という）である。また、液体や固体も同様に 6.065×10^{23} 個の分子を1モルとして扱うと、化学式を解くのに都合がよい。この個数の分子の質量が分子量であり、グラムをつけると、1モル当たりの質量となる。これを1000倍してキロモルとして用いることもある。

　以上をもとにガソリンが燃焼するとき燃料も酸素も余らない、空気と燃料の質量の比、理論空燃比を求めてみる。ガスの状態での窒素や酸素は図4のように2つの

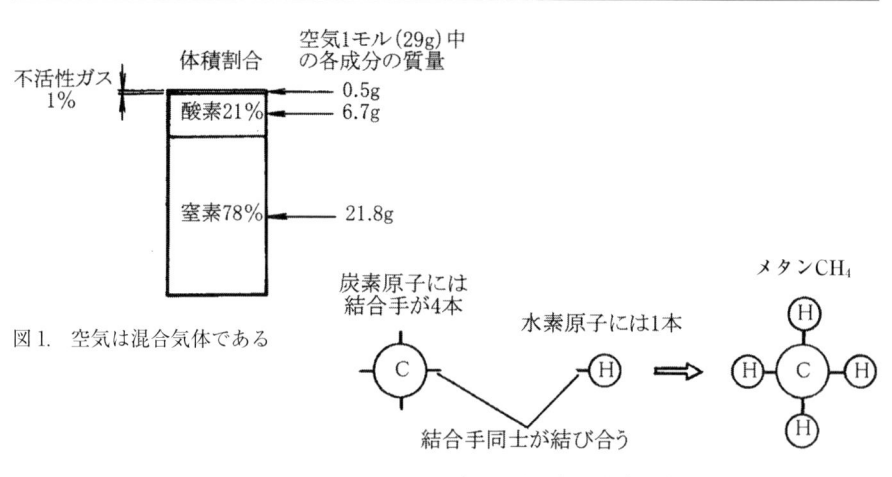

図1.　空気は混合気体である

図2.　もっとも単純な炭素と水素の結合の仕方

原子が一体となって一つの分子を形成する2原子分子である。窒素の原子量は14、酸素は16であるので、分子量はそれぞれその2倍の28、32となる。従って、図1のような体積割合で窒素と酸素が混合している空気1モル中の各成分の質量は、

窒素　$28 \times 0.78 = 21.8g$

酸素　$32 \times 0.21 = 6.7g$

となる。一方、混合気体である空気の1モルの質量は29g（平均分子量は29）である。この29gから窒素と酸素の質量を引いた残りの0.5gが不活性ガスということになる。

　厳密には燃焼するときシリンダー中で窒素酸化物が生成するが、炭酸ガスや水蒸気にくらべて微量なので無視する。前述のガソリン$CH_{1.9}$（正確には1.85）がシリンダー中で酸素と反応するとき、

$$CH_{1.9} + 1.475O_2 = CO_2 + 0.95H_2O + 熱$$

この反応式において左辺と右辺のCの数は1、Hは1.9、Oの合計は2.95で、それぞれ一致している。燃料$CH_{1.9}$1モルの質量は$12 + 1 \times 1.9 = 13.9g$であるので、この質量の燃料を燃焼させるのに必要な酸素の質量は$32 \times 1.475 = 47.2g$となる。すでに求めたように空気の29g中の酸素の質量は6.7gであるから、

47.2gを含む空気の質量は $(47.2 \div 6.7) \times 29 = 204g$

となる。すなわち、204gの空気でガソリン13.9gを燃焼させると、理論上、反応後に酸素も燃料も余らないことになる。この空気と燃料の質量の比$204 \div 13.9 = 14.7$が理論空燃比である。

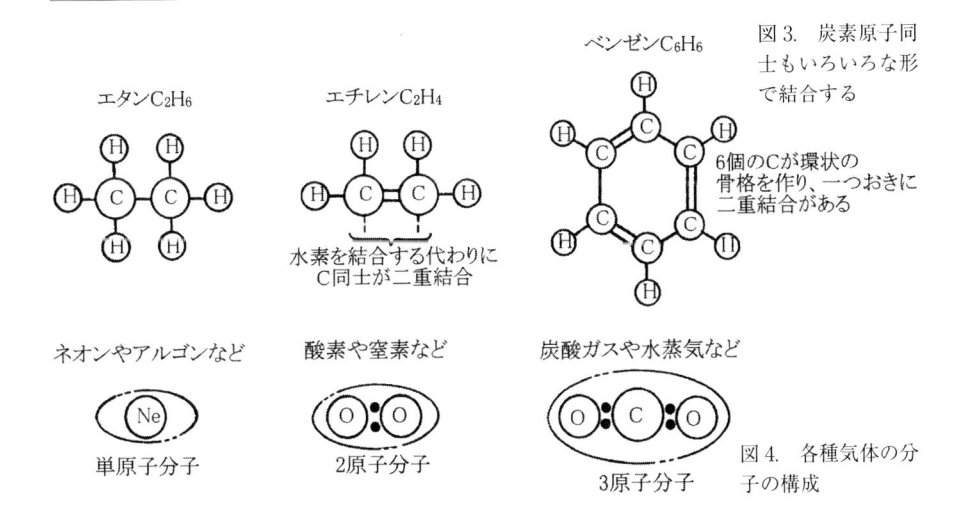

エタンC_2H_6　　エチレンC_2H_4

ベンゼンC_6H_6

図3.　炭素原子同士もいろいろな形で結合する

6個のCが環状の骨格を作り、一つおきに二重結合がある

水素を結合する代わりにC同士が二重結合

ネオンやアルゴンなど　　酸素や窒素など　　炭酸ガスや水蒸気など

単原子分子　　2原子分子　　3原子分子

図4.　各種気体の分子の構成

2-1-7. ガソリンエンジンのノックとディーゼルのノックはどうちがうのか

　ガソリンエンジンやLPGエンジンのような火花点火エンジンと圧縮着火のディーゼルエンジンとではノックが発生する条件はまったく異なる。むしろ正反対に近い。図1に点火プラグから火炎が伝播してゆく様子を模式的に示す。点火プラグ近くのガスは既に燃焼しているので温度・圧力ともに高い。熱いガスは圧力差によって押されながら、火炎の持つ燃焼速度やスワールなどのガス流動の影響を受け、未燃のガスに火炎を伝えて行く。この予熱帯と反応帯で構成される部分が燃焼帯である。その厚さは数ミリ以下である。予熱帯では熱せられて一触即発のラジカルと呼ばれる単体としては取り出せない中間生成物（OH、H、O、HO_2など）が生成する。これが光を発して化学反応を起こすのが反応帯である。

　この燃焼帯が次々と伝播して燃焼室内に広がってゆく。ところが、未燃部の可燃性のガスは既燃部の熱と圧力で、燃焼帯が到達するのを待たないで爆発的に自己着火することがある。これが火花点火エンジンのノックで、点火後に発生する。余談だが過熱した点火プラグの電極や排気バルブが着火源となって、火花が飛ぶ前に燃焼が始まるのをデトネーションと呼び、ノックとは区別される。しかし、どちらも異常燃焼である。燃焼室内では図2のようにシリンダー内の圧力にノックによる衝撃波が乗る。この衝撃波は丸い池に石を投げ込んだ時のように、燃焼室内を行き来する定在波である。ノックによる衝撃波の周波数は10〜15kHz程度であり、シリ

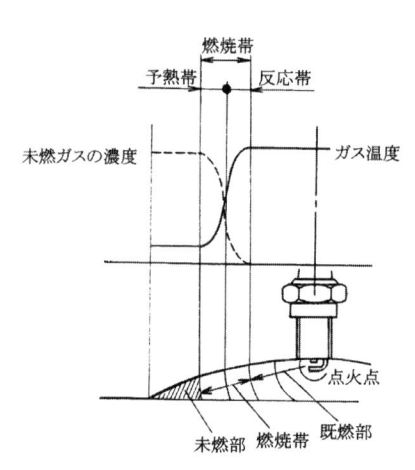

図1. ガソリンエンジンの火炎伝播

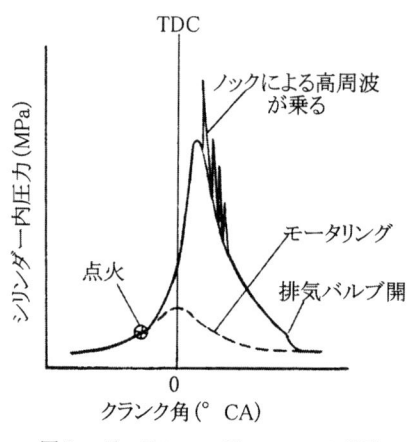

図2. ガソリンエンジンのノック波形

ンダー径が大きくなると低くなる。火炎の伝播速度は図3のように熱い排気側のV_Eの方が吸気側のV_Iより大きい。火炎の到達が遅い吸気側のAの部分で自己着火する場合がほとんどであり、着火点の低いアンチノック性の低い燃料を使ったり、燃焼室の形状が悪かったり、圧縮比が高いほど、また圧縮された混合気の温度が高すぎたり、低速で負荷が高い場合に発生する。指定された燃料よりオクタン価の低い燃料を多用すると、ノックを起こしやすくなるので注意が必要である。

　一方、ディーゼルエンジンでは燃料が噴射されてから、圧縮熱によって着火するまでの時間が長いと発生する。図4のハッチングの部分の着火遅れ期間中に噴射された燃料が一気に無制御状態に燃焼し、急激な圧力上昇を起こすのがノックである。着火点の高い燃えにくい燃料を使ったり、圧縮比が低すぎたり、エンジンの温度が低かったり、負荷が小さくて燃焼室の温度を高く保てなかったりすると発生する。また、燃料が噴射されてから着火するまでの時間が低速にくらべて相対的に短くなる高速時に発生することがある。着火しやすさを表すセタン価の低い燃料を多用するときには注意を要する。

　ノックはともに出力や燃費悪化につながるし、エンジンにとっては機構的にも有害である。過度な圧力と温度の上昇によってピストンやバルブ、シリンダーの上部を破損したり、衝撃的な力によりコネクティングロッドメタルやヘッドガスケット、ひどい場合にはメインメタルを損傷することもある。また、高温高圧の燃焼室内でNO_Xが増大し、壁面の未燃の燃料を衝撃波で吹き飛ばすのでHCの排出も大きくなる。

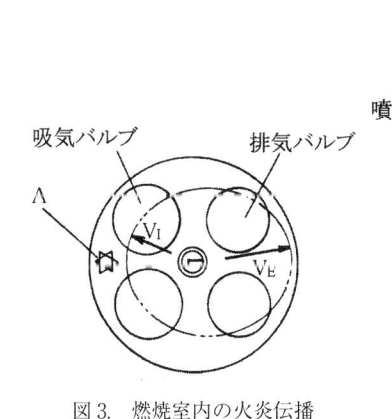

図3.　燃焼室内の火炎伝播
　　速度のバラツキ

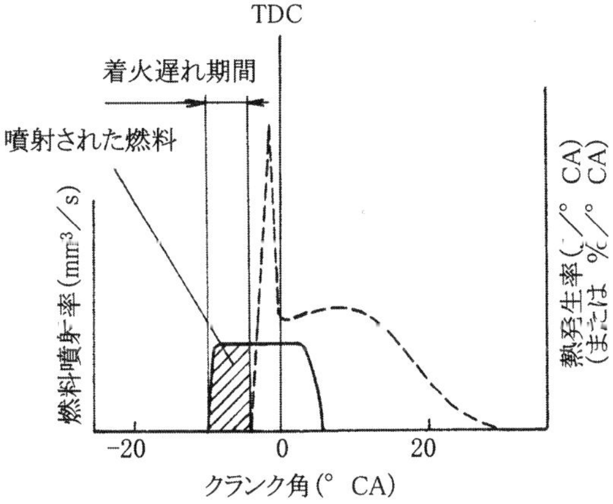

図4.　ディーゼルの着火遅れ後の急激な燃焼

2-1-8.　冷却水温が低すぎるとなぜ悪い

　エンジンは開発時に決められた適正な冷却水温で運転したとき、総合的にもっとも優れた性能を発揮する。適正な温度では吸気の充填効率を損なわずに燃料を十分に気化でき、圧縮終わりのシリンダー内ガス温度も最適な状態となる。また、ピストンとシリンダーとの間隙（クリアランス）も絶妙な値になる。一方、エンジンオイルの温度も冷却水温が上がれば、その分高くなる。サーモスタットが壊れてリフトを取ったままになると、冷却水温は上がらずに、適温より低い温度で平衡状態になる。少しくらいならノックが起こりにくく、充填効率も上がるのでパワーが出たような感じがするが、下がり過ぎは危険である。

　図1に冷却水温度がトルク、燃焼速度、摩擦トルク（フリクション）および燃料によるエンジンオイルの希釈率に与える影響を示す。冷却水温が低いと吸気が温められなくなる。マニホールド噴射の場合は吸気マニホールド中での燃料の気化が悪くなり、飛沫や壁面流となってシリンダーに流入する。燃料はピストンの冠面に触れると一気に気化するはずであるが、これも冠面温度が低いため不完全になる。点火してうまく燃えるガス状の燃料が目減りするので、それを補うために空燃比を濃くしなければならない。圧縮中のガス温度が下がるのでここでの気化も鈍化する。さらに点火直前のガス温度も低下しているので、火炎の伝播速度が小さくなる。これはオットーサイクルの基本的な概念である急速燃焼に逆行する。

　ピストンとシリンダーや軸受け部などの摺動部分の摩擦抵抗が大きくなるので、摩擦トルクが増大する。このように燃焼速度の低下、濃い混合気の供給、フリクションの増大により燃費が悪化する。また、ピストンの温度が低くなると、ピストンの膨張が設計値より小さくなり、シリンダーとの間隙が増大する。この隙間を通って未燃のガソリンや軽油がオイルパンに入り、エンジンオイルが燃料で希釈される。燃料で希釈されたオイルは粘度が低下するので、エンジン破損の原因となることもある。

　シリンダーや燃焼室の壁面近くでは図2のように炎の先端が冷却されて消されてしまう。この層を消炎層と呼ぶ。これは紙を折って箱を作って水を入れ、アルコールランプで底を加熱しても水がある限り燃えることはない。この現象があるから五百数十度で溶けるアルミでシリンダーヘッドやピストンを作ることができるのである。図3のように壁面近くには境界層が形成される。シリンダー側であっても壁面の近傍では反対側の冷却水温の影響を受けている。急激な温度勾配ができるこの薄

い層を境界層と称する。どの温度までを境界層と呼ぶかにもよるが、境界層と消炎層はほぼ一致する。燃料の着火温度より低いこの部分には、燃料や熱で分解途中の生成物が付着して未燃の炭化水素の層が形成される。冷却水の温度が低くなるとこの消炎層が厚くなる。この消炎層の未燃の炭化水素が排気行程で排出されるのでHCレベルが高くなる。一酸化炭素の排出も増大するが、燃焼温度が低いことと空燃比が濃いため、窒素酸化物は低減する。

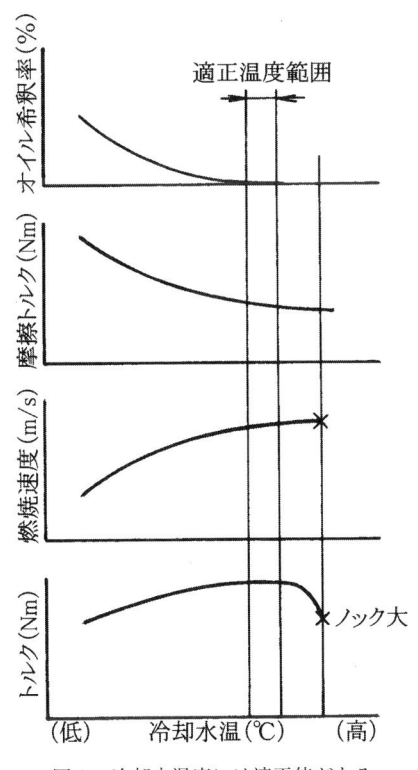

図1. 冷却水温度には適正値がある

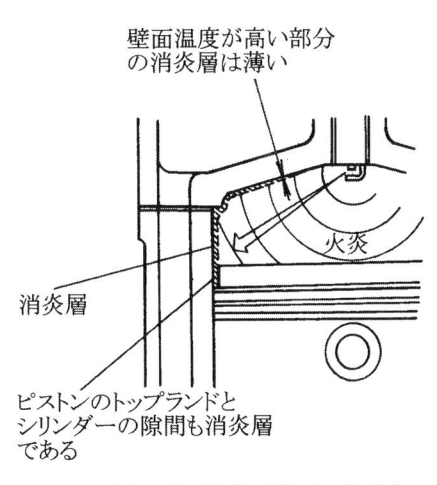

図2. 火炎は壁面付近で消されてしまう

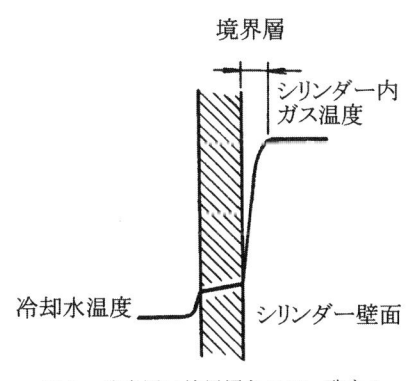

図3. 消炎層は境界層とほぼ一致する

2-1-9. 冷却水温が高すぎるとなぜ悪い

　高温の燃焼ガスにさらされる燃焼室やシリンダーライナー、ピストン、バルブなどの材料の保護のため、また火花点火エンジンではノックを避けるために冷却は必須である。水冷式は空冷式より温度制御が容易であり、ウォータージャケットがあるため静かになるので自動車用エンジンに広く採用されている。ここではオーバーヒートを起こしたり、エンジンが焼きついたりしない程度の高い冷却水温の影響について検討する。

　冷却水温が高くなるとエンジンがほてる。これによりエアクリーナーから吸気マニホールドを通過するまでに空気の温度は通常より高くなる。図1のように吸入行程時に新気は燃焼室やシリンダーの壁面、ピストンの冠面、吸排気バルブなど四方八方から熱を受け温められる。冷却水温が高くなると、これに囲まれている燃焼室やシリンダーや吸気ポートの壁面温度が適温より高くなる。冷却水温の影響を間接的に受けるピストンやバルブの温度も上昇する。従って、新気が受ける熱量が増大する。

　これらの部分からの加熱により新気は膨張して密度が小さくなるので、同じ体積の新気を吸入しても（体積効率は同じでも）質量は小さくなる。すなわち、充填効率が低下する。ガソリンエンジンではどんなに頑張っても吸い込んだ空気の質量の1/14.7の質量の燃料しかシリンダー内で燃焼させることはできない。1サイクル当たりの吸入空気の質量が減ると、シリンダーで発生する発熱量が少なくなるためトルクが低下する。回転数が同じならパワーダウンということになる。しかし、スロットル開度に余裕がある場合には、アクセルを踏み込むことでトルク低下をカバーすることができる。

　市街地走行などの低負荷時には冷却水温を若干高くすることで、燃料の気化を促進するとともに、圧縮終わりのガス温度を上げて燃焼を改善することができる。一方、スロットルが開き気味になるのでポンピングロスが若干減ることと、油温も上昇するのでエンジン内の摺動部分の摩擦抵抗も減るので燃費は改善される。

　図3に冷却水温が適正な場合と高い状態でエンジンを回転数一定、スロットル全開で運転したときのトルクと燃費率の比較を示す。適正な水温の場合には点火時期を進めて行くとトルクは増大し、ピーク点Aを過ぎてからトルクは低下し出しノックが発生する。冷却水温が高い場合には充填効率が低いため全般的にトルクは小さい。圧縮終わりのガス温度と壁面温度が高くB点まで進角したところでノックが

発生すれば、ここが最大トルクとなり適正冷却水温のAよりかなり低くなる。も
し、破線のようにCまで進められても充填効率の低下による影響を避けることはで
きない。一方、燃費率は最大トルクが得られる進角のところで最良となる。適正な
冷却水温の場合はAに対応したA'で燃費率は最小になっている。Bまでしか進角
できなかったときの最小燃費率はB'でA'より悪い。もし、ノックせずにCまで進
められた場合には、燃焼の急速化とフリクションの低下により燃費が改善されるこ
とがある。

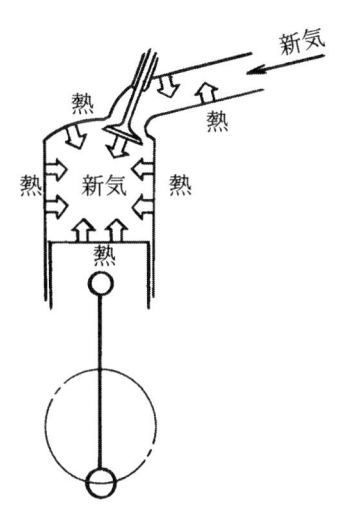

図1. 新気はいろいろなところ
から温められる

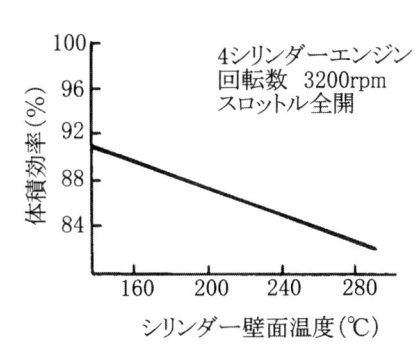

図2. シリンダー壁温上昇の影響

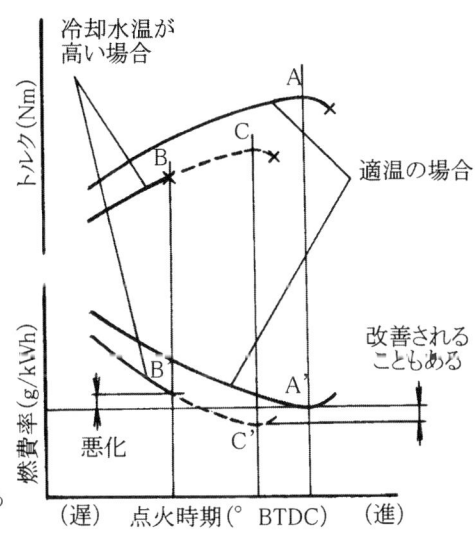

図3. 冷却水温が高いと点火時期を進め
られない

2-1-10. 吸気や排気の慣性効果とはなにか

　ニュートンの運動の三法則の一番目に慣性の法則がある。質量のあるものはすべて、止まっているものはいつまでも静止していようとし、動いているものはいつまでも動き続けようとする。これに逆らうには力が必要である。図1のように質量M（kg）の物体を加速度 α（m/s^2）で加速するときに要する力はMα（N）である。電車の中で加速や減速方向とは逆向きに感じる力が慣性力である。吸気や排気は気体であるが、その分子には質量がある。この質量と、気体は圧縮・膨張が自在であるという性質により慣性吸排気現象が起こる。

　まず、吸気の慣性効果について説明する。吸気バルブが開いてピストンが降下し出しシリンダー内に負圧が発生すると、まず吸気ポートに近い部分の気体がシリンダーに流入する（図2の左）。すると、この部分の気体が引き伸ばされて圧力が下がるため、その上流の気体がこれに引かれて動き出す。このように吸気マニホールド中の新気が一団となってシリンダーに向かって突進する。普通のエンジンではクランクシャフトが上死点から80°ほど回ったときにピストン速度が最大になるので、ますます流速は増大する。一方、気体には質量と圧縮性がある。それにより、質量

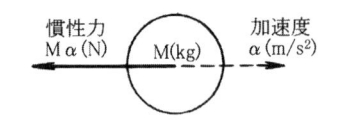

図1. 慣性力の方向と大きさ

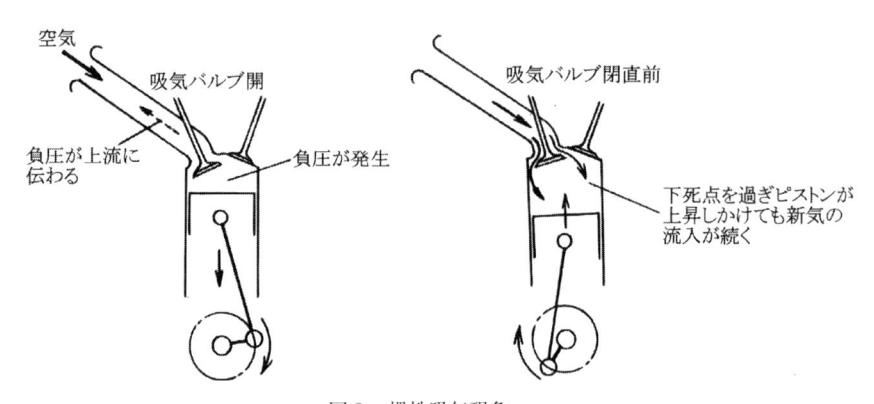

図2. 慣性吸気現象

と速度の積である運動量によって、ピストンが下死点を過ぎて上昇し出しても吸気バルブが開いていれば、満員電車のように後ろからぐいぐいと押され前の気体を圧縮しながらシリンダーに流れ込む（図2の右）。

　排気の慣性効果はこの逆で、排気バルブが開くとシリンダー内のガス圧力で排気はわれもわれもと一団となって流出しようとする。これも排気の質量と速度によって発生するものである。排気は排気管の中を高速で流れるため、その勢いで管端から排出するときに後続の排気も引っ張り出されて瞬間的に圧力が低下する。そしてバルブに近い排気ポート内の圧力も低下する。この現象を単純化して図3に示す。あたかも開口部から負の波が反射してきたような現象である。実際の排気系には触媒のコーン型の入口やプリマフラーなど容積の大きな部分が存在するので、ここから負の反射波が戻ってくることが多い。

　このように吸気行程では加速された新気の一団が吸気の下死点を過ぎても吸気バルブが開いていればシリンダーに流入し、あわや吸気ポートに逆流する瞬間に吸気バルブが閉まれば吸入効率は向上する。場合によってはターボやスーパーチャージャーを装着していなくても、ピストンの行程で得られる容積（排気量）以上の体積の新気を吸入することが可能になる。これが慣性過給である。

　また、排気バルブが閉まる直前に排気ポート内の圧力が低くなると、シリンダー内に残留する排気が少なくなる。さらに、バルブオーバラップ中に新気の一部がシリンダー内を掃気して、残留ガスを追い出してしまうこともできる。このように吸気や排気の慣性効果には時間の要素が必須の条件になる。その道中である吸気管や排気管の長さや形状とバルブタイミングが慣性効果が得られるエンジン回転数を支配する。つまり、吸排気系の長さや形状やバルブタイミングの選定により、慣性吸排気を積極的に利用しようとするエンジン回転数を決めることができる。

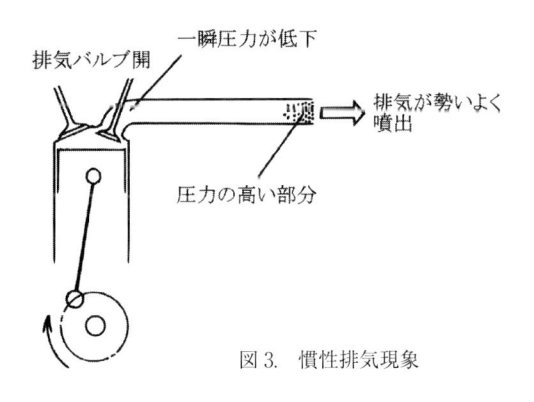

図3.　慣性排気現象

2-1-11. 高速エンジンでは低速トルクが犠牲になるのはなぜか

　このクルマは低速トルクが太いが高速で伸びがない。逆に、高速になるとよく回るが低速がダメだ……。よく聞く話である。高速に焦点を合わせて本格的にチューニングされたレーシングエンジンでは低速はおろか、一般の人にはエンストをせずにスムーズに発進することさえ難しい。実用車では可変バルブタイミングや可変バルブリフト技術が開発され、かなりフラットなトルク特性を実現できるようになった。

　しかし、2-1-19で説明するが、トルクがフラットなだけなら良いフィーリングにはならない。クルマが好きなひとには、やはり面白味が必要である。エンジンのパワー特性は重要な魅力品質である。図1のようにパワーアップのためには、まず毎サイクル当たりの吸入空気量の増大と単位時間に何回サイクルを繰り返したかがキーとなる。後者が高速化であり、エンジンの回転レンジの拡大を意味する。そして、各サイクルの質の向上には燃焼の急速化や、回転数のほぼ1.5乗で増大するフリクションの低減が重要である。

　各サイクルの質の向上は吸入空気量を増大させることであるが、空気を吸入する原動力はピストンの動きにより発生する負圧である。空気がブランチを助走しながら勢いをつけてシリンダーに流入する様子を模式的に図2に示す。2-1-10のように慣性効果を発生するのに必要な流速をvとする。回転数が低いときにはピストンが下がる速度が遅いので空気を引っ張り込む力が小さい。図2の下のグラフの破線のように流入速度の上昇が緩やかになる。従って、長い助走距離ℓ_2とここを走り抜ける時間t_2も長くなる。

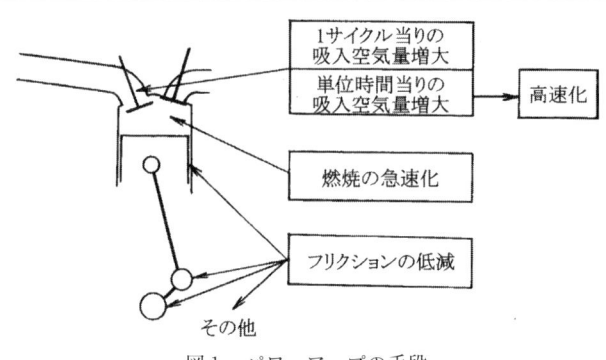

図1.　パワーアップの手段

高速の場合にはピストン速度が速く、吸引する力が強いので、時間に対する流入速度の勾配は実線のように急になる。所要時間t_1でvに達する。その距離がℓ_1である。このℓ_1の長さのブランチでも低速時には吸引する力が破線の場合と同じだから、二点鎖線のように破線と平行になり、t_1ではv_1の速度にしかならず目標のvより遅い。そのため十分な慣性効果を発揮できずに低速トルクが小さくなる。

　慣性効果は吸気管の長さとともにバルブタイミングと密接な関係がある。図3は吸気バルブが開いている期間とこの間のピストンの位置を示す。ピストンが上死点に達する前に吸気バルブは開き始める。ピストン速度は連桿比（コンロッド長さ／クランクの回転半径）にもよるが、クランク角で上死点を80°程度過ぎたところで最大になり、吸気を引っ張り込む力も大きくなる。その勢いでピストンが下死点を過ぎてもまだ流入が続く。やがてシリンダーからブランチへ新気が逆流し出すが、その瞬間に吸気バルブが閉まると吸入効率が最大になる。

　同様に図4は排気バルブの開閉とピストンの位置関係を示す。ピストンが下死点に達するかなり手前から排気バルブは開く。ピストンがまだ仕事できる膨張行程中であるが、高速になると十分に排気を排出できないので早めの排気開始が必要である。低速時にはもっと遅く排気バルブを開くのが理想である。排気の上死点では吸気バルブと排気バルブがともに開いているが、高速時には排気が出る勢いに乗じて吸気バルブから新気が流入してシリンダー内の残留ガスを掃気する。だが、低速時には排気バルブから排気が逆流するので、燃焼にとっては逆効果である。

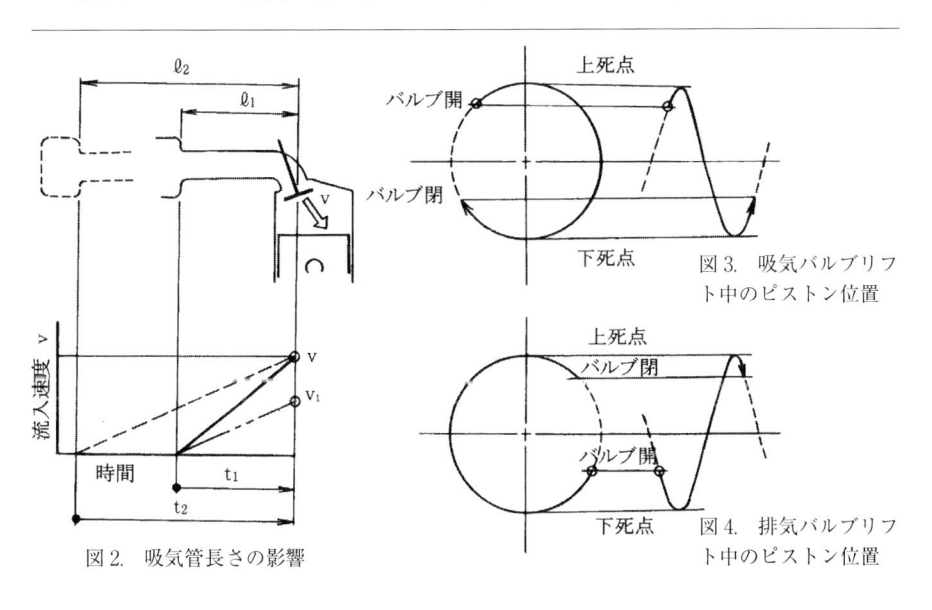

図2.　吸気管長さの影響

図3.　吸気バルブリフト中のピストン位置

図4.　排気バルブリフト中のピストン位置

2-1-12. エンジンを高速で回すとなぜ燃費率が悪くなるのか

　低速ギアで引っ張ってエンジン回転を上げて走行すると、燃費はたちまち悪くなる。エンジンが同じ出力を出すのならば、ノックを起こさない範囲で回転を下げて使う方が燃費率が良い。燃費率とは1kWの仕事をするのに1時間当たり何グラムの燃料を消費したかを表す指標である。正式には比燃料消費率といい、英語の頭文字を取ってBSFC（Brake Specific Fuel Consumption）を使うことが多い。出力をLe（kW）、1時間当たりの燃料流量をV（cm³）、燃料の密度をρ（g/cm³）とすると、BSFC＝ρV/Le（g/kWh）となる。従ってBSFCが小さい方が燃費が良いことになる。

　エンジンが高速で回転するとシリンダー内のガス流動が盛んになり、燃焼が改善されるが、一方で摩擦損失も増大する。等燃費率線は図1のように最大トルクよりやや下のハッチング（斜線）を入れた最小燃費率の領域を囲んだ等高線状になる。フルスロットル近くでは出力を確保するために空燃比を濃くしているため、燃費率は大きくなる。また、回転数が同じでもトルクが小さいときは吸入負圧が高くポンピングロス（絶対圧の低い吸気マニホールドから新気を吸い込んで圧力の高い排気系に押し出すエンジンのポンプ作用による損失）が大きくなることと、シリンダー内での燃焼速度が低下するため燃費率は悪くなる。同じパワーを出すのなら低速ギアで4000rpmのBより、高速ギアを使って2500rpmのAで走行する方が燃費は良

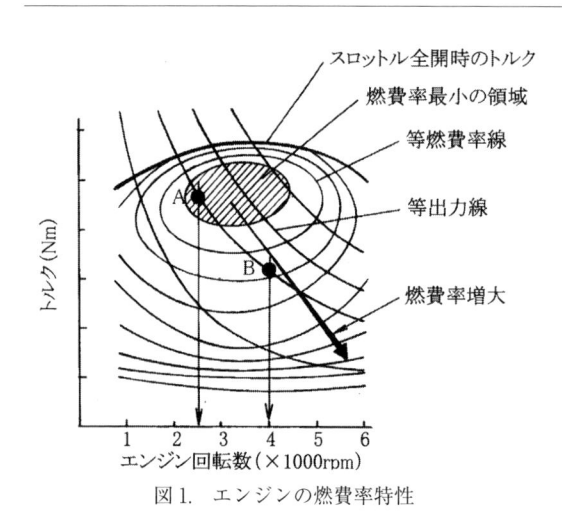

図1.　エンジンの燃費率特性

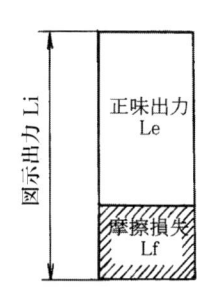

図2.　摩擦損失が大きくなる
と正味出力は小さくなる

くなる。

　図2のようにエンジンの出力Leはピストンが出した出力すなわち図示出力Li（kW）から、エンジンが回転するのに必要な摩擦損失Lf（kW）を差し引いたLe=Li-Lfとなる。燃料消費量が同じなら、燃焼状態に起因するLiが大きくLfが小さくなると、BSFCの分母となるLeが大きくなり燃費率は改善される。図3はエンジンを点火させないで外部から駆動して求めた摩擦トルクTf（Nm）特性である。回転数をn（rpm）とすると、Lf=2πTf・n/60・1/1000kWとなる。もし、Tfが一定でもLfは回転数ともに増大する。さらに不利なことに図のようにTfは回転数とともに大きくなるので、Lfはnと Tfの二つの影響を受けて回転数とともに急激に増大する。

　クランクシャフトの軸受け部分の摩擦トルクは図4のように、流体潤滑域では回転にともなって直線的に増大する。また、バルブ開閉に要する力は多気筒エンジンの場合、あるシリンダーのバルブを開けようとするとき必ず他のシリンダーのバルブが閉まるので、力が相殺し合って回転数とともに暫減する。一方、ピストンやピストンリングとシリンダーとの摩擦損失はピストン速度の増大とともに二次関数的に大きくなる。また、流速の二乗に比例して大きくなる吸排気抵抗によるポンピングロスを避けることはできない。補機類の駆動トルクの増大は僅かである。これらを合算すると摩擦損失はエンジンの回転数のほぼ1.5乗の関数となる。シリンダー内での燃焼が完璧であっても、エンジンの回転を上げると摩擦損失が急激に増大するため燃費率は悪くなる。

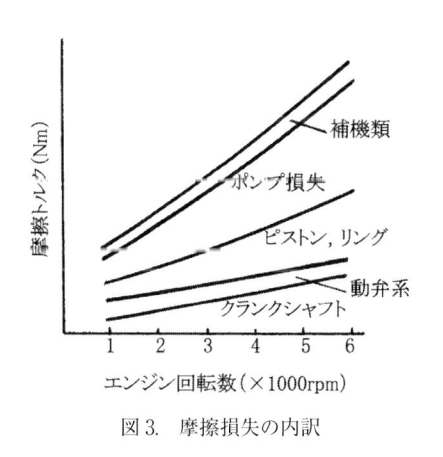

図3.　摩擦損失の内訳

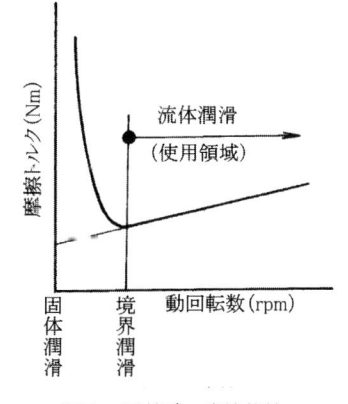

図4.　平軸受の摩擦特性

2-1-13. 高速で走るとなぜ燃費が悪くなるのか

　自動車が走るためには走行抵抗に打ち勝つ力が必要である。ここで、力と移動距離との積が仕事である。図1のように100kgの荷物を重力に抗して持ち上げるとき、重力による加速度を$9.8m/s^2$とすると$100 \times 9.8 = 980N$の力が要る。これと移動距離1mとの積、980Nmが仕事である。一方、1Nmは1Jなので仕事量は980（J）と表すこともできる。

　図の右のように自動車を490Nで押して2m動かしたときも、980Jの仕事をしたことになる。次に同じ仕事量でもそれにかかった時間が問題となる。先の980Jの仕事を1秒間で行ったとすれば980J/sとなる。ここで、1秒間にできる仕事量を仕事率とよびW（ワット）で表す。自動車工学ではこれを1000倍してkWを使うことが多い。先の980J/sは980W＝0.98kWとなる。

　自動車が平坦路を一定速度で走行しているときの走行抵抗Rは4-1で説明するが、転がり抵抗Rrと空気抵抗Rlである。Rrはタイヤが変形しながら回転する抵抗と軸受けなどの回転部分の摩擦抵抗である。転がり抵抗係数μ_rと車両の質量M（kg）と重力の加速度g（$9.8m/s^2$）との積、$\mu_r \cdot Mg$（N）で、速度にはほとんど依存せず一定である。空気の密度をρ（kg/m^3）、空気抵抗係数Cd、前面投影面積A（m^2）、速度をv（m/s）とすると、$Rl = 1/2 \cdot \rho \cdot Cd \cdot A \cdot v^2$（N）となり速度の二乗に比例

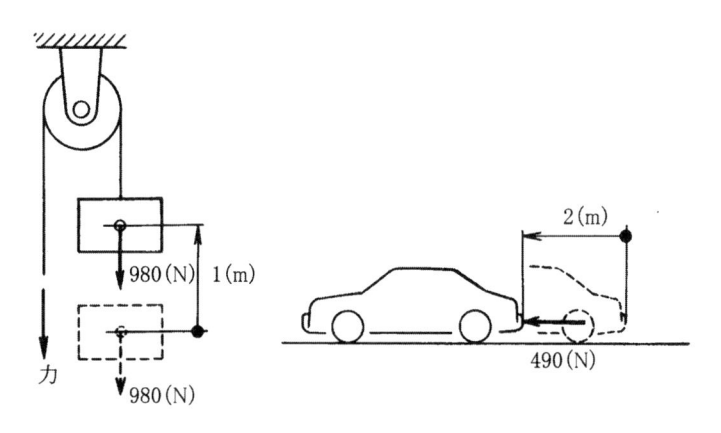

図1.　仕事は同じ　980（Nm）

して増大する。従って、走行抵抗R=Rr+Rlは図2のような二次曲線となる。

　ちなみに、車両質量1500kg、転がり抵抗係数0.01、前面投影面積2.5m²、空気抵抗係数0.38の自動車が水平な道路を一定の速度36km/h、すなわち10m/sで走行しているとき転がり抵抗Rrは147N、空気密度を1.20kg/m³とすると空気抵抗Rlは57N、走行抵抗Rは204Nとなる。速度が3倍の108km/hになってもRrはほとんど変わらないが、Rlは9倍の513Nに増大するので、従ってRは147+513=660Nとなる。

　この二つの条件で1km走行するのに必要な仕事はそれぞれ、204×10³Nm、660×10³Nm、すなわち204kJ、660kJとなる。このように高速になると、同じ距離を走ってもエネルギーが要るようになる。だが、これだけでは済まない。高速まで加速するときには、車両質量と回転部分の等価質量による加速抵抗がプラスされる。これに抗する仕事も必要になる。さらに、エンジンの回転も上げなければならない。図3のようにエンジンの摩擦損失は回転速度のほぼ1.5乗に比例して増大するので、トリプルパンチで燃費は悪くなる。ちなみに、1500kgの自動車が100km/h、すなわち27.8m/sで走行しているときの運動のエネルギーは1/2・1500・27.8² ≒ 580000J=580kJである。

　これをガソリンの発熱量44000kJ/kgで割ると0.0132kg、さらに密度0.74g/cm³で割って体積に換算すると約17.8ccとなる。ハイブリッド車（HV）はこの運動のエネルギーや登坂抵抗に使った位置のエネルギーの一部を回生する。

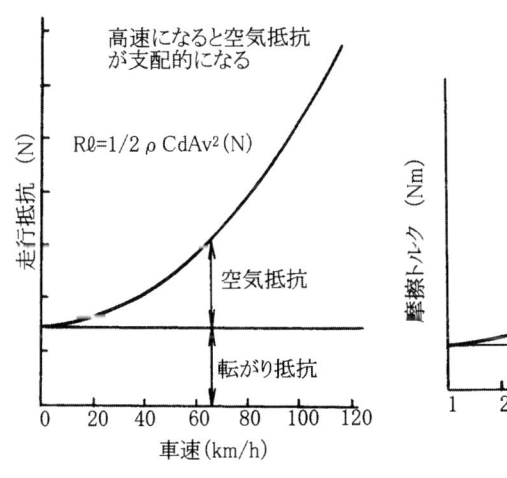

図2.　車速と共に飛躍的に増大する空気抵抗

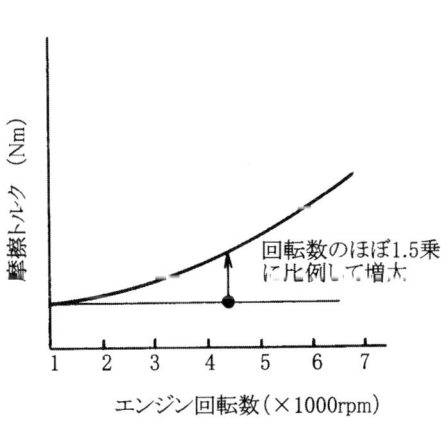

図3.　エンジンの摩擦損失特性

2-1-14. 空燃比が薄いとなぜパワーが出ないのか

　燃料の持つエネルギーを仕事に変えるのがエンジンであるが、その変換のプロセスで必ずガスの膨張がある。すべての物質の中で熱膨張率が一番大きいのがガスであり、図1のように1℃上昇する毎に0℃のときの体積の1／273ずつ膨張する。逆に1℃低下すると体積は1／273だけ小さくなるので、理論的には-273℃になると体積はゼロになる。この温度になると気体の分子運動が停止し、分子間の距離が無くなってしまう。この-273℃を絶対0度と呼び、0 K（ケルビン）となる。

　図2のように、質量割合で燃料1、空気14.7で燃焼させると、理論的には燃料も酸素も余らないので理論空燃比という。これより空燃比が大きいときを薄い、あるいはリーンと呼ぶ。理論空燃比では燃料と空気中の酸素が過不足なく燃焼に費やされるが、空燃比が18になると空気が過剰になってしまう。サイクル毎に吸入する空気の質量は同じなので、燃料はその空気の質量の1／18しか供給されていないことになる。従って、1／14.7のときよりもシリンダー内で発生する熱量は約18%減少する。さらに余った空気で既燃のガスが薄められ、シリンダー内のガス温度が低下する。シリンダー内のガス温度が下がった分、ピストンを押す力が小さくなる。

　次に、空燃比が薄くなると点火プラグで点火しても、着火するまでの時間が長くなるとともに火炎の伝播速度も低下する。その結果、図3のように時間損失が増大する。時間損失は燃焼が終了するまでに時間を要することにより生じる。上死点で

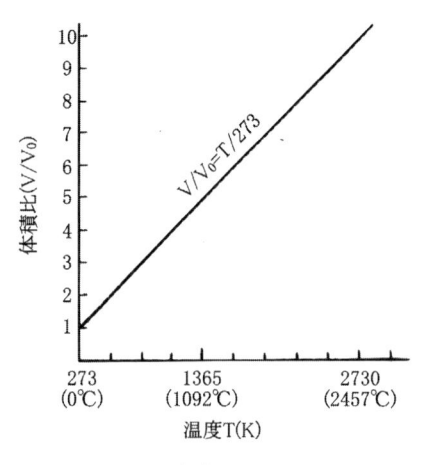

図1. 気体の膨張特性

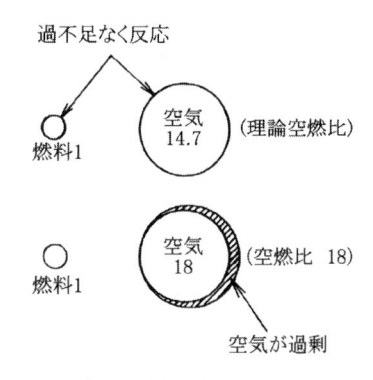

図2. 余分な空気が燃焼温度を下げる

瞬間的に作動ガスに熱エネルギーが加わり急激に圧力が上昇する理論サイクルに比べ、燃焼速度がもっとも速くなる理論空燃比より若干濃いところでも、火炎伝播速度は有限であり火炎がシリンダーの隅々まで到達するまでには時間がかかる。この到達するまでのロス時間を見込んで上死点より少し手前で点火するが、上死点を過ぎても燃焼が続く。従って、ハッチングの部分が有効にピストンを押し下げるのに使われなくなる。これが時間損失であるが、リーンになって火炎伝播速度が低下するとさらに大きくなる。また、先に述べたようにサイクル当たりに供給される燃料の質量が減っているから、トリプルパンチでピストンに作用するガス圧力が低くなりパワーが出なくなる。

　しかし、薄い空燃比で燃焼させる最大のメリットは燃費の改善である。まず、圧縮中と膨張中の気体の比熱比の差が小さくなるので、サイクル効率が改善される。燃料が燃焼すると気体の比熱比が小さい3原子分子、すなわち三つの原子が集まって分子を構成するH_2OとCO_2が発生する。一方、リーンバーンの場合はこれより気体の比熱比が大きい2原子分子である余剰の酸素が膨張行程中の作動ガスに多く含まれ、より有効にピストンを押し下げることができる。次に燃焼温度が低くなるので、ウォータージャケットの冷却水に捨てられる熱量が減少する。すなわち冷却損失が小さくなる。三番目がパワーを維持するためにスロットル開度が大きくなるので、ポンピングロスが小さくなることである。

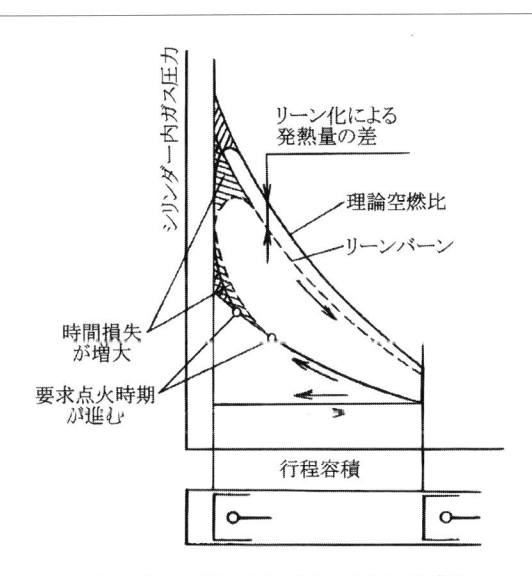

図3.　リーン化によるパワーダウンの要因

2-1-15.　急速燃焼のメリットとデメリットはなにか

　日本で本格的な排気規制が施行された1975年頃は、燃焼は緩やかな方がHCや
NOxの排出が少ないので、緩速燃焼やそのイメージがある調速燃焼（火炎の伝播速
度を抑えた燃焼）が一世を風靡したことがある。その３年ほど後に大量EGRを可能
にした急速燃焼エンジンが出現した。2-3-6で説明するように、現在では急速燃焼
が主流になっているが、その得失を考えてみたい。

　EGRを大量にしたり、空燃比を大きくすると燃焼速度が遅くなるので、これを
補うために燃焼の急速化は必須である。ここでは図1のように、点火後に火炎が伝
播した領域が大きいほど燃焼が急速であると定義する。

　図1の (I) は火炎が伝播する速度そのものが速い場合で、スワールやスキッシュ
などのガスの流動を利用したり、圧縮比を高くしたような場合である。一方、(II)
は点火点を四つにして、フレームフロントで囲まれた既に燃焼した部分の面積を大
きくする方法である。正しくは火炎は三次元的に広がるので体積である。フレーム
フロントとは、直訳して火炎前面とも呼ばれ、燃料の分子が空気中の酸素と激しく
反応しているゾーンのことである。これについては1-8で説明した通りである。

　急速燃焼か否かは火炎の伝播速度そのものより、図2のようにシリンダー内のガ
ス圧力から計算によって求めたクランク角に対する燃焼済みの燃料の質量の割合で
表すのが一般的である。破線のようにクランク角で上死点を過ぎて90°以上回って
も燃焼が終わっていないのに比べると、実線は60°も回っていないのに既に燃焼は
終了している。上死点後、何度で燃焼が終了したら急速燃焼かという定義はない。
エンジンの運転状態にもよるが70°以内ならば急速燃焼といえる。また、燃え始め
と終了間近は勾配が緩いので、10%から90%までの燃焼に要したクランク角でい
うこともある。

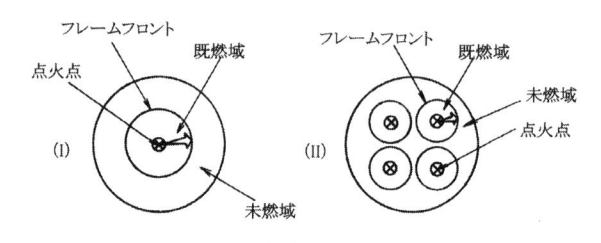

図1.　急速燃焼の方法

1-7などでも出てきたPV線図で空燃比が理論空燃比かその近傍の場合の、急速燃焼のメリットとデメリットを図3で説明する。吸・排気行程の圧力特性は等しいとして、実線の急速燃焼と緩やかな燃焼の破線とでは点火後から排気バルブが開くまでの圧力に相違がある。点火時期は火炎伝播に時間がかかるため、破線の方が進んでいる。AとBでは火炎伝播遅れに起因する時間損失の差により、実線の急速燃焼の方が得である。Aの部分はシリンダー内のガス温度が高くなり、ガス圧力が大きくなる実線の方が有利に見えるが、裏では冷却損失が大きくなる。これの影響はCの部分に現れてくる。

　図4のようにガス力F（N）がクランクシャフトを回そうとするトルクに変換されるのは、クランク角θとコネクティングロッドの傾き角ϕの関数となる。式の誘導の過程はご賢察していただくとして説明を割愛するが、クランクシャフトを回そうとする力はF/cosϕ・sin（$\theta+\phi$）（N）となる。特に上死点では$\theta=\phi=0$となるので、sin（$\theta+\phi$）=0となり、いくらガス圧力が高くてもトルクには寄与しない。むしろ瞬間的であっても高温のガスが狭い空間に閉じ込められるので冷却水への熱の逃げが大きくなる。むしろ少しクランクが回ったときにCのようにガス圧力が高い破線の方が有利である。状況に応じて最適な燃焼を実現することができるのが技術である。

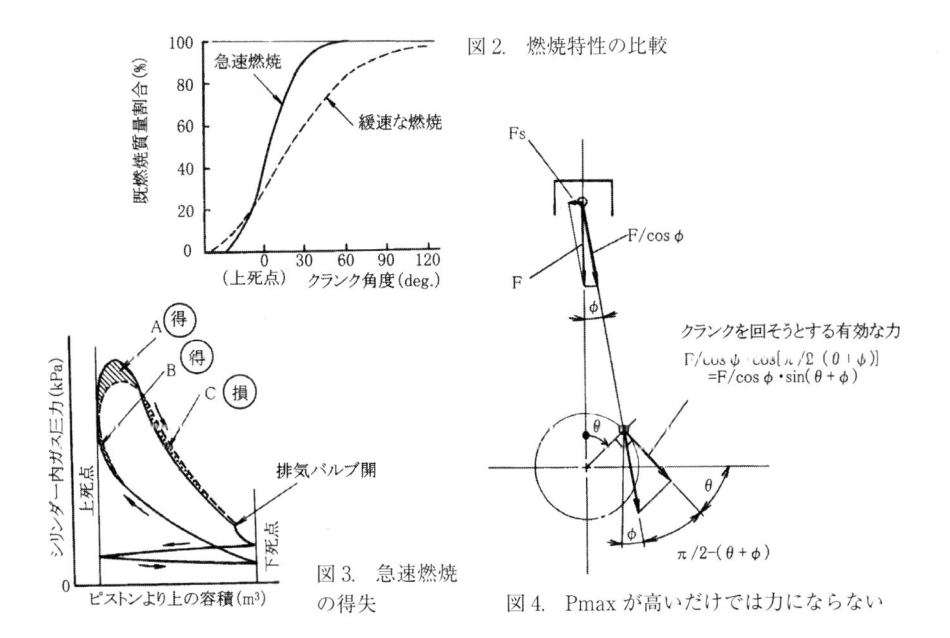

図2.　燃焼特性の比較

図3.　急速燃焼の得失

図4.　Pmaxが高いだけでは力にならない

2-1-16. 高過給の小排気量エンジン車の燃費が良いのはなぜか

　2010年5月にフォルクスワーゲン Polo 1.2TSI のプレス発表会があった。このエンジンの開発者であるミッデンドルフ博士と不肖私とで講演を行った。エンジンの摩擦損失（フリクションロス）は2-1-1の (3) 式のように排気量に比例するから、小細工で減らすより小排気量化による方が劇的に低減する。しかし、排気量が小さくなればパワーが出ない。その挽回には過給しかないと話したことを覚えている。もし、地上の大気圧が2倍であれば、肺は今の二分の一でよく人間をはじめ生物の形態は変わっていただろう。

　過給は圧力で空気を押し込むのではなく、密度の高い空気をエンジンに供給すると考えられる。押し込むだけならば慣性効果の説明がつかない。図1のような排気量の異なるエンジンAとBがある。いくら頑張ってもガソリンエンジンの場合、シリンダーに吸い込んだ空気の質量の1/14.7の質量の燃料しか燃やすことはできない。したがってピストンのできる仕事は吸入した空気の質量に比例する。また、空気の密度は温度が同じなら圧力に比例する。

　シリンダー径をD、ストロークをS、排気量をVh、図示平均圧力をPiとし、エンジンA、Bをそれぞれ添字（サフィックス）で表す。二つのエンジンのピストン仕事が同じならば、$\pi/4 \cdot D_A^2 \cdot S_A \cdot Pi_A = \pi/4 \cdot D_B^2 \cdot S_B \cdot Pi_B$、すなわち $Pi_A \cdot Vh_A = Pi_B \cdot Vh_B$ となる。前述のように図示平均有効圧 Pi_A と Pi_B は吸入した空気の

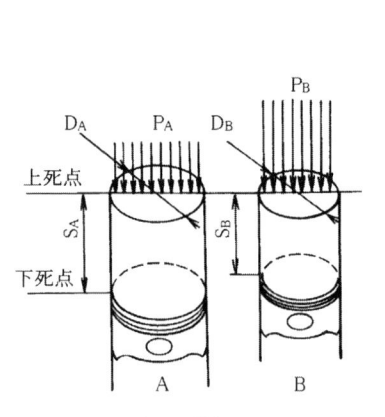

図1. 過給圧で排気量をカバー

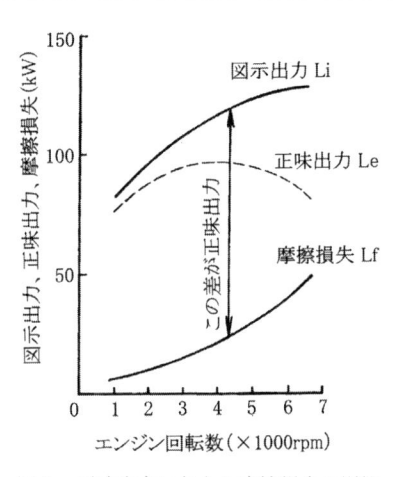

図2. 正味出力に与える摩擦損失の影響

圧力に比例すると考えると、排気量と吸入空気の圧力は逆比例する。

　一方、2-1-1の (4) 式のように図示出力 Li と正味出力 Le および摩擦損失 Lf は図2の関係がある。ところが、この摩擦損失は排気量が小さくなると減少する。同じ正味出力 Le なら、Pi が小さくてよいことになる。これを図3で説明する。排気量が小さいエンジン B は Lf が小さいので Li が小さくなる。消費する燃料の質量はピストンのする仕事 Li に比例するから、B の方が燃費は良いことになる。また、排気量が小さいと過給に入る前の NA（自然吸気）状態でも図3のように、スロットルが開き気味で燃焼が良く、ポンピングロスも小さく燃費の良いところを使用する頻度が高くなる。

　ちなみに、エンジン A をボア×ストローク 86mm × 86mm の4シリンダーエンジンとすると、排気量は1998cc となる。同じく、スクエアエンジンで排気量がこの1/2の場合はボア、ストロークともに68.25mm となる。2-1-1の (3) 式のように摩擦損失は摩擦平均有効圧 Pmf と排気量 Vh の積に比例する。一般に排気量が小さくなると Pmf は増大するが、排気量が1/2になっても、Pmf は20%程度しか増大しない。2ℓエンジン A の Pmf を1とすると、B のそれは1.2となる。しかし、これに掛かる排気量は1/2の1ℓである。摩擦損失は1.2/2=0.6となり40%低減する。このように過給圧で出力をカバーして小排気量エンジンとすることで、過給前の NA 状態では燃焼の改善とポンピングロスの低減、全運転領域で摩擦損失が減る。エンジンが同じ仕事をするのなら、ダブルで燃費が改善される。

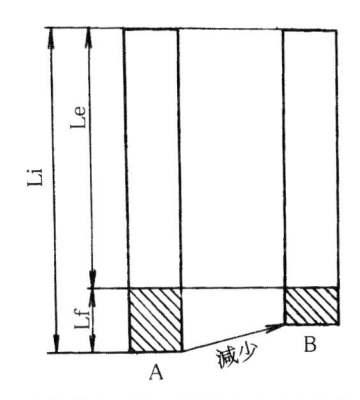

図3. 摩擦損失が減ると図示出力は小さくて済む

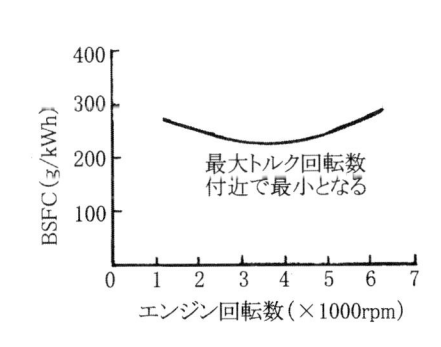

図4. BSFC の一般的な傾向

2-1-17.　成層燃焼はなぜリーンバーンエンジンに有利なのか

　エンジンが発明されたときから、出力の向上と熱効率の改善は大きな課題であった。出力については平均有効圧力の増大と高速回転化が二本柱であり、課題が明確である。熱効率すなわち燃費の改善については、要素が複雑であり多くのアイデアが出されては消えていった。熱効率の改善には空燃比の希薄化の効果は絶大である。圧縮着火のディーゼルエンジンはサイクル論的には、ガソリンエンジンなどの火花点火エンジンより熱効率は劣るはずだが、現実には前者が優れている。その最大の要因は希薄燃焼によるものである。

　図1のように均質予混合のガソリンエンジンやガスエンジンで出力空燃比から薄くして行くと、熱効率は改善される。さらに薄くするとミスファイアが起こり、未燃の炭化水素HCが発生するとともに熱効率が著しく低下する。これは、燃料が薄くなると点火しにくくなること、および火炎の伝播速度が低下して途中で消えてしまうことによる。

　トータルでは（空気の質量）／（燃料の質量）の比率は大きいが、点火するところは濃くその回りを薄い混合気や空気で取り囲むように混合気を層状にする方式が考案された（図2）。濃い部分の燃焼による強い火炎で、燃えにくい薄い混合気を燃焼させる方法である。それにはいろいろのやり方があるが、この方法は総称して成層燃焼と呼ばれている。

　古いものでは図3のようなテキサコ（TEXACO）燃焼方式と呼ばれるものがある。吸気バルブにシュラウド（覆い）を取り付けて強いスワールを発生させ、その旋回方向に燃料を直接噴射する。こうすると遠心力で燃料は周辺に集まって、燃焼室の周囲は濃い混合気となる。中心に近づくにつれごく薄い混合気か空気になるので成層が形成される。そして、この濃い部分に点火する。火炎は周囲から中心部に

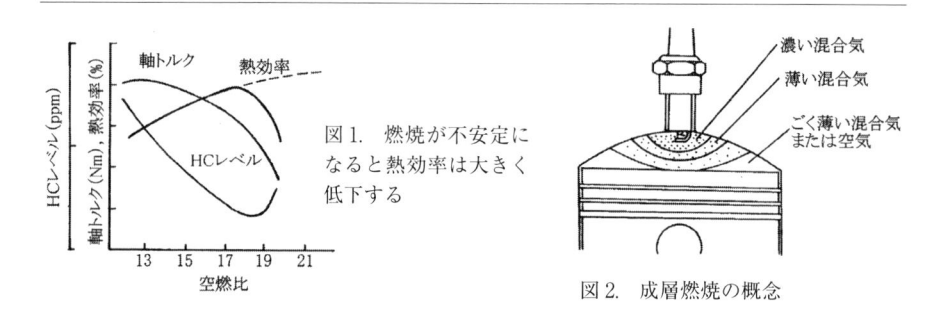

図1.　燃焼が不安定になると熱効率は大きく低下する

図2.　成層燃焼の概念

向かって伝播する。

　図4は副室式と呼ばれるものである。濃い混合気が供給される小さな副燃焼室（副室）と薄い混合気が供給される主燃焼室（主室）があるのが特徴である。それぞれ独立したバルブタイミングで作動する大小の吸気バルブを備えている。吸入行程の終わりには副室と近傍は濃い混合気で満たされ圧縮される。副室の濃い混合気に点火すると噴孔（ノズル）から火炎が吹き出して主室の薄い混合気を燃焼させる。副室内で酸素不足で発生したCOやHCは酸素が十分にある主室内で燃焼することになる。

　副室によらず強いタンブルフローとピストンの冠部の形状で、直接噴射された燃料を点火点に集めて、中心部を薄くする成層の方法も実用化された（図5）。副室や副室に濃い混合気を供給する小さなバルブも必要でなくなる。しかも、副室式より燃焼室の表面積/燃焼室、すなわちSV比が小さく冷却損失が小さくなる。

　混合気の分布を成層にして、トータルとしては薄い混合気を燃焼させる方式には、メリットもあればデメリットもある。燃料を均質に混合する方式よりも、さらに薄い混合気を安定して燃焼できるので熱効率が向上する。しかし、濃いところで点火するので、この領域でCOとスーツ（soot＝煤）が発生し、その一部がそのまま排出されることもある。また、点火プラグが汚損したりオイルが汚れることもある。さらに、濃い領域から薄い領域に移る間にNOxの発生が最大になる空燃比の層が存在する。

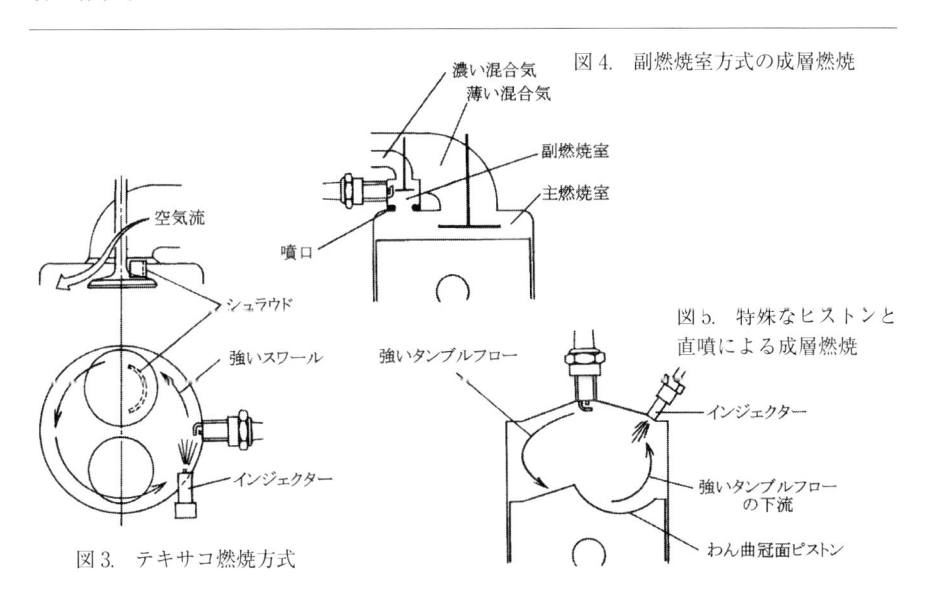

図 4.　副燃焼室方式の成層燃焼

濃い混合気
薄い混合気
副燃焼室
主燃焼室
噴口

図 5.　特殊なピストンと直噴による成層燃焼

空気流
シュラウド
強いスワール
インジェクター
強いタンブルフロー
インジェクター
強いタンブルフローの下流
わん曲冠面ピストン

図 3.　テキサコ燃焼方式

2-1-18. シリンダー内のガス流動とその目的はなにか

　エンジンが発明されて以来、出力と燃費は尽きることのない課題であった。これからも、さらに改善の努力が続くであろう。エンジンは熱機関といわれるように、シリンダー内で発生する熱、いいかえれば燃焼が原点である。

　理想的な燃焼を求めてシリンダー内でのガス流動に関する研究は古くから行われてきた。積極的にガス流動を起こしてこれを巧みに利用し、空燃比100の薄い混合気で運転に成功したテキサコエンジンは有名である。100基程度生産されたというが、今では知るひとは僅かである。これは図1のように吸気バルブにシュラウド（覆い）をつけて強烈なスワールを発生させ、噴射した燃料を旋回流に乗せて遠心力で外側に寄せ外周を濃くする。そしてその下流にある点火プラグで点火する。つまり遠心力による成層エンジンである。

　2バルブエンジンの場合は、図2のように吸気ポートをオフセットさせると、簡単にスワールを発生させることができる。スワールによる燃焼の改善は次に説明するスキッシュにくらべてマイルドであり、これと2プラグによる急速燃焼によりEGR量を増やしても安定した運転ができるエンジンもあった。一方、噴射された燃料が拡散しながら空気に触れて燃焼するディーゼルエンジンではスワールは必須である。

　図3および図4のスキッシュはさかんに用いられたことがあった。圧縮行程時の

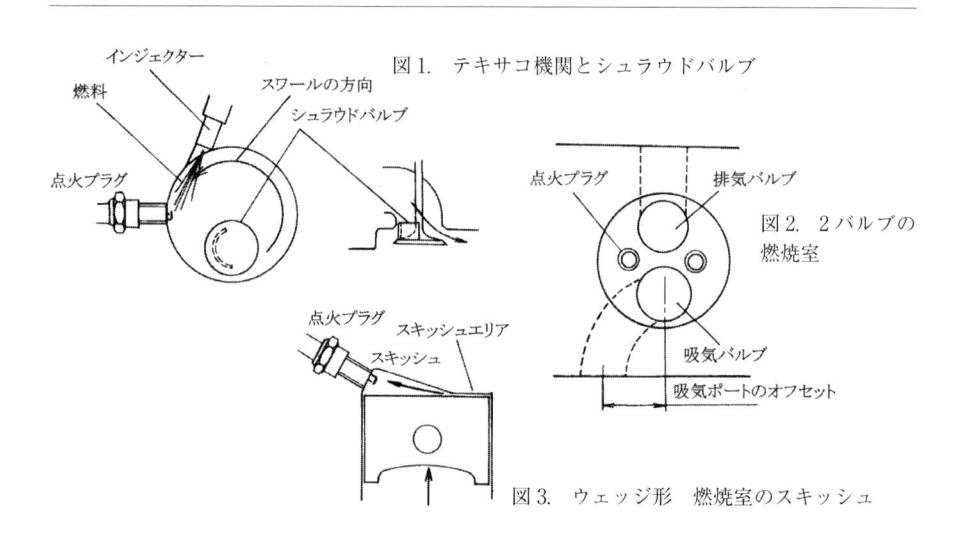

図1. テキサコ機関とシュラウドバルブ

図2. 2バルブの燃焼室

図3. ウェッジ形　燃焼室のスキッシュ

ピストンの上昇によりその冠面とシリンダーヘッド底面との間にはさみ込まれた混合気が、点火プラグのスパークギャップの方向に押し出される。強いガス流動が得られるが、スキッシュエリアと呼ばれる1mm程度の薄い燃焼空間の隅々まで火炎が到達しなかったり、ここからノッキングが発生することもある。強烈なスキッシュにより薄い混合気を燃焼させようとしたエンジンもあったが、燃焼が荒れてエンジンが不安定になるのと冷却損失の増大を避けることはできなかった。

シリンダー内での火炎の伝播速度は主に、既燃部のガスの圧力上昇により火がついた反応帯が押し出される速度と、ガス流動の速度によるものである。だがガス流動は燃焼した熱いガスがシリンダーの壁面に触れる機会を増やすとともに、壁面の境界層をこそぎとるので、冷却水への熱の伝達を助長することになる。燃焼の改善と冷却損失の増大とのバランスを取りながら、最適なガス流動が得られるようにエンジンは設計されてきた。

ところが出力の点からは図5のような4バルブ化は必須である。4バルブはポートやバルブ配置が対称になり、スワールを発生させるのが難しくなる。そこで、低速時には片方の吸気ポートをバタフライバルブで塞ぐ方法も考案されたが、遠心力で燃料が外周に偏り、点火ギャップの近くは薄くなるので間もなく姿を消した。

スワールに代わる効果的なガス流動が図6のような縦方向の渦、タンブルフローである。吸気ポートの上の壁に沿ってピストンを目がけて下向きに流れる主流と、破線で示した逆向きの流れで形成される。スワールと同様に吸入行程で発生するが、タンブルは圧縮行程では小さな渦、タービュランスに変わるのでシリンダー壁から冷却水への熱の伝達が少なくなる傾向がある。4バルブエンジンでは必須の技術で、図のAやBの部分の形状や吸気ポートの角度 θ を最適化する努力が続けられている。

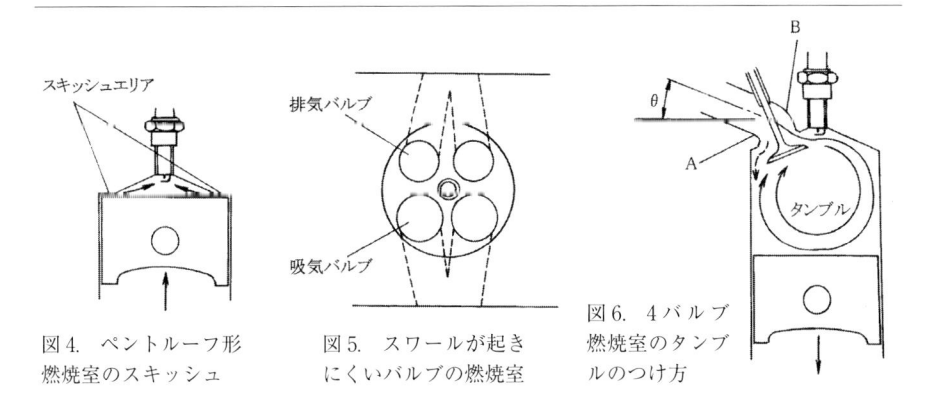

図4. ペントルーフ形燃焼室のスキッシュ

図5. スワールが起きにくいバルブの燃焼室

図6. 4バルブ燃焼室のタンブルのつけ方

2-1-19. トルクがフラットなだけでは良いフィーリングにならないのはなぜか

　低速トルクが大きいとか、トルクがフラットであるのも商品性の大きなポイントである。もし、電子制御のスーパーチャージャーやターボなど、手練手管を尽くして完全にフラットなトルク特性のエンジンを実現し、これを車載したら本当にすばらしい動力性能のクルマになるのだろうか。

　まず、トルクがフラットになるための条件を図1に示す。2-1-1で説明したように図示トルク Ti、正味（軸）トルク Te、摩擦トルク Tf の間には、Te=Ti-Tf の関係がある。図示トルクはエンジン回転数のほぼ1.5乗で増大する摩擦トルクと平行に増大しなくてはならない。慣性過給があってもその分過給を少なくなるように制御する。低速時には機械式の過給機で図示トルクを補い、高回転域では電制ターボでウェイストゲートバルブを調節して摩擦トルクの増大の傾斜に合わせる。現在の制御技術を駆使すれば実現可能である。

　従来のトルク特性のピークトルクの95%のフラットトルクが得られたとする。図2にトルクと出力特性の比較を示す。太線はフラットトルク、細線は従来のトルクの場合である。Aの範囲では最大でも5%ではあるが従来のトルクの方が大きいとする。1-2で触れたように、出力 Le（W）と Te（Nm）との間にはエンジン回転数を N（rpm）として、Le=2πT×N/60 の関係がある。Te が一定ならば Le は図2の太線破線のように、N の一次関数となるので直線となりパワーが盛り上がるところ

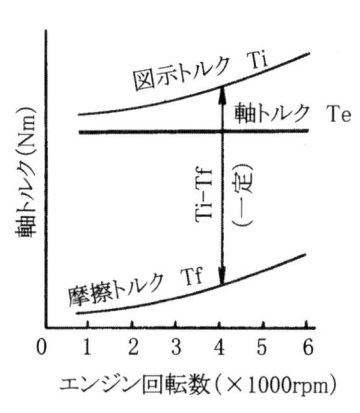

図1. トルクがフラットになるための条件

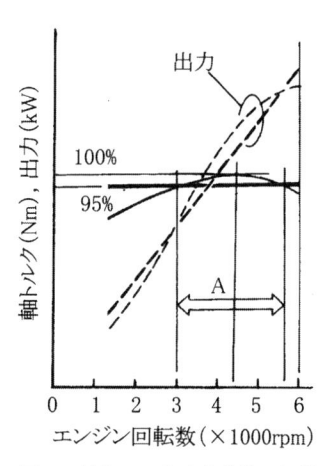

図2. 軸トルクと出力特性の比較

がない。

　これらのエンジンを搭載したクルマの駆動力特性は図3のようになる。横軸に車速、縦軸に走行抵抗（転がり抵抗＋空気抵抗）と駆動力、回転数をとっている。○内の数字はギア段位を示す。エンジン回転数が最高回転数になったところが各ギア段位の平坦路走行における最高の速度となる。Bがこのクルマの最高速度である。フラットトルクの駆動力は太線のように一定の直線となり、従来のトルクは上に凸の放物線となる。駆動力と水平な平坦路走行抵抗の差が余裕駆動力で、加速や登坂時に使える動力である。なお、これらの関係については5-1で説明するのでここでは省略する。

　図4はフラットトルクの場合のいずれかのギア段位の区間の拡大である。走行抵抗は二次関数で増大するが、駆動力は一定のままである。すると、余裕駆動力は単調に減少するばかりである。シフトアップをしてもただ余裕駆動力が小さくなるだけである。図3の従来のトルクのように盛り上がるところがない。加速している場合を考える。従来のトルクだとトルクがピークとなるエンジン回転数を過ぎ、トルクが下がってくると感じたらシフトアップして加速し続けると、また加速感の盛り上がりがある。この盛り上がりがフィーリングを刺激する。マニュアルミッションのクルマではなおさらである。全くフラットなトルクのエンジンでは加速力が単調に減少するばかりで、運転にドラマがなくつまらないクルマになってしまう。逆にあまりにもピーキーなトルク特性のクルマでは、使えるエンジンの回転レンジが狭く一般には運転しにくいクルマになってしまう。

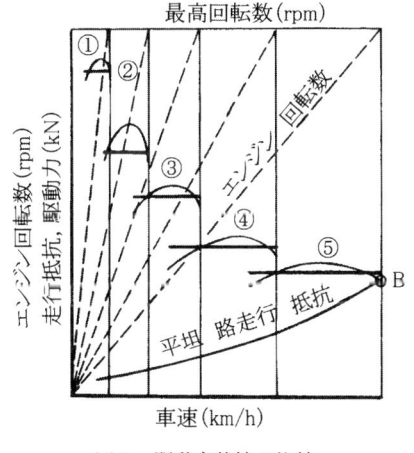

図3.　駆動力特性の比較

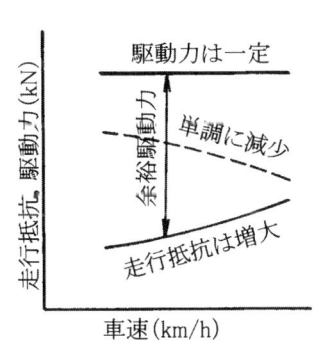

図4.　余裕駆動力の単調な減少

2-2 構造

2-2-1. 火花点火エンジンでディーゼルのように大型のものがないのはなぜか

　大型船のディーゼルエンジンのシリンダーは人間が中に入れるほどの径である。燃料は重油、始動はダイナミックに圧縮空気を使う。回転数も低く豪快なエンジンである。

　一方、ガソリンエンジンは航空機用として第二次世界大戦中に大きな進歩を遂げたが、中でも星型エンジンは繊細で工芸品のようである。シリンダー径×ストロークは大きなものでもガス電「ハ51」のように、130mm × 150mmで1990cc/シリンダーであった。よく見かけるビーチクラフト機にも搭載されているコンチネンタルモータースのIO550シリーズの水平対向エンジンは5.25インチ × 4.25インチ（約133mm × 108mm）で、一つのシリンダーの排気量は1507ccである。

　一口で言うと、大型の舶用ディーゼルのような大きな火花点火エンジンを作っても回らないのである。エンジンは燃料の持つ熱エネルギーを仕事に変換する機械である。そして、その原点は燃焼である。ディーゼルエンジンは図1のように、圧縮して燃料の着火点以上の温度になった空気の中に燃料を噴射するので、燃料の粒子が高温の空気中の酸素分子に触れるそばから燃焼する。だからシリンダーが大きくなったとしても着火しないということはない。

　これに対し火花点火エンジンは図2のように、空気と混ざった燃料に点火プラグで火を付けて、それが伝播して行く。燃焼による熱エネルギーを有効な仕事に変換

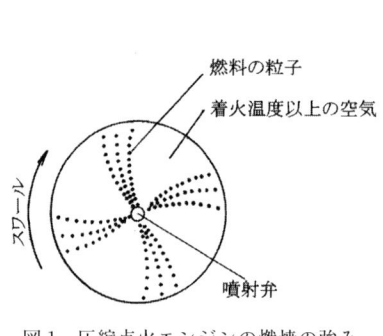

図1. 圧縮点火エンジンの燃焼の強み

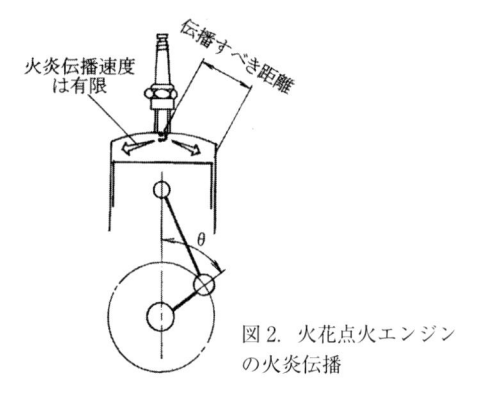

図2. 火花点火エンジンの火炎伝播

するためにはクランク角 θ が60°程度で火炎がシリンダーの隅々まで伝播することが大切である。定容燃焼器ではうまく燃焼しても、ピストンが動くエンジンでは時間の要素が入ってくる。回転数が大きくなると、ガス流動が盛んになって火炎の伝播速度は速くなるが、それでも火炎の伝播が間に合わなくなる。すなわち、シリンダー径には限界がある。前述のように航空機用のエンジンでも133mm程度である。また、往復動部分の質量が大きくなると慣性力が過大となり、さらにピストンリングのシール性からもピストン速度は制限を受ける。

先のコンチネンタルのエンジンIO550の最高回転数は2700rpmなので、このときの平均ピストン速度は9.72m/sと低めである。ピストンやコネクティングロッドを軽量化して16m/sまで回すとして、シリンダー径とストロークが同じのスクエアエンジンの一つのシリンダーの行程容積と回転数の関係を図3に示す。

3000rpmを最高回転数とすると、2500ccすなわちシリンダー径とストロークが150mm程度が限度となる。点火プラグを理想的な位置であるシリンダーの中心に取り付けても、平面的にみて75mmが火炎の伝播距離の限界となる。

それならばと、多点点火にしてプラグの間隔を狭めれば、もっと大きなシリンダー径のエンジンを実現できないかと考えたくなる。だが、シリンダー径とともに吸排気バルブ径やポート径も大きくなる。これとの干渉を避けると点火プラグを装着できる範囲は図4のように限られるので、効果的な場所に点火プラグを装着するのは絶望的である。

そこで、ガス電エンジン「ハ51」は排気量1990ccのシリンダー11個を星型に配置し、さらに2列に並べて43.8 ℓ としている。それでも出力は2500ps（1839kW）で、十万馬力を越える大型船用のディーゼルエンジンよりはるかに小さい。

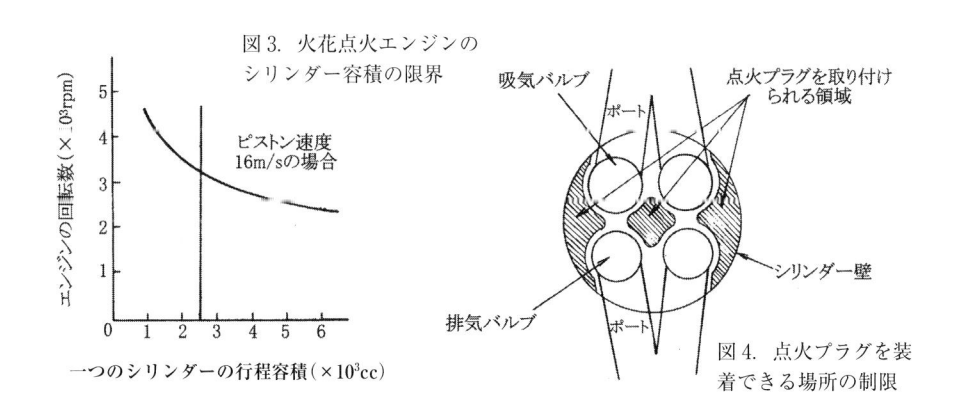

図3. 火花点火エンジンの
　　　シリンダー容積の限界

ピストン速度
16m/sの場合

エンジンの回転数（×10³rpm）

一つのシリンダーの行程容積（×10³cc）

吸気バルブ　　　　　点火プラグを取り付けられる領域

ポート

排気バルブ　　　　　シリンダー壁

ポート

図4. 点火プラグを装着できる場所の制限

2-2-2. ピストンは室温ではなぜ楕円状をしているのか

　エンジンの部品の中でもっとも過酷な条件で使われるのがピストンである。フルパワーを出しているときピストンの冠面は2500℃を超えるガスに晒され、高速時には3000Gをはるかに超える加速度に耐え、20m/s以上の平均速度でシリンダー内を 摺 動する。ピストンやピストンリングの設計、製造は専門のメーカーで行うことが多い。自動車メーカーの仕様図に基づいて独自の技術を盛り込んで製品にするためである。

　ピストンは200年以上も前から蒸気機関に使用されているが、ピストンリングが発明され飛躍的に気密性と耐久性が向上したといわれている。その後、内燃機関に使用されるようになりさらに過酷な条件を克服しながら発展を遂げてきた。極端に厳しい使われ方をするレーシングエンジン、これで磨かれた技術が、市販車にも応用されている。図1はコンプレッションリングが2本、オイルリング1本のピストンの例である。ピストンピン穴の上端から下のAの部分にはスカートがない。

　これがあるのはピストンがスラスト力を受け、首振りを抑えるために必要な、ピストンピンと直角な方向である。A'のようにピストンのピンボスを支える壁がスカート部につながっていて、この部分が箱型になっているのでボックス型とも呼ばれている。主にレーシングエンジンや高出力エンジンに用いられる。図2はBのよう

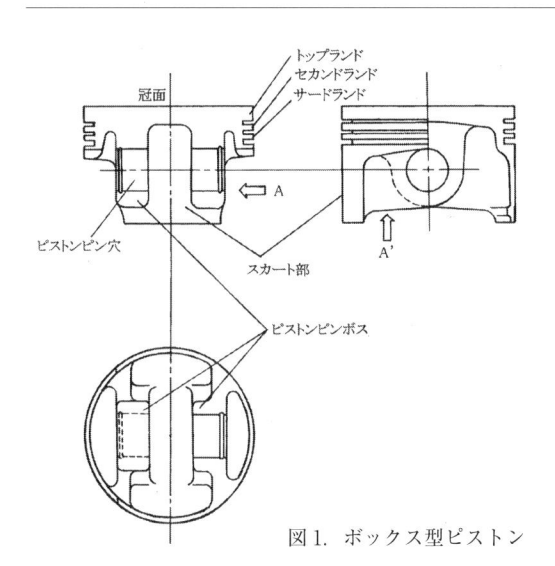

図1. ボックス型ピストン

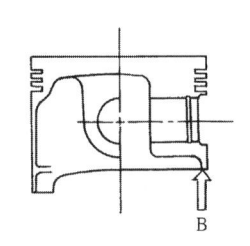

図2. スリッパ型ピストン

にピンボスの下側にも短いスカート部が形成されていて、広く用いられている形状である。それ以前は円筒型であったので、これに対しスリッパ型と呼ばれている。

　冠面で受けた熱の大半はコンプレッションリングからシリンダー壁を通りウォータージャケットの冷却水へ、あるいはピストンの裏側などからオイルに逃げて行く。ピストンの冷却を助長するためにオイルジェットで裏面を冷却したり、ピストンにオイルを導入するギャラリーを設けたりすることがある。しかし、ピストンの温度は一様ではなく、肉の厚いピンボス近辺に熱が溜まりやすく温度が高くなるので、この方向の熱膨張が大きい。

　そこで、運転中（暖機状態）にピストンが膨張して真円になるようにするため、室温ではピンボス方向の径を図3のように小さくしてある。この室温における最大径と最小径の差（あるいはこれを直径で割ったもの）をオーバリティと呼ぶ。例としてシリンダー径が90mmのエンジンのピストンについて考える。ピストンの材質（アルミ合金）の熱膨張係数を23×10^{-6}、室温を20℃、運転中の温度が220℃であったとする。0℃のときの直径D_0は$D_0 = 90 / (1 + 23 \times 10^{-6} \times 20) = 89.959$mm、これが220℃になると$D_0 (1 + 23 \times 10^{-6} \times 220) = 90.414$mmになる。このように長径と短径の差は0.4mm以上もある。

　室温においてピストンの最大径部とシリンダーとの隙間は45μm程度は必要である。また、トップランドは絶対にシリンダー壁に当たらないように0.7mmは小さくする。セカンドランド径はこれよりも大きく設定する。また、運転中でもピストンの下方の温度は上部よりかなり低いので、これを考慮して誇張すれば図4のように室温ではビヤ樽型をしている。このようにピストンのプロフィールは複雑で、ノウハウの結晶である。

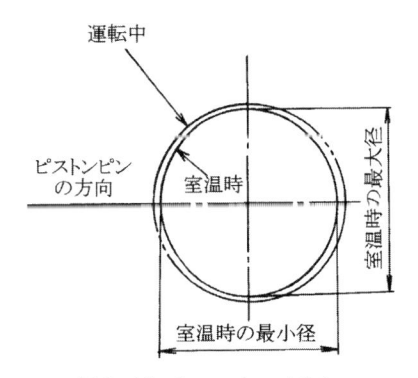

図3. ピストンのオーバリティ

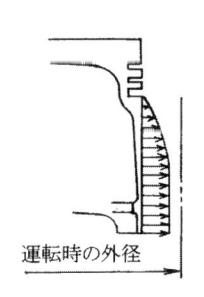

図4. スカート部のプロフィール

2-2-3. 直列６気筒エンジンはなぜ静かなのか

　私は大の直６エンジンのファンである。直６のなめらかさは、うまく設計された V6とも一味ちがう。最近、欧州では直６復活の兆しがあり、嬉しいかぎりである。

　直６のクランクピンの配置は図1のように120°間隔で、前後対称である。なぜ、このようにするとピストンの上下運動による不快な振動がキャンセルされるかを説明する。まず、クランクシャフトが1回転するとき1回振動するのを1次振動、2回ガタガタと振動するのが2次振動である。さらに高次のn回振動するのをn次振動という。

　図3でクランクシャフトが一定速度で回転しているときのピストンの動きを求める。クランクシャフトの中心をO、縦軸をx、横軸をyとしてクランクがθ回ったときの、ピストンピンPの位置は、回転半径をr、コネクティングロッドの長さをℓとすると、

$$x = r \cdot \cos\theta + \ell \cdot \cos\phi \qquad \cdots\cdots (1)$$

ここで、ϕはコネクティングロッドの揺動角である。

$$r \cdot \sin\theta = \ell \cdot \sin\phi \qquad \cdots\cdots (2)$$

(1)、(2)からϕを消去し、連桿比の逆数r/ℓをρとすると、

$$x = r \cdot \cos\theta + \ell \sqrt{1 - \rho^2 \sin^2\theta}$$

これは、図2のように$x = r \cdot \cos\theta$から$\ell\sqrt{1 - \rho^2\sin^2\theta}$ だけずれることになる。$\sqrt{}$内をフーリエ展開すると

$$x = r \cdot \cos\theta + \ell + \sum_{n=0}^{\infty} A_{2n}\cos(2n\theta) \qquad \cdots\cdots (3)$$

比例定数A_{2n}はn=0、1、2、3……とすると、

$$A_0 = -1/4\,\rho - 3/64\,\rho^3 - 5/256\,\rho^5 \cdots\cdots$$

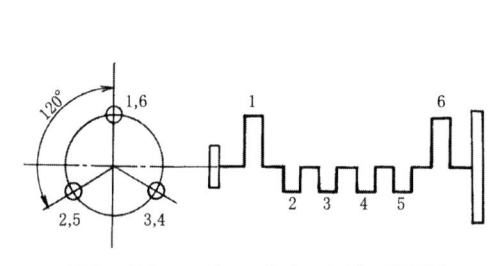

図1. 直６エンジンのクランクピン配置図

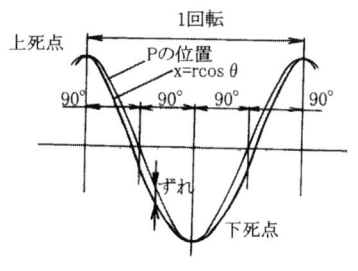

図2. コネクティングロッドの揺動によるP点のずれ

$$A_2 = 1/4\,\rho + 3/16\,\rho^3 + 15/512\,\rho^5 \cdots\cdots$$

$$A_4 = -1/64\,\rho^3 - 3/512\,\rho^5 \cdots\cdots$$

連桿比が大きくなると $\rho \to 0$ となって $x = r\cdot\cos\theta + \ell$ 、すなわち正弦波となる。

　現実のエンジンでは ρ 連桿比は3から6程度であるが、常識的な値として3.4とすると、$\rho^3 = 0.025$ となり無視できる。

$$x = r[\cos\theta + 1/\rho - \rho/4\cdot(1-\cos 2\theta)] \qquad \cdots\cdots (4)$$

　(4) 式を2度微分すればピストンの加速度となる。クランクシャフトの回転速度を ω とすると $\theta = \omega\cdot t$ 、微分すると $d\theta/dt = \omega$ となる。

$$\ddot{x} = -r\omega^2(\cos\theta + \rho\cos 2\theta) \qquad \cdots\cdots (5)$$

　これに往復質量 W_p（ピストン＋ピストンピン＋コネクティングロッドの往復質量分）を掛けると、加速度と逆方向に働く往復慣性力 X_p となる。

すなわち $X_p = -W_p \times \ddot{x} = W_p\cdot r\omega^2(\cos\theta + \rho\cos 2\theta)$

　この 2θ が回転の2次振動を発生させる。直6の場合は図5のようになり位相が60°ずれるので、足し合わせると互いにキャンセルし合ってゼロとなる。直6には自然のバランスシャフト効果があり、2次振動は発生しないことがわかる。

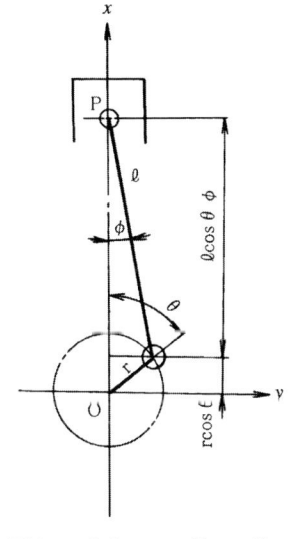

図3. コネクティングロッドの
揺動

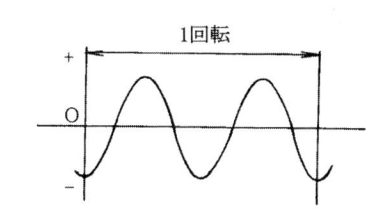

図4. 2次の不平衡慣性力

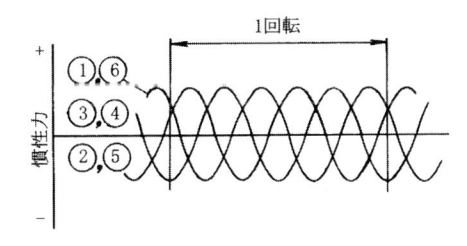

図5. 直6エンジンの2次の慣性力は相互にキャンセルされる

2-2-4. フライホイールを軽くするとエンジンの吹き上がりが鋭くなるのはなぜか

　加速をよくするチューンナップの手段の一つとしてフライホイールの軽量化がある。正確には、極慣性モーメント Ip（kgm²）を小さくするのである。この Ip と回転の上昇割合、すなわち回転加速度は質量と加速度の関係と同じである。

　まず、フライホイールの機能について説明する。4 ストロークの 4 シリンダーエンジンの場合、各シリンダーには 2 回転に一度、膨張行程があるから、図 1 のように 1 回転に 2 回クランクシャフトを回そうとする大きなトルクが発生する。ピストンにかかるガス圧力の他に往復運動部分の慣性力などが加わり、複雑なトルク変動が発生する。これを平均化した Tm（Nm）がいわゆるトルクである。

　変動するトルクを平滑化するのがフライホイールの Ip である。Ip が大きいとトルク変動は小さくなり、回転速度の変動も小さくなる。逆に小さくすると変動は大きくなる。回転速度 ω（rad/s）は T>Tm のとき上がり（勾配が正）、T<Tm のとき低下（勾配が負）する。平均回転速度 ω_m と変動の片振幅 $d\omega$ の 2 倍と ω_m との比 2dω／ω_m を回転速度変動率といい自動車の場合は回転数によっても異なるが 1／25 ～ 1／40 程度である。

　例として図 2 のような円盤の Ip を求める。Ip は極慣性モーメント以外に回転イナーシャともいい、回転の中心からの距離の二乗とそこにある質量の積である。中心から x（m）離れたところの幅 dx の円環の質量は、円盤の厚みを a（m）、比重を ρ（kg/m³）とすると、$2\pi x \cdot a \cdot \rho \cdot dx$ となる。従って、幅 dx の円環の極慣性モ

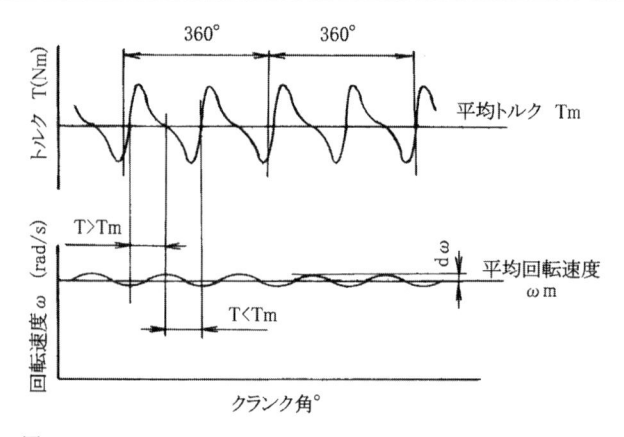

図 1. 4 ストローク，4 シリンダーエンジンのトルクと回転変動

ーメント dI はこれに x^2 を掛け整理して $2\pi\cdot a\cdot\rho\cdot x^3 dx$ となる。これを0からR（m）まで積分して Ip= $(1/2)\cdot\pi\cdot a\cdot\rho\cdot x^4$（kgm²）となり、半径の4乗に比例することが分かる。

　次に Ip がクルマの加速に与える影響を図3の例で定量的に求めてみる。Ip が 1.4kgm²、1速のギア比4.596、終減速比3.133のクルマが、平坦路を1速で毎秒10km/hずつ加速しているときの、フライホイールの回転を上げるのとクルマを加速するのに必要なトルクを概算する。クルマの質量1600kgにはタイアや駆動系の回転部分の等価質量を含んでいる。また、転がり抵抗、空気抵抗は無視する。

クルマの加速度　　　　　　（10 × 10³m/3600s）/s=2.78m/s²（0.28G）
タイアを回すトルク　　　　1600kg × 2.78m/s² × 0.33m=1468Nm
必要なエンジントルク　　　1468/4.59 × 3.133=105Nm

すなわち、これがタイアを回すのに必要なエンジンのトルクである。

　次に、フライホイールの回転を上げるのに必要なトルクを求める。タイア1回転で進む距離は 2π × 0.33=2.07m。タイアの回転速度の上昇加速度は2.78m/s²/2.07回/s=1.34回/s² となる。エンジンの回転数に直すと 1.34 × 4.596 × 3.133=19.3r/s² となる。フライホイールの回転をこの回転加速度で上げるのに必要なトルクは1.4 × 2π × 19.3=170Nm となる。一方、クルマを加速するのに要するトルクは105Nmだから、低速ギアではフライホイールの回転速度を上げるのに必要なトルクの方がクルマを加速するトルクより大きくなる。Ip を小さくすると低速での加速は鋭くなるが、回転はラフになる。

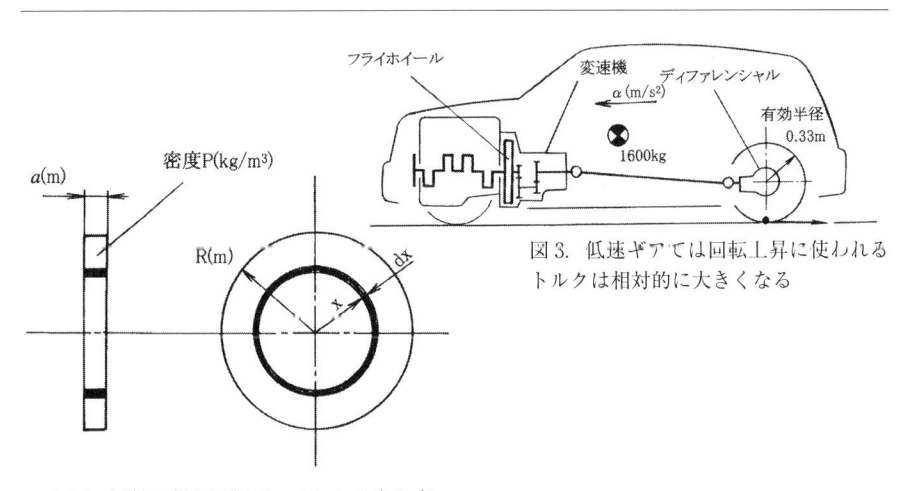

図3. 低速ギアでは回転上昇に使われる
　　トルクは相対的に大きくなる

図2. 回転円盤の回転モーメントの出し方

2-2-5. バルブのジャンプとバウンスのちがいはなにか

　クルマが盛り上がった路面を乗り越すとき、スピードが速いと一瞬車輪が浮き上がることがある。さらに速くなると着地したときバウンドする。エンジンでは路面の平坦な部分がカムのベースサークル、突起部分がバルブリフトに相当する。回転数が高くなると、ジャンプやバウンスが発生してエンジンブローに到ることもある。

　ジャンプは図1のようにバルブが急速に開こうとするとき、バルブやアッパーリテーナなどによる慣性力がバルブスプリングのばね力を上回って破線のようにリフトカーブから跳び上がり、Aでふたたびリフトカーブ上に着地する現象である。さらに回転速度が速くなると図2のように、リフトカーブ上ではなく、ベースサークルに激突して弾むようになる。これがバウンスである。また、カムのプロフィールが適正でないと、ジャンプをしなくてもバルブがシートに激突してバウンスが発生する。一般には大きなジャンプに引き続いてバウンスが発生する。これによりバルブが折損したり傘部がピストンと当たることもある。ジャンプとバウンスがエンジンの高速化を妨げる大きな要因となっている。

　バルブのリフト特性を説明するために、機構が単純な直動式の動弁系の例を図3に示す。バルブにはアッパーリテーナを介して常時、スプリングによりバルブシート方向に押しつける力F（N）が働いている。バルブが着座している時は気密を保ち、リフト時はカムに沿って動くように押しつける力を発生させている。バルブがリフトをとればスプリングが圧縮されるのでFは大きくなる。一方、バルブと同じスピードで動く質量はタペットやシム、リテーナ、コレットとスプリングの質量の

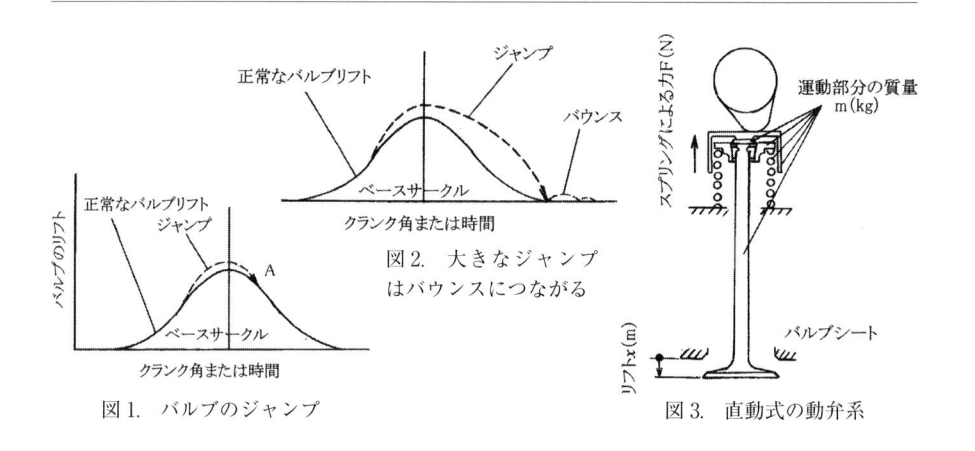

図1. バルブのジャンプ

図2. 大きなジャンプはバウンスにつながる

図3. 直動式の動弁系

1／2の合計m（kg）である。このmとFによってバルブの着座方向の加速度の大きさα＝F/mの限界が決まる。ここでスプリングの上の部分はバルブと同じ速度で動くが下の部分は動かないので運動質量を1／2とした。

　図4で単純な加速度によるバルブの開閉速度とリフト特性を説明する。バルブは1でリフトを取り始めて3で最大リフトとなり5で着座する。加速度αはリフト方向を＋、着座方向を－とし、それぞれ＋α、－α（m/s^2）で一定とする。1→2間の速度v（m/s）すなわちdx/dtは加速度を時間で1回積分してdx/dt＝αt、2→4間は－αを勾配とする直線、4→5間は再びαが勾配の直線となる。下の図の加速度の1→2間のプラスの面積と2→3間のマイナスの面積は同じなので速度は3でゼロとなる。同様に5で速度はゼロとなる。

　リフトx（m）は速度を時間で積分して、1→2間はx＝1/2・αt^{2}の二次曲線となる。同様にBC間は上に凸の二次曲線となる。ジャンプはカムがバルブを開けているとき加速度が急変するBで起きやすい。これは運動部分の質量による慣性力mαがスプリングが発生する力Fより大きくなりやすいからである。

　そこで考えられたのが、図5のようなカムの力で押し開ける最初の加速度を大きくしてリフトを稼ぎマイナスの加速度の時間を長くすることにより－αを小さくする方法である。さらに加速度の急変を減らすために勾配をつけている。この多段折れの加速度特性は広く使われている。私はバルブ作動角が大きいレーシングエンジンで、図6の加速度変化をさらに滑らかにした多項式（ポリノミアル）の加速度特性のカムを使ったことがある。

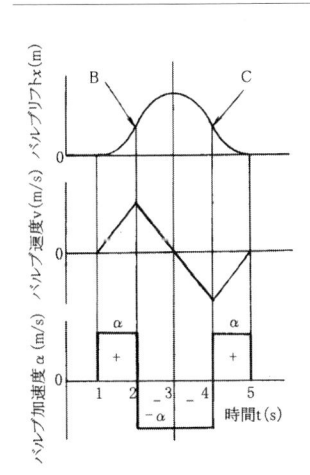

図4.　単純なバルブリフト特性

図5.　多段折れのバルブ加速度

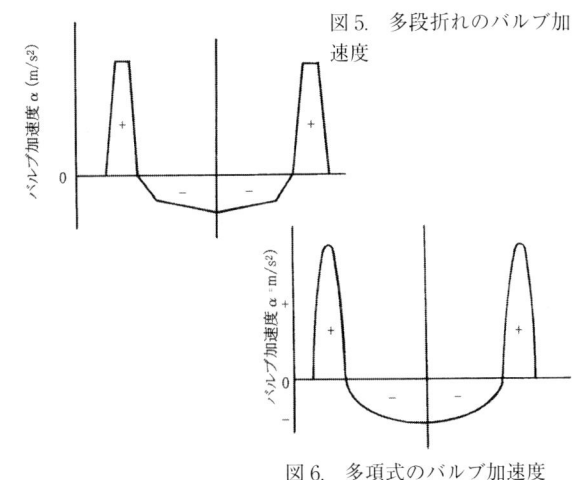

図6.　多項式のバルブ加速度

2-2-6.　点火プラグの熱価はなぜ大切か

　ガソリンエンジンやLPGエンジンでは点火プラグで混合気に点火することで、燃焼のドラマが始まる。点火プラグがその機能を果たすためには、プラグの熱価の選定が重要である。その基準とは、①くすぶりを防ぎ、②異常燃焼を起こさせないこと、である。

　くすぶりが起こるのはカーボンがプラグの先端に付着するからで、この部分の温度が低いと付着しやすくなる。また、空燃比がリッチになるとカーボンの発生量が増えるので、温度が高くてもくすぶりが起こる可能性が高い。しかし、先端の温度が450℃以上であれば、プラグの自己清浄作用により一般にくすぶりを起こすことはない。異常燃焼（プリイグニッション）はプラグ先端の温度が上がり過ぎてここで着火して、火花が飛ばないうちに燃焼が始まってしまうもので、先端の温度が1000℃を越えると起きやすくなる。従って、点火プラグが正常に機能を果たすためには先端の温度が450〜1000℃の範囲に収まっている必要があり、それぞれのエンジンによってふさわしい熱価が決められている。

　この熱価の評価指数を測定する方法は国際的に統一されていて、図1のSC-17.6型と呼ばれる17.6in^3（288cm^3）の単気筒エンジンを用いる。圧縮比は5.6、スーパーチャージャーにより過給されるようになっている。エンジン回転数はノーロードで2670rpm、荷重をかけたロード運転では2760rpm、点火時期はBTDC30°で一定である。供試する点火プラグを装着して運転し、過給圧を上げていき、プリイグニッションが起こるときの図示有効平均圧（lb/in^2）を求め、これを指標にして熱価が決められる。

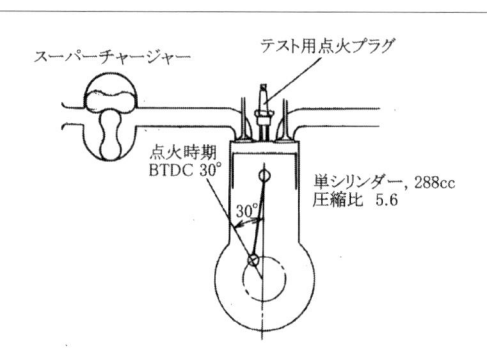

図1.　点火プラグの熱価測定用SC-17.6型エンジン

スーパーチャージャーにより過給され充填効率が上がり、それに応じて燃料を多く燃やせるので、シリンダー内で発生する熱量が大きくなる。上昇する温度に耐えてプリイグニッションを起こさないのが熱価の高いプラグである。つまり熱価が高いプラグは、それだけ高出力エンジンに適している。

　図2にくすぶりに対する点火プラグ先端の要求温度と空燃比との関係を示す。空燃比が8以下の急速汚損領域では、すぐにカーボンがたまってくすぶりが発生する。それより空燃比が大きく出力空燃比との間に単純汚損領域がある。カーボンが付着するものの、時間が経たないとくすぶらない領域である。多くのエンジンで採用されているプラグは斜線の領域にあるものである。この領域を自己清浄領域という。温度でいえば500℃から850℃の範囲である。上限を1000℃より低く設定しているのは、安全のためのマージンをとっているからである。

　電極が受ける熱の大部分は碍子を通して、ウォータージャケットの冷却水に捨てられるので、熱価の調整は図3のように碍子と取り付け金具の間のポケットの深さで行う。冷間時には電極の温度を下がりにくくし、高負荷時には冷たい新気によって冷却されやすくしたり、中心電極の熱伝導特性を改善するなど、点火プラグの構造と材質面から熱価のワイドレンジ化が進んでいる。

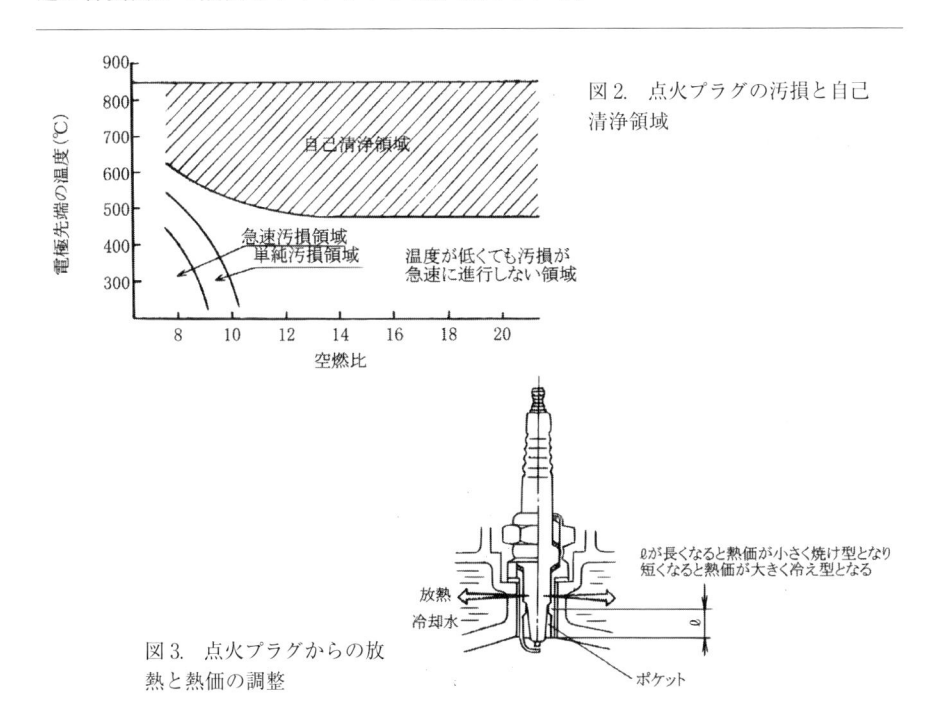

図2. 点火プラグの汚損と自己清浄領域

図3. 点火プラグからの放熱と熱価の調整

ℓが長くなると熱価が小さく焼け型となり短くなると熱価が大きく冷え型となる

放熱
冷却水

ℓ

ポケット

2-2-7. 点火プラグのギャップはなぜ大切なのか

　点火プラグの熱価とともに重要なのが、火花を飛ばす電極間のギャップの大きさ（広さ）である。ギャップが小さすぎる（狭すぎる）と混合気に注入される点火エネルギーが少なくなり、燃焼の初期段階に支障をもたらしかねない。逆に大きすぎると、火花を飛ばす瞬間の要求電圧（ブレークダウン電圧、破壊電圧）が高くなり、これに達する前にリークしてミスファイアが起こる恐れがある。従って、ギャップは支障を来たさない範囲の大きさになり、熱価とともに選べるようになっている。

　肉眼では見えないが、ギャップ間に火花が飛ぶとき図1のような卵形の火炎核が形成される。これはまだ火炎にはなっていないが、きわめて活性化した混合気である。これが火種である。ギャップが大きくなると火炎核が大きくなるので、燃焼開始直後の火炎の成長に有利である。電極間の絶縁抵抗に打ち勝って火花が飛ぶとき、まず高電圧によってギャップ間の混合気をイオン化させて破壊電流が流れ、その抵抗が小さくなった電気路を通って持続電流が流れる。この放電を開始させるのに必要な電圧は、図2のようにギャップの大きさと電極先端の温度によって大きく変化する。例えば、ギャップが0.7mmと1.1mmとでは6800V以上の差があることが分かる。また、電極の温度が低いと要求電圧は高くなるので、コールドスタート時にはより高い電圧が必要になる。

　さらに、要求電圧は図3のように絶縁体として存在する圧縮された混合気の圧力

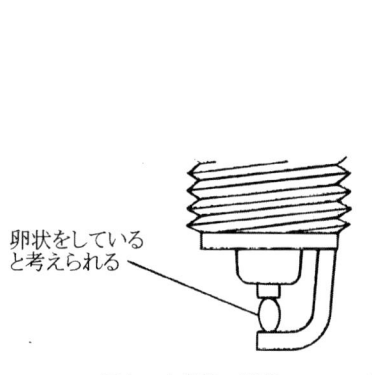

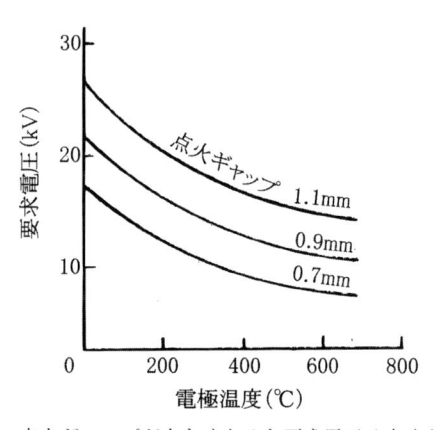

図1.　火炎核の形状　　　　　図2.　点火ギャップが大きくなると要求電圧は高くなる

とともに直線的に高くなる。すなわち圧縮比が高いエンジンほど要求電圧は高くなる。ギャップが大きいとリークしやすくなり、小さいと点火エネルギーも小さくなるので、ギャップはリークしてミスファイアを起こさない範囲で大きい方が望ましい。また、要求電圧が高くなると電波ノイズが大きくなるが、抵抗が入った点火プラグを使えば問題はない。

　自動車用エンジンの点火システムの放電特性は、図4のような誘導放電型が一般的である。これは、まずコンデンサーに蓄えられた電気で破壊電圧を得る。それでできた電気路を通ってコィルのインダクタンスとコンデンサー、回路抵抗によって発生する減衰しながら振動する誘導電流が流れる。前者を容量成分、後者を誘導成分という。点火エネルギーの大部分はこの誘導成分で注入される。また、特殊な用途用に放電時間がこの1/100程度の、容量成分だけで点火エネルギーを注入するコンデンサーディスチャージ型（CD型）がある。

　最近は、吸排気バルブの径を大きくするために、点火プラグの径を小さくする傾向である。主流が14mmから12mmへと変わりつつある。また、先端を細くして電気密度を上げながら、耐久性を著しく向上させた白金やイリジウムプラグが多く採用されるようになった。くりかえしになるが、ギャップを大きくすると混合気に注入されるエネルギーは大きくなるが、既に安定した燃焼のエンジンではほとんど意味がない。ちなみに、私が開発したすべてのレーシングエンジンには、ギャップの大きな点火プラグは使用していない。

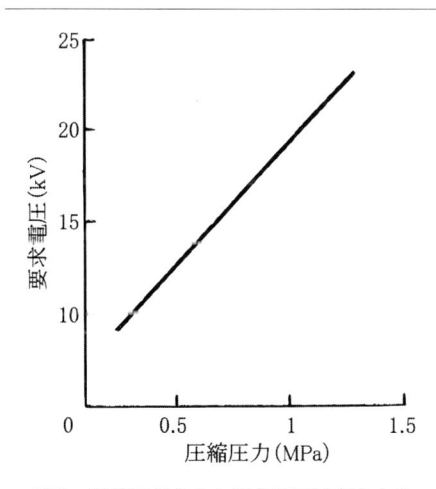

図3．圧縮圧が上ると要求電圧は高くなる

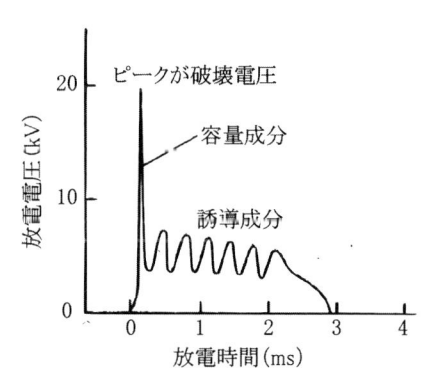

図4．誘導放電型の放電特性

2-2-8. ディーゼルエンジンにスロットルバルブが無くてもよいのはなぜか

　2007年のル・マン24時間レースでディーゼルターボのアウディが連勝し、プジョーもこれとトップ争いをした。以前はディーゼルはパワーがなく、重いうえに振動・騒音が大きいことなどで、乗用車用エンジンとしては敬遠されてきた。ところが、コモンレール式の電子制御燃料噴射装置が開発され、これにターボが加わってディーゼルのイメージは払拭された。2-3-4で説明するが燃費の良さが魅力であり、ますますディーゼルに関する技術開発が盛んになった。排気中のNOxレベルがガソリンやLPGエンジンより高く、パティキュレート（微粒子）も問題になったが、数々の新技術によりほとんど克服されている。

　ディーゼルでも吸気マニホールド内に負圧をつくって排気還流を促進して、EGR量を確保したり、吸気温度を上げて着火遅れを小さくするためにスロットルバルブを装着することがある。一方、ガソリンエンジンのような火花点火エンジンではスロットルは必須で、出力のコントロールはこの開度で吸入空気量を増減して行う。ディーゼルは空気を圧縮して燃料の着火温度以上に上げたところに燃料を噴射するので、火花点火エンジンでは火炎が伝播しないような薄い空燃比のところでも燃焼が得られる。

　まず、引火と着火について説明する。図1のように液体燃料から燃料が蒸発し出し、その蒸気が炎に触れると燃焼する温度Tiを引火温度という。また、その燃料蒸気に火がつく最低の温度が着火温度Tcである。当然TcはTiより高く、ディーゼル燃料である軽油は種類にもよるがTiは38℃以上、Tcは350℃程度である。図2は断熱圧縮したときのシリンダー内の空気の温度を示す。300K（27℃）の空気を体積 V_1 から V_2 に断熱圧縮すると、その温度は $300 \times (V_1/V_2)^{\kappa-1}$ となる。ここで κ は空気の比熱比で1.4である。もし、1／10の体積まで断熱圧縮すると481℃

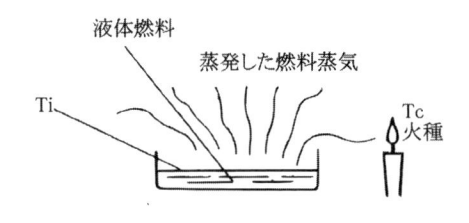

図1.　引火温度 Ti と着火温度 Tc

（754K）になる。実際は熱が逃げるのでそれよりも低くなる。1／14に圧縮すると590℃となり、熱の逃げがあっても十分に軽油の着火温度以上に達する。

　この着火温度以上の雰囲気温度の空気中に燃料が噴射されると、薄くても自然に着火し燃焼することができる。一方、ガソリンやLPGの場合は軽油より着火温度が高いため、点火プラグで点火しないと燃焼が始まらない。理論空燃比より薄いところで運転するディーゼルでは、空燃比の代わりに空気過剰率λを使う。これは、理論空燃比のλ倍の空気が吸入されていることを表す。λ＝1は理論空燃比である。

　ガソリンエンジンの場合はシリンダー内で燃焼できる空燃比の範囲は図3のように狭い。ディーゼルは理論空燃比より常に薄い状態で運転する。濃い方の限界はスモークのレベルで決まるが、薄い方の限界は理論的には正味出力を発生できなくなるところまでである。空気がいくら入っても燃焼できるので、スロットルバルブを使わずに、供給する燃料の量だけで出力を制御できる。これに対し火花点火エンジンは燃料の量に見合った空気量にしなければならないのでスロットルは不可欠である。

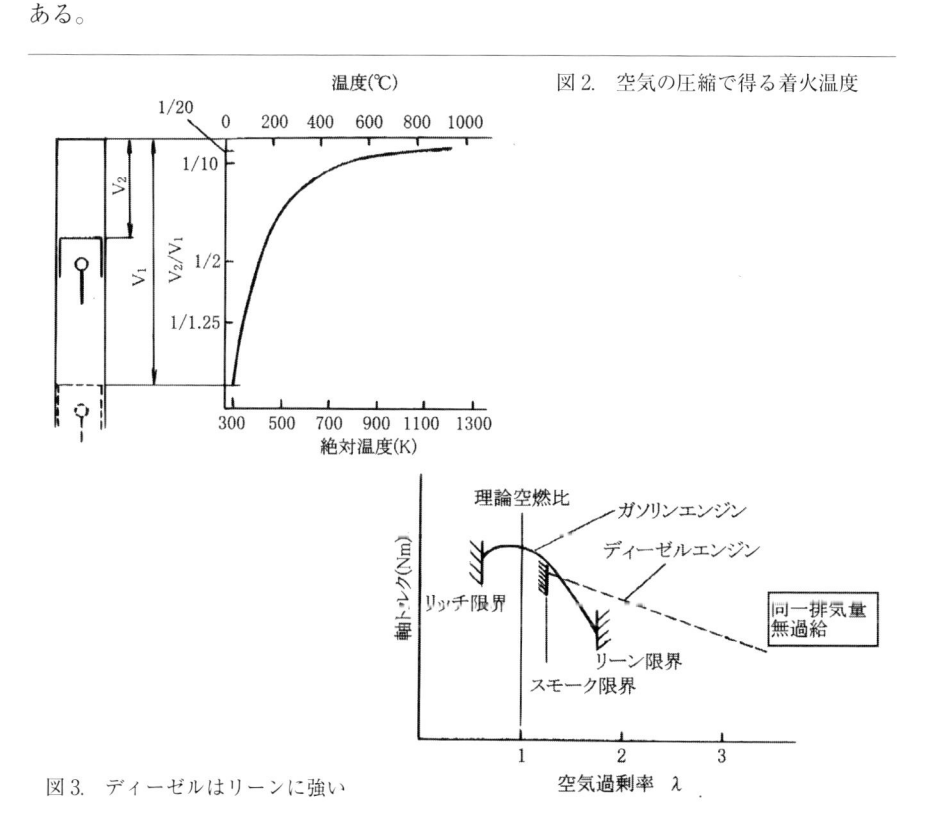

図2. 空気の圧縮で得る着火温度

図3. ディーゼルはリーンに強い

2-2-9. ターボエンジンでインタークーラーが要るのはなぜか

　初期のターボエンジンや過給圧があまり高くないエンジンにはインタークーラーが装着されていないものもあるが、高性能なターボエンジンにはガソリン、ディーゼルを問わずインタークーラーが不可欠になっている。機械式のスーパーチャージャーで過給するエンジンでも同様である。図1のようにインタークーラーはターボと吸気マニホールドの中間に配置され、圧縮され昇温した空気を冷却するのでこの呼び名がある。ちなみにターボは排気タービン過給機の略称である。

　排気タービンで直接駆動されるコンプレッサーで断熱的に圧縮されると空気の温度は上昇する。例えば、コンプレッサー入口の空気温度T_1=300K（27℃）として、これを1／2に圧縮すると、空気の比熱比は1.4であるので、出口の温度T_2は300×$2^{1.4-1}$=396K（123℃）にもなる。一方、圧力は圧縮始めの$2^{1.4}$=2.64倍となる。同様に1／3に圧縮すると温度は466K（193℃）、圧力は4.7倍になる。等温で圧縮した場合の圧力は、それぞれ2倍と3倍であるので、等温圧縮よりはるかに高くなりコンプレッサーがする仕事は大きくなる。

　エンジンが吸入する空気の密度は温度T_3に逆比例して小さくなるので、2-1-5で説明した充填効率が低下する。さらに、この熱い空気をシリンダー内で圧縮するので、ガソリンエンジンではノックが発生しやすくなる。図2のようにエンジン回転数を一定に保ちながら点火時期を遅い方から徐々に進めて行くとトルクは増大す

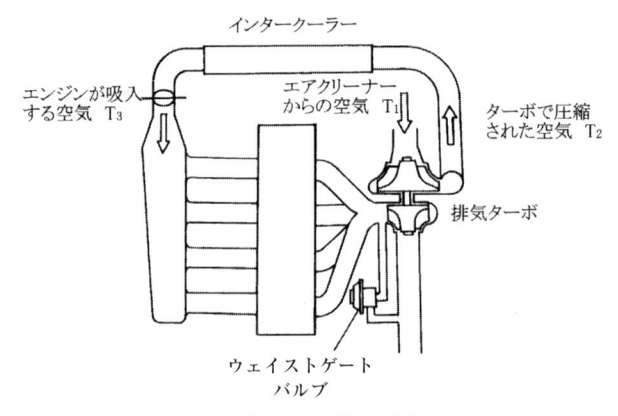

図1.　排気ターボシステム

る。しかし、インタークーラーが無いとトルクが最大となるはずのBまで進角する前のAまで進めたところでノックが発生してしまう。点火時期をBまで進められなかった分トルクは小さくなってしまう。一方、インタークーラーがあると、エンジンが吸い込む圧縮された空気の温度が低くなっている。まず、充填効率が上がっている分、同じ点火時期でもトルクはLだけ大きくなる。さらに、最適点火時期Cまで進角することができる。このCの点火時期をMBT（Minimum Advance for the Best Torque）と称し、最大トルクが得られる最小の進角を意味する。

インタークーラーが装着されるとここで放熱するため、T_3はぐっと低下する。最適なT_3はエンジンの特性や使われ方によって異なる。出力と燃費を重視したル・マンカーなどの本格的なレーシングカーでは40～45℃が良いようである。

さらにインタークーラーによって燃費も改善される。図3は横軸に点火時期を取り、縦軸に燃費率（BSFC = Brake Specific Fuel Consumption）を示す。単位はg/kWhで1kWを1時間発生させるのに何グラムの燃料を消費したかを表す。従って、大きくなるほど燃費は悪くなる。インタークーラーが無い場合は、最小燃費が得られるBまで進角する前のAでノックが起き、それ以上は進角できない。インタークーラーがあると、Cを過ぎたところまで点火時期を進めることができる。この燃費率が最小となる点火進角Cは一般にMBTと一致する。インタークーラーが無いと、吸気の温度が高いのでMBTは遅くなる。また、インタークーラーがあると充填効率が向上しトルクが大きくなるので、燃費率は分母となる出力が増えるので改善される。

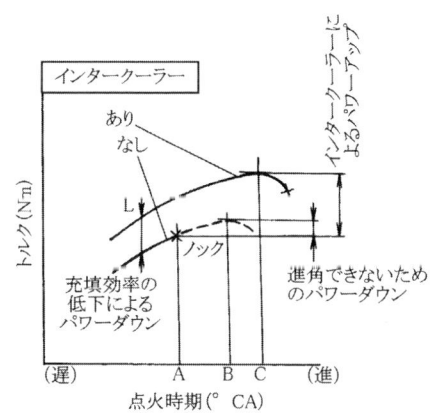

図2. インタークーラーによる出力の向上

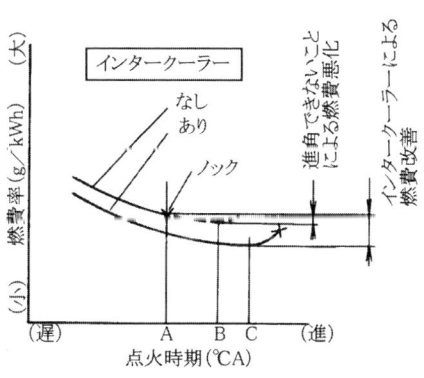

図3. インタークーラーによる燃費の向上

2-2-10. 高膨張比エンジンとはなにか

　1876年にニコラウス・オットーが4サイクルエンジンを発明した。エンジンの誕生とともに出力と熱効率の改善は課題であった。その十年後の1886年には英国のジェームス・アトキンソンが圧縮行程より膨張行程を長くして、圧縮比より膨張比を大きくする構造を提唱した。だが、これは熱効率向上のコンセプトであり実用化されてはいない。ところが1947年に米国のラルフ・H・ミラーが吸気バルブを遅閉じ、あるいは早閉じすることで、有効圧縮比を膨張比より小さくするミラーサイクルを発明した。

　1-7などでも説明したが、図1のオットーサイクルのPV線図において圧縮行程も膨張行程もピストンによる容積変化は同じである。1→2で吸入して2→3圧縮、ピストンが上死点に達したときに熱エネルギーが与えられ、シリンダー内の圧力は4に上昇する。4→5が膨張行程である。5→2間で熱を捨ててもとの状態にもどる。現実のエンジンでは2→1が排気行程である。

　この2→3→4→5→2で囲まれた面積がピストンがした図示仕事である。オットーサイクルの理論サイクルでは圧縮比と膨張比は同じである。ここで、膨張比とはピストンが膨張行程の下死点のときピストン冠面と燃焼室壁面とシリンダー壁面とで区画される容積と上死点の時の容積との比である。

　図1において圧縮行程はそのままで、膨張行程だけを5'まで伸ばせたら5→5'→6→2の面積の分だけピストンは余計に仕事をする。従って熱効率は高くなる。

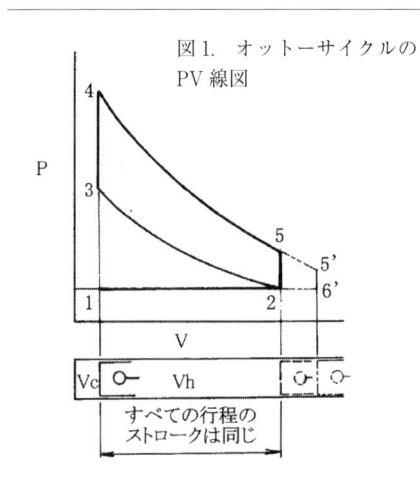

図1. オットーサイクルの
PV 線図

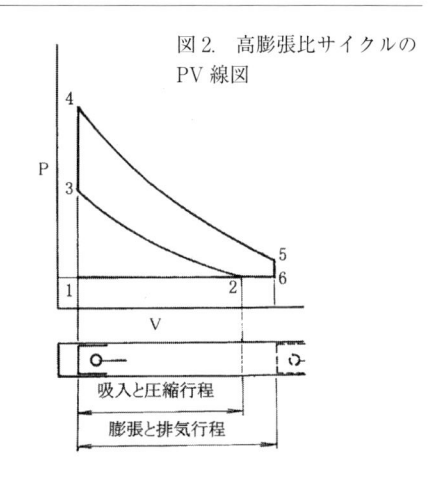

図2. 高膨張比サイクルの
PV 線図

これがアトキンソンサイクルの原理で、図示すると図2のようになる。1→2で吸入し2→3で圧縮する。そこで瞬間的にシリンダー内のガスに熱が加わると、シリンダー内の圧力は4まで上昇する。この圧力は図1と同じでも膨張行程が長いのでピストンがする仕事は大きくなる。当然、捨てる熱は5→6で図1の5→2より小さくなる。

　近年、クランクピンとピストンの間に可変リンクを介在させて、アトキンソンサイクルを実現するいくつかの方式が考案され、実用化されたものもある。

　そこで複雑なメカニズムを使わずにバルブタイミングだけで、実質的に膨張行程を圧縮行程より長くするミラーサイクルが使われている。図3のように吸気バルブが閉じるタイミングを遅くすると、下死点からIcまでは吸入した混合気を吸気ポートに戻すことになる。予混合の場合でも次のサイクルでまたこれを吸い込むので燃料が無駄にはならない。ここから実際の圧縮行程が始まる。排気バルブがEoで開くまでが実質的な膨張行程である。Icを大きく遅らせると実圧縮比を小さく、Eoを大きくすると実膨張比を大きくできる。しかし、吸入する新気が減るので過給と組み合わせて出力を補うことがある。

　吸気バルブが閉じるのを遅らせるかわりに、逆に早めても同じ効果が得られる。図4のように下死点Cよりかなり手前のBで吸気バルブを閉じると実質的な吸入行程はA→Bである。B→C間ではピストンで吸気が引き伸ばされ、C→D間ではこれがピストンを引き上げDから圧縮が始まるので冷却や漏れによる損失がなければ図3と同じ効果が得られる。しかし、可変バルブタイミング機構と組み合わせた遅閉じ方式が一般的である。

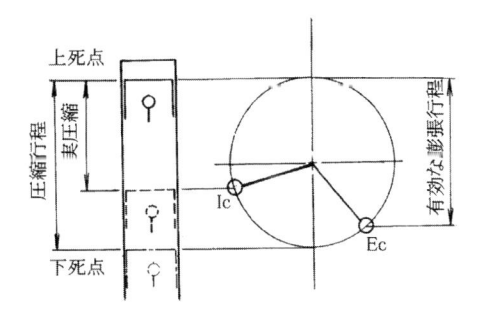

図3. 吸気バルブ遅閉じの高膨張比サイクル

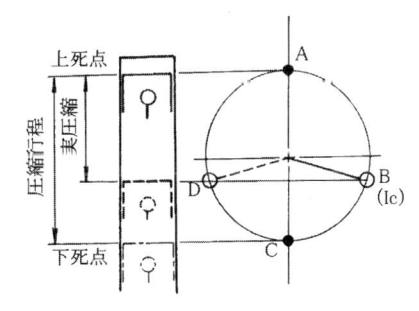

図4. 吸気バルブ早閉じの高膨張比サイクル

2-2-11. フロントグリルを外すとオーバーヒートを防げるか

　ツーリングカーレースでフロントグリルを外している車両が多い。フロントグリルは自動車の顔として、エンブレムやバンパー、ヘッドライトなどとともに造形上、重要な役割を果たしている。しかし、程度の差はあるがフロントグリルはラジエーターやエアコンのコンデンサー、ターボ車の空冷式のインタークーラーにとっては通過風量を減らすことになる。

　クルマの造形にとってラジエーターの高さの確保は制約条件の一つである。一般車では図1のように冷却液が縦に流れる方式が多いが、ボンネットの前端を下げたりサイドに搭載する場合は横流れ方式が採用される。いずれの方式でも冷却液から熱を空気に捨てる部分はフィンとチューブで構成されたコアである。図2にコルゲートフィン・チューブ型のコアの構造を示す。薄いアルミ板や銅板を波状（コルゲート状）に曲げて偏平のチューブにハンダ付けされている。フィンに凹凸をつけて空気が素通りせず、乱流になるように配慮したものもある。

　冷却液がエンジンから奪った熱は冷却液からチューブの内面に伝わり、さらに表面へ、そしてフィンから空気に捨てられる。この単位時間当たりの放熱量 Q（kJ/s）はラジエーターコアを通過する単位時間当たりの空気の質量 M（kg/s）と比熱 C（kJ/kg℃）およびフィン表面との温度差 ΔT（℃）の積に比例する。その比例定数

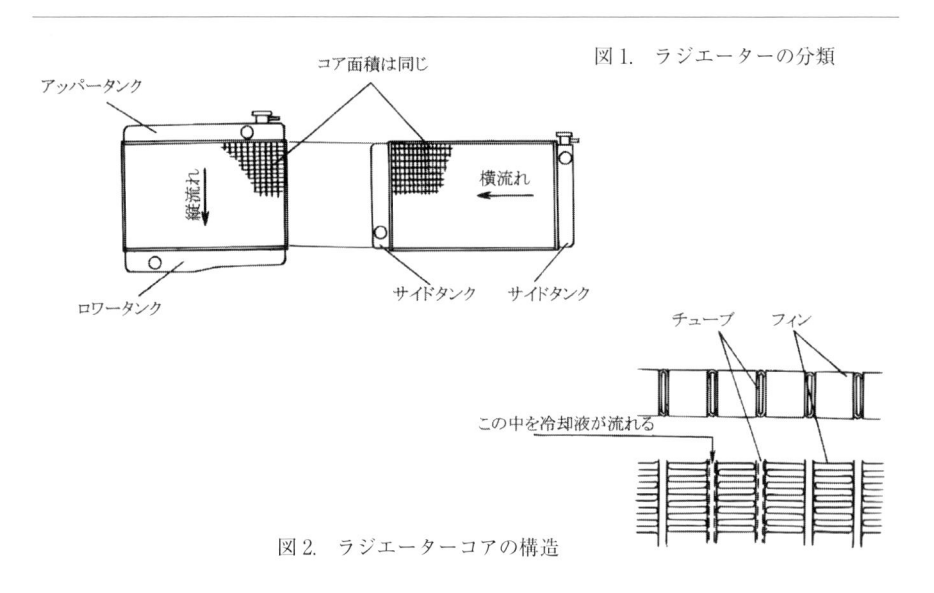

図1.　ラジエーターの分類

図2.　ラジエーターコアの構造

をKとすると、

$$Q=K \cdot M \cdot C \cdot \Delta T \text{ (kJ/s)} \qquad \cdots\cdots (1)$$

ここで、Mはコアの面積A (m^2) と、ここを通る空気の流速v_c (m/s) と密度ρ (kg/m^3) との積、A $\cdot v_c \cdot \rho$ (kJ/s) であるのでこれを (1) に代入すると、

$$Q=K \cdot A \cdot v_c \cdot \rho \cdot C \cdot \Delta T \text{ (kJ/s)} \qquad \cdots\cdots (2)$$

となる。しかし、v_c が大きくなるとフィン表面の温度が低下するので、空気との温度差ΔTが低下する。実験的にはQはv_cの1/2〜1/3乗程度でしか大きくならない。チューブの表面からも空気に放熱しているが、これは (2) 式のKで補正される。

　冷却ファンがあっても走行中の放熱は走行風によるところが大きい。図3のようにラジエーターを通過する風速v_c (m/s) はコアやラジエーター前後の空気抵抗により、車速v (m/s) よりかなり小さくなる。一般にv_c/v は0.3〜0.4程度である。フロントグリルは自動車が一般に使用される条件下では冷却性能を十分に確保するように設計されているが、例としてv_c/v が0.3の場合フロントグリルを取り外したときの効果について考える。これによりv_cが20%大きくなって0.36になったとすれば、Qは $(0.36/0.3)^{1/2}$=1.095倍となり約10%改善される。冷却液がエンジンから奪った熱量が放熱量を上回ると、徐々に水温が上がり出しこの状態が続けばオーバーヒートに至る。フロントグリルを取り外すことは、このバランス点を同一車速ならばより高負荷側に移すとともに、温度上昇の勾配を小さくすることになる。また、コアのフィンの目を詰めすぎると空気が流れにくくなり、v_cが小さくなりかえって放熱性能を損なうことがある。

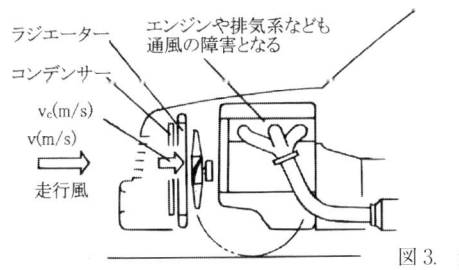

図3. 走行風の流れの障害

2-2-12. マフラーや触媒を取り外すとどのくらいパワーアップするのか

　自動車のカタログに記載されているエンジンの最高出力や最大トルクには、ネット（NET）表示であると注記されている。そして、ネットとはエンジンを車載したときとほぼ同じ条件で運転したときの性能であり、単体で運転したときより15%ほど小さくなっていると説明が付け加えられていることもある。テストベンチでエンジンそのものの出力性能を評価するときには、図1のようにエアクリーナーやマフラー、触媒などを装着せず、排気も集中排気である。また、吸気系のダクトや排気系の配管類も実車とは異なっている。しかし、ユーザーが実感するのは車両に搭載した状態でのパワーである。

　エンジンが大気から吸気ポートを経て新気を吸入して、圧力の高い排気ポートに排気を押し出すときの仕事について考えてみる。これまでに説明してきたように、圧力P（kPa）で体積V（m³）の気体は内部エネルギーを除くとPV（kJ）のエネルギーを持っている。図2のように、排気ポートと吸気ポートの圧力差P（kPa）を、1秒間に排出する排気の体積をV（m³/s）としたとき、エンジンがポンプとして作動する仕事率はPV（kJ/s）、すなわちPV（kW）である。エンジンは圧力の低い新気を吸入し、これより圧力の高い排気ポートにあたかもポンプのように押し出している。しかも、排気は吸気より温度が高く膨張し体積が大きくなっている。このエンジンがする無駄な仕事をポンピングロスという。

　例として、排気量2000ccの4ストロークエンジンで排気系を装着すると、出力はどのくらい低下するかを求める。簡単にするため体積効率を100%、回転数を

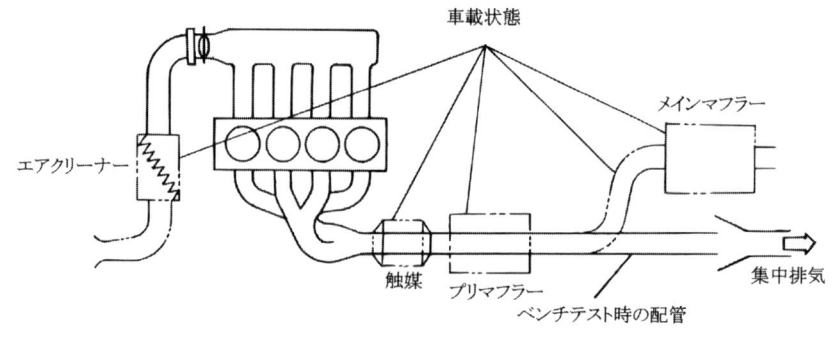

図1.　ベンチテスト時と車載状態の相違

6000rpmとすると、1秒間には $(1/2)\cdot(2000/10^6)\cdot(6000/60)=0.1\mathrm{m^3/s}$ の空気を吸入している。吸気温度を300（K=27℃）、排気ポート内のガス温度を780（K=507℃）とすると、排気流量は $0.1（\mathrm{m^3/s}）\times 780/300=0.26（\mathrm{m^3/s}）$ となる。ここで、排気ポートと吸気ポートの圧力差が50（kPa=375mmHg）であったとすると、ポンピングロスは $50（\mathrm{kPa}）\times 0.2^6（\mathrm{m^3/s}）=13\mathrm{kW}$ となり、これが出力低下の一つの要因である。

　次に、排圧の上昇はシリンダー中の残留ガスを増大させる。これはバルブオーバーラップ時に燃焼済のガスを十分に掃気できなくなることによる。これによる体積効率の低下とともに、シリンダー内の温度が上昇することにより充填効率が低下する。図3のようにこのエンジンの正味出力Leを125kW、摩擦損失Lfを35kWとすると、図示出力Liは $125+35=160\mathrm{kW}$ となる。もし、充填効率が5%低下すれば、図示出力Liが $160\times 0.05=8\mathrm{kW}$ 低下することになる。先のポンピングロスの13kWにこれを加えると、図示出力Liは排気系の抵抗により21kW低下したことになる。

　摩擦損失をエンジンの回転数のみによる機械的な要因とすると、Lfは変わらずにLiのみが21kW小さくなっていたことになる。もし抵抗なく排気をできれば、正味出力Leの125kWは $(160+21)-35=146\mathrm{kW}$ に増大すると推定できる。このように車載吸排気システムの抵抗分を補正するとグロス（GROSS）出力にほぼ等しくなる。

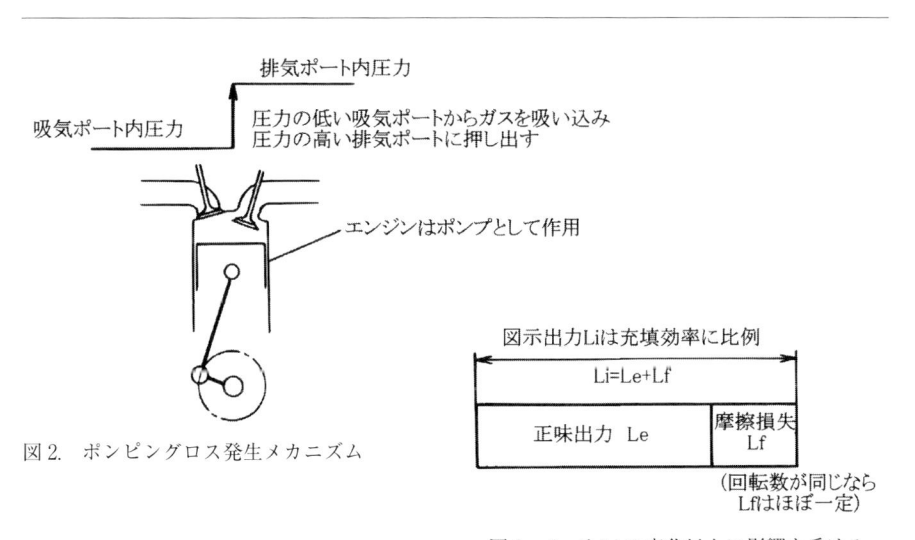

図2. ポンピングロス発生メカニズム

図3. Le は Li の変化以上に影響を受ける

2-2-13. 排気管を太くすると本当にパワーアップするのか

　結論からいうと、太い排気管に換えただけではパワーアップは期待できない。排気管を太くする目的は、排気抵抗を下げてポンピングロスを小さくすると同時に、シリンダー内の残留ガスを減らすためである。マフラーと一緒に排気管を換えると排気の音質も変わるので、パワーアップしたような気がすることもある。

　ガソリンエンジン車の排気系の基本的なレイアウトを図1に示す。(a) は排気マニホールドに直接触媒を取り付けたマニホールド触媒式、(b) は床下に触媒を配設したアンダーフロア触媒式の例である。この他に触媒のウォームアップを促進しさらに排気清浄化を図るために、(a) と (b) を組み合わせたデュアル触媒式がある。ターボ車の場合は排気マニホールドの直後にターボが置かれ、その下流に触媒が装着される。

　排気系を構成する部品は排気マニホールド、触媒、フロントチューブ、センターチューブ、リアチューブ、プリマフラー、メインマフラー、テールパイプやディフューザーである。ただし、これらの部品がすべて取り付けてあるとは限らない。単気筒やV2、水平対向2気筒エンジンでは排気ポートに直接排気管が取り付けられる。余談だが、マニホールドの日本語名は多岐管であり、穴が多くあるという意味のManifoldの訳である。

　管の中を流体が流れるとき、図2のように壁の部分に境界層が形成されるので、

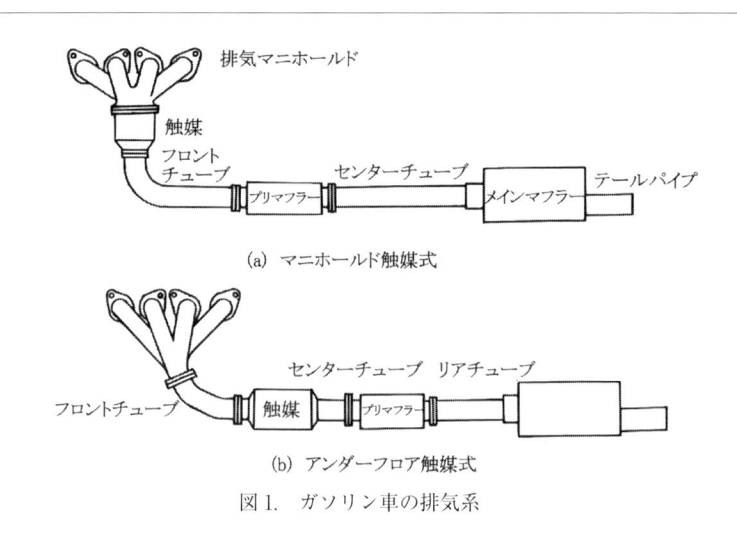

(a) マニホールド触媒式

(b) アンダーフロア触媒式

図1. ガソリン車の排気系

この部分の流速は著しく小さくなる。管壁に接する部分の速度は理論的にはゼロである。管が細ければ断面積に占める境界層の割合が大きくなるので、有効な通路面積は減少する。それなら、その分、太くすればよいわけで、市販車はそれを見込んだ最適な径となっている。排気が排気バルブを通過して大気に放出されるまでの排気抵抗としては、触媒やメインマフラーの影響の方が大きい。また、触媒の入口付近では通路が拡大し、出口では絞られる。この拡張と縮流はかなりの抵抗になる。触媒中の小さな穴や複雑な通路のメインマフラーを通過するときの抵抗も大きい。また、排気管の急な曲がりも抵抗の原因となる。

　ここで考えなければならないのは、排気は一様な速度で流れているのではなく脈を打って流れていることである。一発だけの排気を取り上げると、排気ポート内のガス圧力は図3のように、排気バルブが開いた瞬間のブローダウン時に高く、この勢いによって排出され急激に圧力は低下する。これがマイナスになることもある（2-1-10の慣性効果を参照）。複数のシリンダーからの排気が一つにまとめられた場合を模式的に図4に示す。ブローダウンによる圧力で勢いよく排気は押し出され、次のシリンダーが排気する直前にはその圧力は下がっている。これに次のシリンダーから排出された圧力が乗ることになる。慣性効果により排気行程上死点前後のバルブオーバーラップ時に排気ポート内の圧力が低くなるほど、掃気が促進されて吸入効率が向上する。あまりにも排気管が太すぎると排気系のボリュームが過大となって、あたかも排気ポートから直接大気に放出されたようになり、慣性効果が小さくなることもある。

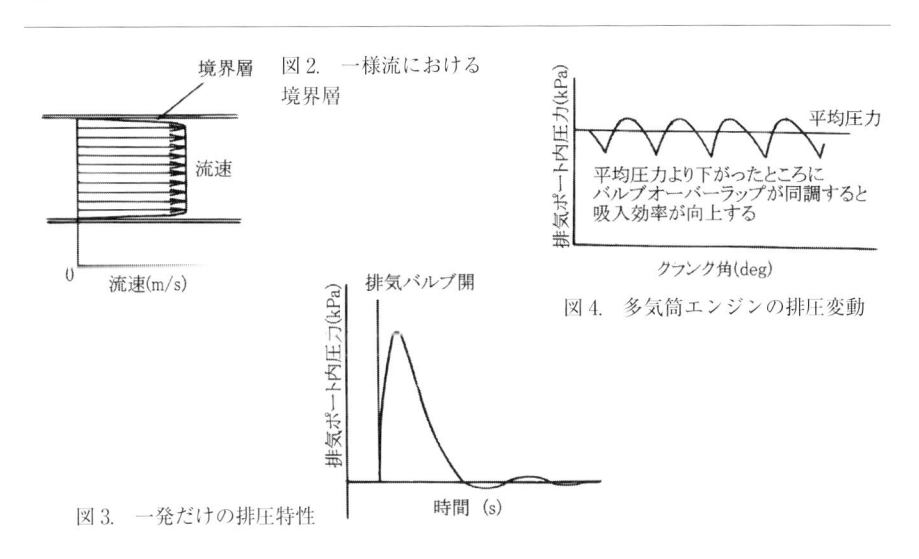

図2.　一様流における境界層

図4.　多気筒エンジンの排圧変動

図3.　一発だけの排圧特性

2-2-14. エンジンオイルの基本的な作用とはなにか

　1963年に第1回日本グランプリレースが鈴鹿サーキットで開催された。この頃は、エンジンオイルがレースを制すといわれたほどであった。植物油であるヒマシ油がエンジンオイルの主成分として用いられ、これが燃えて排気が独特の香りがするのが、サーキットの高揚感を高めていた。時代は変わり、今日では低燃費オイルが主役になった。だが、エンジンオイルに課せられた基本的な作用や機能は変わらない。

　エンジンオイルには鉱物油、合成油、ヒマシ油やなたね油のような植物油があるが、現在は鉱物油と合成油が使用条件とコストによって使い分けられている。エンジンオイル（以下、オイルと略す）の六つの作用とその機能を表1に示す。一番目は相対運動をする部分に油膜を形成して摩擦力を減らす作用である。図1のように、接触面間に同じ力W（N）の力が加わっているとする。これと直角に物体を動かすとき、摩擦係数をμとすると$\mu \cdot W$（N）の力が必要である。μが小さければ、動かすのに必要な力は小さくて済む。摩擦力を減らすという意味で減摩作用とよぶ。粘度の低いオイルほどμは小さくなる。

　二番目は緩衝作用で油膜によって衝撃的な荷重を分散させて応力が集中するのを緩和する作用である。例えば、図2のように、コンロッドにはガス力による大きな荷重が加わる。このままではクランクピンとコンロッドベアリングの最上部がもろに荷重を受けることになる。オイルクリアランスに詰まったオイルがAやBの方

減摩作用	相対運動をする部分の摩擦力低減
緩衝作用	瞬間的に加わる大きな応力の分散
冷却作用	燃焼や摩擦による熱の放散
密封作用	ピストンとシリンダー間隙の気密
防錆作用	空気を遮断して錆の発生を防止
清浄作用	カーボンなどを溶かして除去

表1.　エンジンオイルの6作用

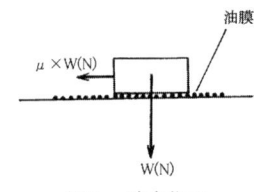

図1.　減摩作用

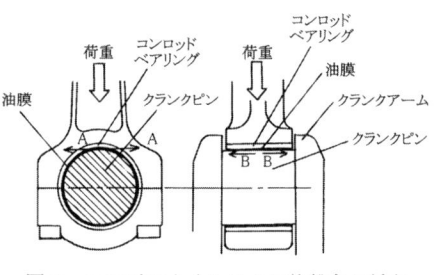

図2.　エンジンオイルによる衝撃力の緩和

向に逃げることで衝撃を緩める。また、オイルがつぶされ部分的の油圧が上がり受圧面積を広げて応力を緩和する。

　余談だが、ベアリングメタルの焼き付きについての面白い実験結果を紹介する。レシプロエンジンでは大きな力は間欠的に交互に変化するくり返し荷重である。これがベアリングメタルが焼き付かない大きな理由である。図3のようにクランクシャフトの代わりに直軸を入れて、Ｏリングでピストンとシリンダーとの気密を保ち、ピストンに常に空気圧をかける。すると、燃焼による最大圧力よりはるかに低い20気圧でも、30分もしないでベアリングは焼き付いてしまった。空気圧を調節したり、軸径を変えて受圧面積を変化させて面圧の影響を解析することもできる。実際のエンジンではピストンが往復運動をすることにより、ベアリングの隙間が局部的に広がってオイルを呼び込む瞬間ができるからである。

　三番目の冷却作用は減摩作用で摩擦仕事は減っていても摩擦熱は発生する。さらに、燃焼による熱でピストンなどは高温になる。この熱を捨てるためにはオイルで冷却しなければならない。ロータリーエンジンではローターの冷却はすべてオイルに頼っている。高出力エンジンでは図4のようにオイルジェットによって、メインオイルギャラリーからオイルを取り出して、スプレーでピストンを冷却する。レーシングエンジンではピストンに環状のオイルギャラリーを設け、これに通じる穴を狙ってオイルを噴射して、オイルは反対側の穴からオイルパンに戻るようにしたものもある。

　四番目の気密作用は図5のように、ピストンとシリンダーの間の隙間を油膜で埋めて気密を保つ作用である。防錆作用はオイルの膜で部品の表面が空気と触れるのを防ぐ、また燃焼によって生じたカーボンや異物などを洗い流すのが清浄作用である。

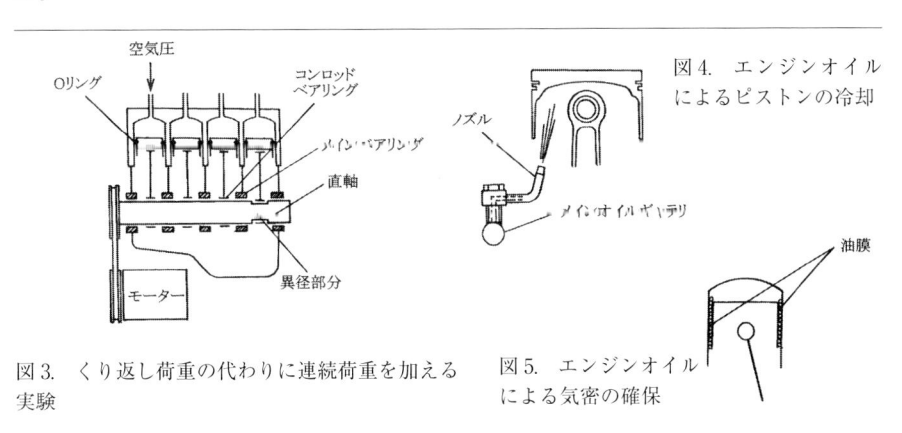

図3.　くり返し荷重の代わりに連続荷重を加える実験

図4.　エンジンオイルによるピストンの冷却

図5.　エンジンオイルによる気密の確保

2-2-15. エンジンオイルを入れすぎるとなぜ悪いのか

　潤滑系と冷却系はエンジンのライフラインともいうべきシステムである。一般の自動車用4サイクルエンジンではオイルパンの中のオイルをオイルポンプで汲み上げ、加圧して潤滑部分に圧送している。2サイクルエンジンでは燃料とオイルを別々のタンクに貯留し混合しながらエンジンに供給するものと、草刈機のように混合油を用いるものとがある。また、本格的なレーシングエンジンではドライサンプ方式とし、オイルパンはエンジンの底を覆うカバーでオイルは別のタンクに溜めるようになっている。

　ここでは、図1のような一般的なオイルパンにオイルを溜める方式のオイルの入れすぎについて検討する。オイルポンプはストレーナーで大きな異物を取り除いたオイルを吸引して加圧する。その油圧が規定の圧力（例えば、0.4MPa）以上にならないように、バイパス式のレギュレーターバルブで調整するようになっている。調圧されたオイルはオイルフィルターで濾過されメインギャラリーに入り、ここから各潤滑部に分配される。理論的にはストレーナーの吸引部が油面から露出しなければ、規定の油圧は保たれるはずである。

　一方、エンジンオイルの基本的な作用に冷却作用がある。ピストンや各ベアリング部分などから奪ってきた熱をオイルパンで放熱しなければならない。もし、オイルパン内のオイルの量が少ないとオイルの循環周期が速くなり、放熱できる時間が

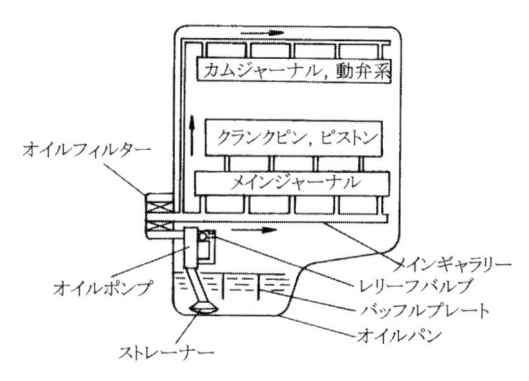

図1.　潤滑システム

短くなって油温が上昇する。また、あまりにもオイルレベルが低いと、車両の姿勢や加減速やコーナリングのGによりオイルが偏ってストレーナーが露出して吸引できなくなることがある。オイルレベルゲージの上限（F）と下限（L）のマークは実用上問題なく走行できるように設定されている。しかし、オイル消費を気にしたり、缶単位で買ってきたオイルが余るともったいないので、ついオイルレベルゲージの上限以上に補充したくなる。ところが、あまり高すぎると危険である。

　オイルレベルが高すぎると図2のように、コネクティングロッドの大端部の下部がオイルを叩くようになる。さらにこれより若干高い位置にあるカウンターウェイトの先端が油面を叩くようになったら重症である。これによってフリクションが増大してエンジンの出力が低下する。そのフリクションで失ったエネルギーでオイルの温度を上昇させる。当然、燃費も悪くなる。また、機械的に掻きまわされたオイルの飛沫がブローバイガスと共に吸気系に吸引されると、バルブクリアランスからのオイル下がりと同じ現象を引き起こす。

　これにより燃焼室にカーボンが堆積したり、点火プラグが汚損する。さらに、ピストンリングとリング溝の隙間にスラッジが溜まると、リングが膠着して回らなくなりピストンの焼き付きに至ることもある。量が多いとオイルのウォームアップ時間も長くなる。車両が水平な状態では大丈夫であっても、図3のように加減速やコーナリングにオイルの慣性力で回転部分と接触する可能性が大きくなる。また、坂道に停車時にクランクシャフトのオイルシールからオイルが漏れることにもなりかねない。

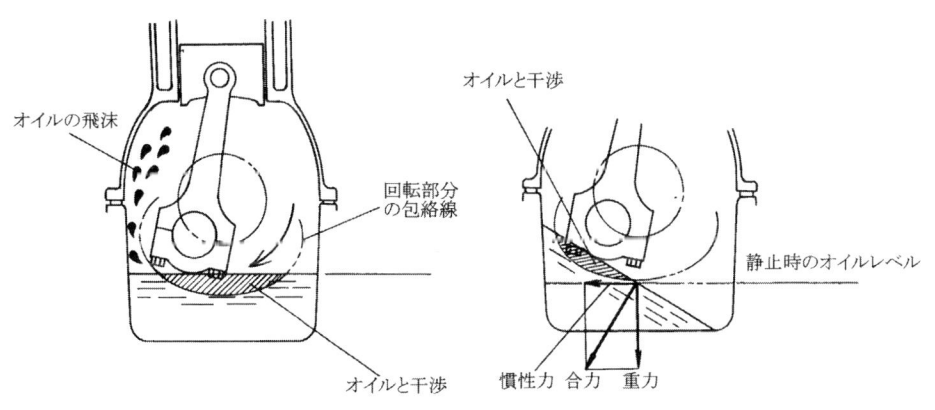

図2.　オイルレベルが高すぎると…　　　　図3.　オイルの慣性力による油面の変化

2-3-1．エンジンが吸入した空気の体積と排気の体積とではどちらが大きいか

　エンジンは空気を吸入し、テールパイプから排気を大気中に放出する。排気には勢いがあるので、排気の体積が吸い込んだ空気の体積より大きそうである。本当にそうなのだろうか。結論からいえば、これは半分当たっていて半分外れている。一方、質量で考えると、エンジンが吸入した空気と供給された燃料の質量の合計は、後述するように排気の質量と等しいことは直観的に理解できる。

　図1のようにエンジンが体積V_A（m³）、質量がG_A（kg）の空気を吸入し、これでG_F（kg）の燃料をシリンダー内で燃焼させ、テールパイプからV_E（m³）、質量G_E（kg）の排気を大気中に放出したとする。質量保存の法則により$G_E=G_A+G_F$となる。話を簡単にするために空燃比を理論空燃比、燃料をガソリンとすると$G_A/G_F=14.7$である。2-1-6でも説明したように、ガソリンは平均すると炭素原子1個に水素原子が約1.9の割合で構成されている。ガソリン$CH_{1.9}$（正確には1.85）が燃焼するときは、
$$CH_{1.9}+1.475O_2=CO_2+0.95H_2O（＋熱）　　\cdots\cdots (1)$$
となる。吸入した空気の中の1.475の体積のO_2が1の体積のCO_2と0.95の体積の水蒸気を発生させる。一方、空気は体積割合で酸素O_2 21%と窒素N_2 78%と1%のAr（アルゴン）や二酸化炭素（CO_2）などの不活性ガスの混合気体である。

　窒素酸化物（NOx）の体積は全体から見ると微小なので無視することにする。N_2と不活性ガスは燃焼に係わることなく、そのままシリンダーを素通りする。これを図示すると図2のようになる。吸入した空気の21%を占める酸素がCO_2とH_2Oの

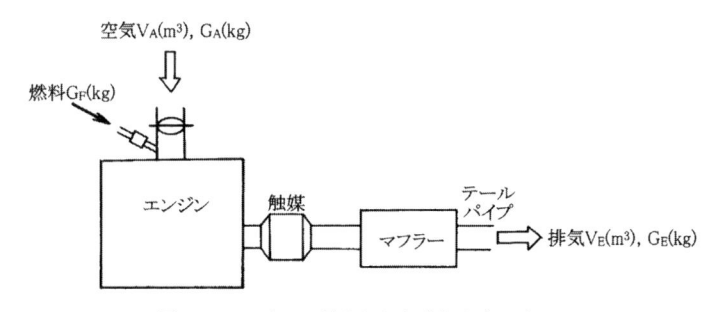

図1. エンジンに吸入された空気が出るまで

分子の中に分かれたので、$x+y=21\%$、また (1) 式より、$x : y=1 : 0.95 \times 1/2$、これより x と y を求めると、$x=14.2\%$、$y=6.8\%$ となる。

　水蒸気 H_2O の分子には O が 1 個、すなわち $1/2$ 個の O_2 を有するから、H_2O 2 個で O_2 分子一つの酸素に当たる。すなわち、水蒸気の体積は吸入空気の $6.8 \times 2=13.6\%$ に相当する。H_2O が水蒸気の状態ならば吸入空気の体積を 100 とすると、

$$79+14.2+6.8 \times 2=106.8\% \qquad \cdots\cdots (2)$$

となる。すなわち、H_2O が水蒸気の状態ならば 6.8% 増えることになる。だが、この 6.8% の増大よりも温度による熱膨張がはるかに大きく、この体積の膨張による影響のほうが絶大である。

　排気バルブが開く瞬間は当然 H_2O は水蒸気の状態である。吸気の温度を大気温度と同じの 300K（27℃）、排気バルブ直後の排気温度を 1050K（777℃）として、時間とともに低下する温度と排気の体積を図 3 に示す。排気が吸気温度と等しくなった時には H_2O は水滴となっていて体積は無視できる。すると、(2) 式の $6.8 \times 2\%$ が無くなるから、大気温度における排気の体積は CO_2 とシリンダーを素通りした N_2 と不活性ガスだけの $79+14.2=93.2\%$ となり、排気の体積は吸気の 93.2% となる。すなわち、水となってしまった気体の O_2 が占めていた体積が減ることになる。だが、エンジンが回れば空気が減るという心配は無用である。植物の炭酸同化作用により、H_2O と CO_2 はまたもとの O_2 に戻るからである。

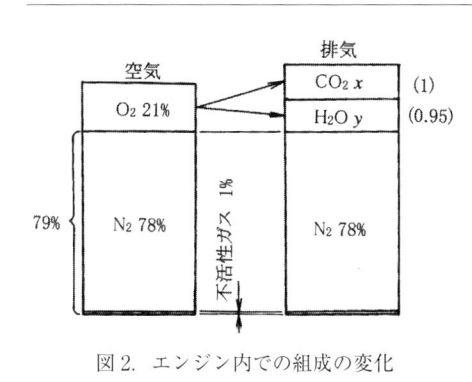

図 2. エンジン内での組成の変化

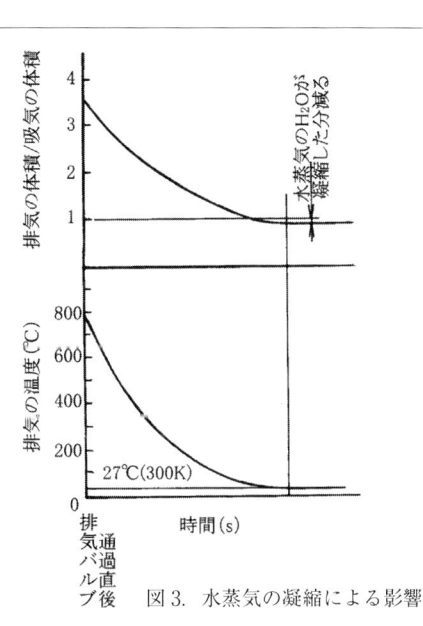

図 3. 水蒸気の凝縮による影響

2-3-2. 排気の圧力が吸入空気量の二乗に比例して増大するのはなぜか

こんなことをしたら近所迷惑なので人里はなれたところか、換気のよいガレージの中でバイクの排気管を外してエンジンをかけると、シリンダーヘッドの排気孔から青い火がパッパッと噴出する。余談だが青い火が正常で、燃料が濃すぎると赤や橙色の火となる。燃料が気化してガス体になっていると青い火になるからである。

排気バルブが開くのは膨張行程の終盤なので、シリンダー内のガス圧力は下がってはいるが、スロットルが全開ならば、少なくても5気圧（0.5MPa）パーシャルでもかなりの圧力である。排気マニホールド以降が無ければ、排気バルブを出た瞬間に排気は大気中に拡散してしまうので、圧力（静圧）とはならない。だが、排気孔の近くに鉄板を近づけると、排気の圧力を感じる。排気の速度が圧力に変わったのである。

排気系には触媒やプリマフラー、メインマフラー、屈曲した排気管があるので、これらが抵抗となって圧力が発生する。排気の流れを遮ろうとすると、排気の流れが持つ動圧が静圧に変わる。排気系の流路抵抗が図1のように排気の圧力がエンジン回転数のほぼ二乗に比例する特性を生む。この圧力特性の絶対値は排気系の仕様によっても異なる。

排気の圧力は図2のように、排気系を構成する各要素の通路抵抗で発生する。ブランチの集合部Aの圧力（Pa）は、触媒の抵抗による前後差圧P_C、プリマフラーのP_{fm}、メインマフラーのP_{mm}、およびそれらをつなぐ管路抵抗によるP_pの和、

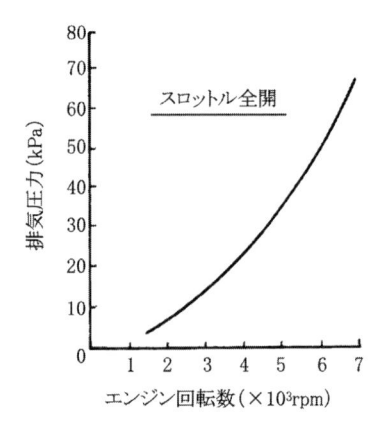

図1. 排気の圧力は吸入空気量の二乗に比例する

$P_c + P_{fm} + P_{mm} + P_p$ となる。一方、排気の温度は下流に行くほど下がっているので、メインマフラーを通るときには、排気ポートでの体積流量の1/2以下になっているので、意外とメインマフラーの差圧は大きくならない。

　図3のように、排気系構成要素の通路抵抗をまとめて一つのオリフィス（開口部）とした簡易モデルを考える。これを使って排気の圧力特性が図1のようになる理由を説明する。吸入した空気の体積流量をV_i (m^3/s)、排気の体積流量をV_e (m^3/s)とする。排気の温度は当然、吸気温度が高いので、体積流量V_eはV_iより大きくなる。排気の平均密度をρ_e、オリフィスの断面積をA (m^2) とすると、オリフィスを通過する排気の流速v (m/s) は

$$v = V_e/A \qquad \cdots\cdots (1)$$

排気の体積流量は吸気の体積流量に比例するから、その比例定数をKとすると、

$$V_e = KV_i$$

(1) 式は $v = KV_i/A$ 　　　となる。

オリフィスの下流は大気圧なので、こことの圧力差が排気の圧力Peとなる。

$$Pe = 1/2 \cdot \rho_e \cdot v^2$$
$$= 1/2 \cdot \rho_e \cdot (KV_i/A)^2 \text{ (Pa)} \qquad \cdots\cdots (2)$$

ここで、あらためて $(K/A)^2 = \alpha$ とすると (2) は

$$Pe = 1/2 \cdot \rho_e \cdot \alpha V_i^2 \text{ (Pa)}$$

このように、排気の圧力は吸入空気の体積流量の二乗に比例する。

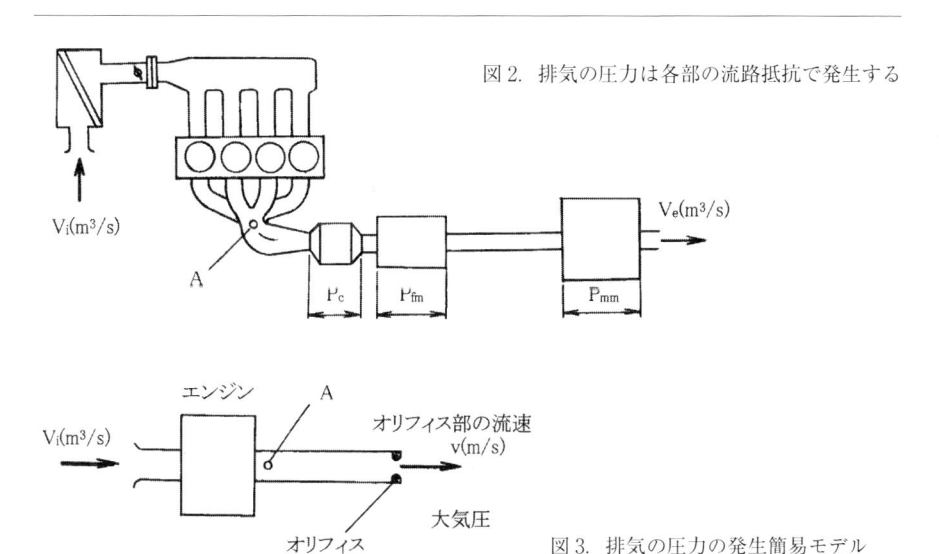

図2. 排気の圧力は各部の流路抵抗で発生する

図3. 排気の圧力の発生簡易モデル

2-3-3. ガスエンジンはガソリンエンジンよりパワーが出ないのはなぜか

　ガスエンジンは温室効果ガスの一つである二酸化炭素（炭酸ガス、CO_2）の排出がガソリンエンジンやディーゼルエンジンより少ない。だが、LPG（Liquefied Petroleum Gas）やCNG（Compressed Natural Gas）を燃料とするエンジンは同じ排気量、同じ運転条件なら、ガソリンエンジンよりパワーが出ない。

　結論を先にいうと、燃料を液体で供給するガソリンエンジンは新気に占める燃料の体積は無視できるほど小さいが、燃料が気体で供給されるガスエンジンでは新気に占める燃料の体積が大きく、その分、吸入される空気が減る。図1のようにシリンダーに吸入される新気の体積は、空気の体積V_Aとガス燃料の体積V_Gの合計V_A+V_Gとなる。さらに目減りした空気で燃焼させることができる燃料の発熱量も少ない。

　LPGの主成分はプロパン（C_3H_8）である。プロパンが燃焼するときには$C_3H_8+5O_2=3CO_2+4H_2O$となる。C_3H_8の分子量は44、O_2は32であり、これにグラム（g）をつけると標準状態における22.4ℓの質量になる。この22.4ℓを1モルとよぶ。44gのプロパンV_Gを燃焼させるためには32g×5=160gの酸素が必要になる。一方、空気中の酸素の体積割合は21%であるから、空気1モル中の酸素の体積は22.4ℓ×0.21=4.704ℓとなる。その質量は、（4.704/22.4）×32=6.72gである。

　酸素160gを含む空気の体積は（160/6.72）×22.4ℓ=533.3ℓとなる。これがプロパン22.4ℓを燃焼させるのに必要な空気の体積V_Aである。図2のようにプロパンと空気の混合気体555.7ℓを吸入しても、空気は533.3ℓなので、空気の吸入効率は533.3/555.7=0.96となる。ガソリンエンジンの場合より4%ダウンする。

　次に発熱量の低下について説明する。プロパンの発熱量は$90.7Mj/m^3$なので、

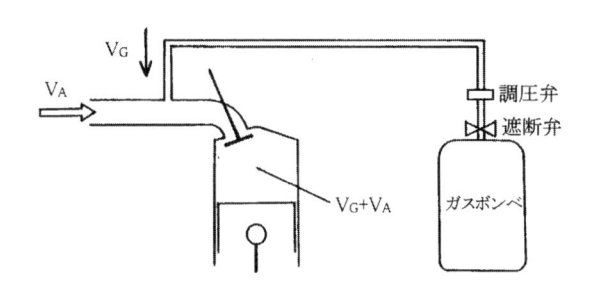

図1. ガスエンジンは燃料の体積が吸入空気量を減少させる

22.4 ℓ の発熱量は（22.4/1000）× 90.7=2.03Mj となる。一方、ガソリンの発熱量は44000kj/kg=44Mj/kg である。空気の分子量は29であるので555.7 ℓ の空気の質量は（555.7/22.4）× 29=719g=0.719kg となる。これでちょうど燃やせるガソリンの質量は、理論空燃比が14.7であるので0.719/14.7=0.0489kg となる。その発熱量は44Mj/kg × 0.0489kg=2.15Mj である。2.03Mj/2.15Mi=0.944 となり、理論的にはLPGエンジンはガソリンエンジンの94.4%の図示出力しか出せないことになる。

　CNGの主成分はメタン（CH_4）である。メタンが燃焼するときには$CH_4+2O_2=CO_2+2H_2O$ となる。CH_4の分子量は16、すなわち1モルの質量は16gである。これを燃焼させるのに必要な酸素の質量は先のプロパンの場合と同様に計算して64g となる。図3に示すように、メタン22.4 ℓ を燃焼させるのに必要な空気の体積は213.2 ℓ である。すなわちV_G=22.4 ℓ 、V_A=213.2 ℓ であるので、体積効率は213.2/235.6=90.5%に低下する。

　一方、CNGの発熱量は36.1Mj/m³なので、1モルの発熱量は前記のプロパンの場合と同様にして計算して0.809Mj となる。ガソリンエンジンではCNGの場合のV_A+V_Gに相当する体積空気で燃焼させることができるガソリンの発熱量0.911Mjであるので、CNGの場合は燃焼特性が同じとすれば理論的には図示出力は0.809/0.911=0.888、すなわち88.8%にダウンする。

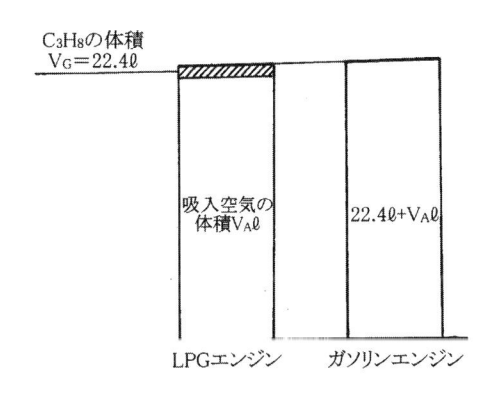

図2. LPG/ ガソリンエンジンの吸入空気量の比較

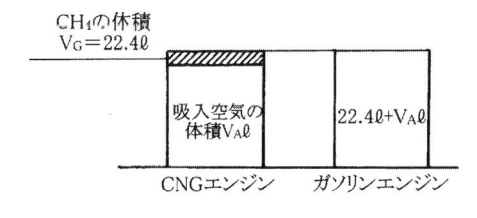

図3. CNG/ ガソリンエンジンの吸入空気量の比較

2-3-4. 一般にディーゼル車がガソリン車より燃費が良いのはなぜか

　ディーゼル車の一番の魅力は燃費が良いことであるが、意外にもサイクル論的にはガソリンエンジンの方が熱効率が優れている。自動車用のディーゼルエンジンのルーツはサバテサイクルであり、大型の船舶に使われる低速ディーゼルは理論的なディーゼルサイクルに近い。

　図1はサバテサイクルのPV線図である。1→2で断熱圧縮をして圧力がP_2になって燃料の着火温度以上になったところで燃料が噴射され、瞬時にQ_1Vの熱にかわり作動ガスの温度が上昇して圧力はP_3に達する。ここが3である。ここからピストンが下がり出すが、圧力P_3を一定に保ち続けるように3→4間で熱量Q_{1P}が供給される。その後は断熱膨張をして5→1間でQ_2の熱が捨てられる。このサバテサイクルの理論熱効率はη_{SABA}は圧縮比をε、気体の比熱比をκ（定圧比熱と定積比熱の比で空気の場合は1.4）とすると次式のようになる。ここで、図中に示すようにρは噴射締切比、ξは圧力比である。

$$\eta_{SABA}=1-1/\varepsilon^{K-1}\cdot(\xi\rho^{K}-1)/\{(\xi-1)+\kappa\xi(\rho-1)\} \quad \cdots\cdots (1)$$

　一方、図2に示す火花点火エンジンのルーツであるオットーサイクルではピストンが上死点に来た2で瞬間的にQ_1の熱が加わり圧力は3まで上昇し、その後は断熱膨張をして4に至る。そして瞬間的にQ_2を放出して1にもどる。この熱効率をη_{OTTO}とすると、

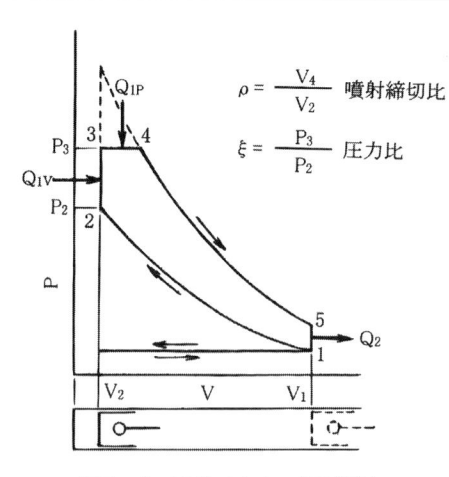

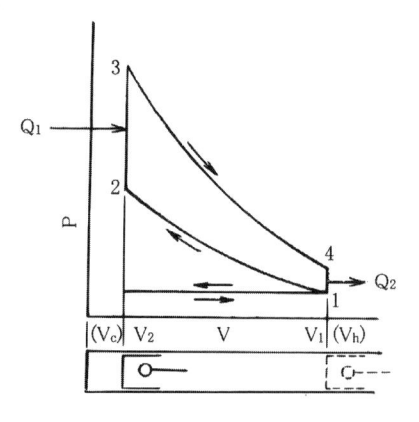

図1. サバテサイクルの PV 線図　　　図2. オットーサイクルの PV 線図

$$\eta_{OTTO} = 1 - 1/\varepsilon^{K-1} \qquad \cdots\cdots (2)$$

である。(1) は (2) 式の $1-1/\varepsilon^{K-1}$ までは一緒であるが、$1/\varepsilon^{K-1}$ に掛かる $(\xi\rho^{K}-1)$ $/\{(\xi-1)+\kappa\xi(\rho-1)\}$ は必ず1より大きくなる。従って、η_{SABA} は η_{OTTO} より小さい。なお、オットーサイクルの場合は図2の $V_4 = V_2$ となるので $\rho = 1$ となる。従って、(1) 式は (2) 式と同じになる。

　しかし、ディーゼルがガソリンエンジンより燃費が良いのは、主に①圧縮比 ε が大きく、②リーン燃焼であり、③スロットルがないのでポンピングロスが小さく、④燃料の比重が大きいことによる。軽油の比重は0.84〜0.89、ガソリンは0.74であるので、燃料1ℓ当たりの質量は軽油は0.84〜0.89kg、ガソリンは0.74kgとなる。軽油の発熱量は42Mj/kg程度でガソリンの44Mj/kg程度より小さい。しかし、これに1ℓ当たりの質量を掛けたリッター当たりの発熱量はディーゼルの方が約14.8%程大きくなり、km/ℓで表す走行燃費では燃料の特性だけでも有利である。

　ここで、エンジンの仕事の源泉である燃料の燃焼について触れる。軽油、ガソリンともに炭化水素であり分子式はともに $CnHm$ で表される。軽油とガソリンではnとmの値が異なる。これが燃焼するときは図3のように2段階の反応が続けて起こり、最終的には H_2O（水蒸気）と CO_2（炭酸ガス）になる。第1段階では $CnHm$ が H_2 と CO になり、これが第2段階で H_2O と CO_2 になる。これらの反応は瞬時に完了するが、酸素が足りなかったり燃焼が悪いと CO が第2段階の CO_2 まで進めずそのまま排出される。

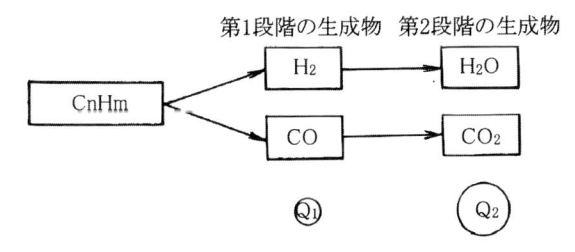

図3. 炭化水素のシリンダー内での燃焼

2-3-5.　ディーゼルエンジンは低速トルクが太いというのは本当か

　ディーゼルエンジンは低速トルクが太いので、増速して使えば速いレーシングカーができるのではないか、という質問をいただいたことがある。確かに近年のル・マンでは2015年にポルシェ919が優勝するまでは、ディーゼルターボのアウディやプジョーの独壇場であった。しかし、レギュレーションで同一排気量、同一エアリストリクター径、同一過給圧が課せられたなら、結果は異なったものになったであろう。

　もともとエンジンはシリンダー内で発生する熱がパワーの源泉である。それもピストンが有効に仕事に変換できるタイミングに発生することが必要である。図1は同一吸入空気量におけるディーゼルとガソリンエンジンのトルクの定性的な比較である。最高回転数N_Sと最大トルクを発生する回転数N_Tは、それぞれΔN_S、ΔN_Tだけディーゼルの方が低い。ここで最高回転数と最大トルクのサフィックス（末尾）の$_D$と$_G$はディーゼルとガソリンエンジンを表す。ディーゼルはガソリンエンジンに比べ低速型である。別にディーゼルの低速トルクが太いのではなく、回転レンジが狭いのでN_{TD}がN_{TG}より低くなるだけである。

　その低くなる大きな理由は図2のようにディーゼルは膨張行程まで燃料の供給を続けなければならないからである。2-3-4で説明したようにディーゼルは膨張行程にも図中のAまで燃料を供給し続ける。そのための時間が必要である。一方、火

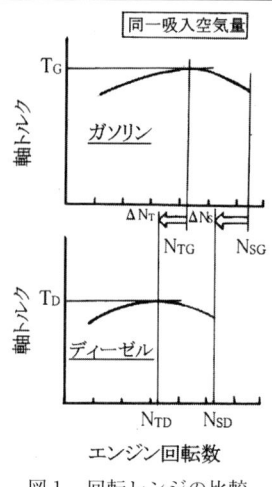

図1.　回転レンジの比較

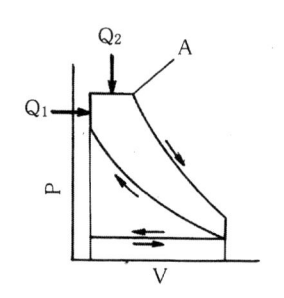

図2.　膨張行程での燃料供給

花点火エンジンと総称される、圧縮行程前にあるいは圧縮行程中に燃料が吸気に予混合されるガソリンエンジンは、ディーゼルより早期に燃焼が完了する。燃焼を速くできれば高速回転が可能になる。

　さらに、同一吸入空気量ならば最大トルクは図1のようにT_DはT_Gより決して大きくはない。これは図3のようにサイクル毎にシリンダー内に供給される燃料の量が制限されるためである。図の下は空気過剰率λに対する炭素質微粒子であるスモークレベル（排煙濃度）を、上はトルクを示す。空気過剰率λとはその時の空燃比を理論空燃比で割った値で、これが1より大きくなるほどリーン（薄く）となる。エンジンの仕様や燃料噴射圧などによってλに対するスモークレベルは異なるが、1を限度とするとこの例ではλは1.6までしか小さくできない。すなわち濃くすることができない。一方、トルクはλが小さく（濃く）なるほど大きくなる。理論空燃比であるλでのトルクをT_1より、スモーク限界でのT_2は小さくなる。ガソリンエンジンは理論空燃比より濃い出力空燃比で運転することもできるのでトルクはさらに大きくなる。

　図4のように吸入空気量Gaが一定なら、この空気で燃焼させることができる燃料の持つエネルギーで得られる図示トルクTiは、これよりエネルギーの小さいリーンの方が小さくなる。図示トルクTiから摩擦トルクTfを引いたTi-Tfが正味トルクTeであるが、構造的にディーゼルの方がTfがガソリンより大きくなるので、さらに不利である。そこで吸入空気量を過給によって増大させれば出力を回復させることができる。排気量を増やすとTfが増大するので、過給圧を上げるのが得策である。

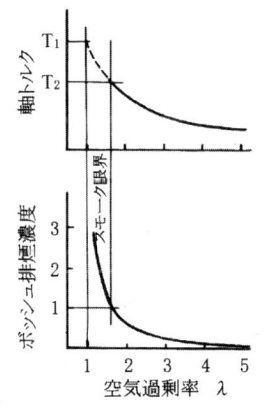

図3. スモーク濃度が律則となる最大トルク

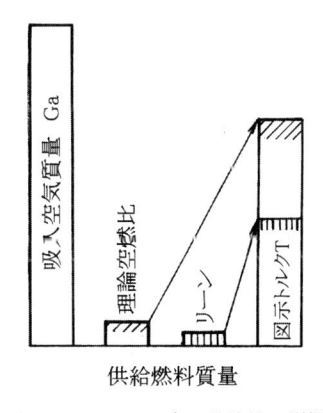

図4. シリンダー内の発熱量の影響

2-3-6. ガソリンエンジンではなぜ急速燃焼が有利なのか

　排気対策が燃費改善より優先されていた1970年代のはじめの頃、緩速燃焼
（Slow Burn）が脚光を浴びたことがあった。シリンダー内での燃焼温度を下げて
窒素酸化物NOxの生成を抑制し、その分、排気温度が高くなるので排気系に二次
空気を噴射して炭化水素HCと一酸化炭素COを燃焼させるというコンセプトであ
る。このコンセプトには燃費悪化がつきまとう。これに対し急速燃焼（Fast Burn）
を提案し、上司に「お前は基礎がなっていない」とさんざん怒鳴られたことがあっ
た。しかし、現在のエンジンでは燃焼が急速化して来ている。

　オットーサイクルをルーツに持つガソリンエンジンやLPGエンジンでは点火プ
ラグで火花が飛んでから燃焼が始まる。図1は横軸にピストンから上の空間容積V
と縦軸にシリンダー内のガス圧力PをとったPV線図である。急速燃焼は緩速燃焼
より上死点に近いところで燃焼が完了するが、緩速燃焼の場合はそれよりピストン
が下がってもまだ燃焼が続く。急速燃焼の最大圧力P_Fは緩速燃焼のP_sより高く、
これが発生するタイミングは緩速燃焼より上死点により近い。このP_FがP_sより高
くなる理由を図2で説明する。

　図において容積はV_1がV_2より小さいが、中に封じ込められているガスの質量は
同じである。比熱が同じなら熱容量も同じになる。ここで、同じ熱量ΔQが加えら
れたとすると、標準状態に換算したガスの膨張体積は同じである。圧力の上昇は空

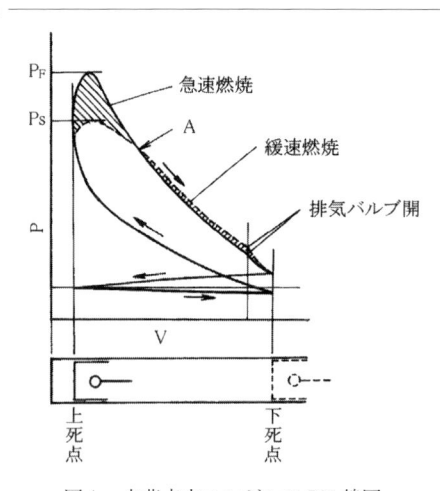
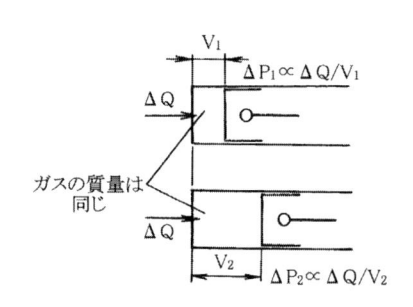

図1.　火花点火エンジンのPV線図　　　　図2.　同じ熱量でも圧力上昇は異なる

間容積に逆比例するから $\Delta P_1 \propto \Delta Q/V_1$、$\Delta P_2 \propto \Delta Q/V_2$ となる。$V_1 < V_2$ であるから $\Delta P_1 > \Delta P_2$ となりピストンを押し下げる力が大きくなる。同じ熱量でもピストンが下がったところで発生する緩速燃焼はガス圧力の上昇への寄与は小さくなる。

　ここで、図1にもどると A 点までは急速燃焼の方がガス圧は高いが、それ以降は緩速燃焼の方が高くなる。また排気バルブが開く瞬間も緩速燃焼の方が高く、ガス圧力を無駄にしているのが分かる。これは熱エネルギーが有効にピストンを押し下げるのに使わずに、排気温度を上げるのに消費されたことになる。その結果、ピストンのした仕事の差に相当する図のハッチング（斜線）部分の面積は、A より左の方が右の部分より大きくなる。同じ熱エネルギーが加えられても図示出力は急速燃焼の方が大きい。図示熱効率も急速燃焼の方が大きくなる。摩擦損失が同じなら急速燃焼の方が正味熱効率は優れている。

　急速燃焼を実現するためにシリンダー内のガス流動を活発化させ、燃焼室の形状をコンパクトにし、火炎の伝播距離を小さくするなど、いろいろの手段がとられる。その一つとして図3のようなシリンダー毎に二つの点火プラグを装着した2点点火がある。プラグはシリンダー径の1/2だけ離して取り付けられている。二つのプラグで同時に点火すると、最初は図の右のように火炎が伝播する面積は2倍になる。次に二つの火炎前面が接すると、火炎はプラスに帯電しているため反発しあい矢印の方向に進行する。これによって速やかにシリンダー内の混合気は燃焼する。2点点火エンジンは最適点火時期は遅くなり、上死点前で無駄な圧力上昇による時間損失が小さくなる。

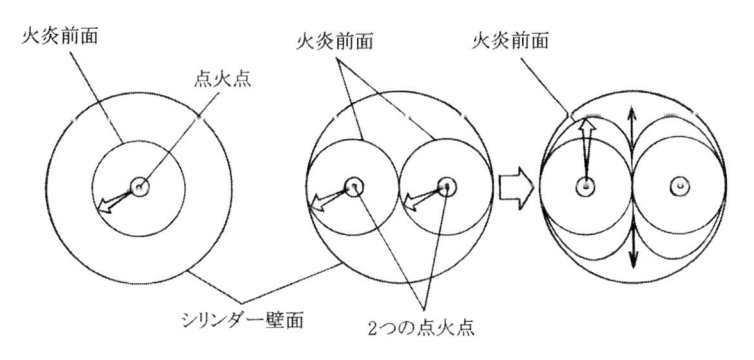

図3. 2点点火による急速燃焼

2-3-7. ガソリンにほかの燃料を混ぜてパワーアップできるか

　ガソリンは炭化水素である原油を加熱して蒸発温度の差を利用した分留や、化学的な改質によって作られる。2-1-6で説明したように、平均すると分子を構成する炭素Cと水素Hの原子の数の比は1:1.85である。そして、1kg当たりの発熱量は42500～44000kJである。もし、ガソリンに混ぜてパワーアップできるとすれば、次の2-3-8で取り上げる爆発性化合物を除いて次の条件に当てはまる場合である。すなわち①エンジンが1サイクルに吸入する空気中の酸素量で燃焼できる燃料の発熱量がガソリンより大きい、②ノッキングを抑制できること、のいずれかである。さらに、この混ぜ物によって排気特性を悪化させないことを前提条件にして考える。

　よく発熱量の大きい燃料を使えばパワーアップできるというが、そんなに単純な話ではない。図1のようにシリンダー内での主役は燃料ではなく、1回の吸気行程で取り込める酸素である。この酸素量が律則（カベ、限界を決める破ることのできないオキテ）になって燃やすことのできる燃料でどれだけの発熱量が得られるかである。ピストンが下降してVa （m^3） の空気を吸入したとする。このVa中の酸素の質量をGo （kg） とし、これで燃焼させることができる燃料の質量をGf （kg） とする。

　燃料の低発熱量をHu （kJ/kg） とすると、シリンダー内での発熱量QはGf × Hu （kJ） となる。いくら単位質量当たりの発熱量が大きな燃料でも、限られた質量Gaの空気の中の酸素Goで燃やして何ジュールの熱を出せるかが問題なのである。例えば、発熱量の大きい炭素原子の多い分子の燃料を混ぜても、燃焼させるためには炭素原子1個は2個の酸素原子を必要とするので、限られた酸素量しか存在しないシリンダーの中で発熱量が劇的に増大することはない。

　また逆にエチルアルコール（エタノール）の低発熱量Huは約30000kJ/kgで、ガ

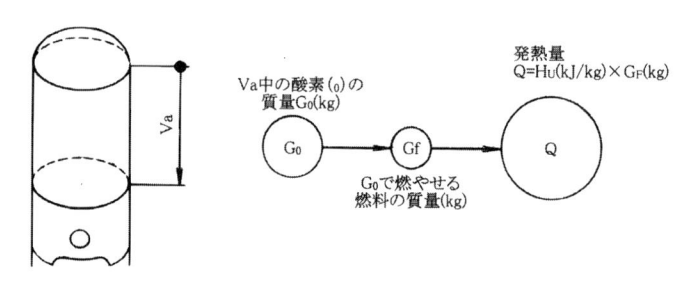

図1.　吸気中の酸素の質量と燃料の発熱量が出力を支配する

ソリンの70%程度であるが、1kgのエタノールを燃焼させるのに必要な空気の質量は10.3kgである。すなわちエタノールの理論空燃比は10.3である。一方、ガソリンのHuは最大でも44000kJ/kgであるが、理論空燃比は14.7と大きく、エタノールより多くの空気を必要とする。ガソリン1kgを燃焼させる14.7kgの空気でエタノールを燃焼させたとすると、その発熱量は（14.7/10.3）×30000=42800kJとなり、理論的にはガソリンにくらべて3%弱のパワーダウンで済むことになる。しかし、エンジンに供給する燃料は43%ほど増えるので、より大きなインジェクターにしたり、パルス幅を広げることが必要になる。

　もし、同じ空気量でガソリンより大きな発熱量の大きな無公害の燃料が開発され、これを混合した場合は、図2のように膨張行程中のガス圧力が高くなる。その分、図示出力は大きくなる。なお、他の行程の圧力特性にはほとんど影響しない。

　次にガソリンに加えることで直接ノッキングが抑制されたり、燃焼室やピストンの冠面がクリーニングされメカニカルオクタンが改善された場合は、図3のように点火時期を進められ、トルクが増大しその分、燃費率が改善される。

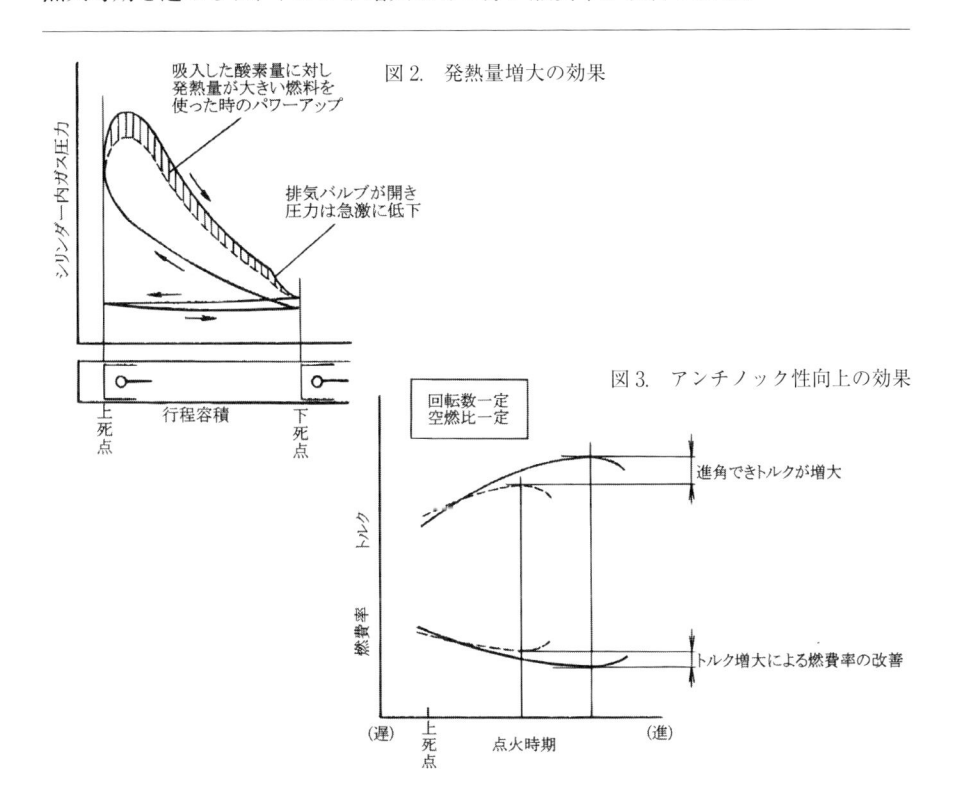

図2. 発熱量増大の効果

図3. アンチノック性向上の効果

2-3-8. 含酸素燃料はなぜパワーが出るのか

　研究開発によってエンジンオイルは大きく進化しているが、燃料の方は意外と変化が小さいようにみえる。かつて、FIやあるCカーのチームでは含酸素燃料が使用されたことがあった。しかし、人体に悪影響があり、強い臭気があることなどで禁止された。これと同じものを使用するのは不可能だが、将来の燃料のあり方の可能性を広げる意味もあって敢えてここで取り上げる。

　その利点として考えられるのが、①燃料と混ざり無限個数の点火点をつくり（図1）、②プラスの発熱量により作動ガス温度を上昇させ、③分解して酸素を放出してより多量の燃料を燃焼させることである。ここでいう含酸素燃料とはニトロ基$-NO_2$を含んでいるものである。その典型的なのがニトログリセリンである。この燃料はアメリカのドラッグレースに使用されたこともある。図2の分子構造のニトログリセリンはもともと不安定な物質で分解しやすく、そのままで保存するのはきわめて危険である。

　それでもここで含酸素燃料の利点を探るために、ニトロ基$-NO_2$を有するニトログリセリンを例にする。これが分解反応をするとき、

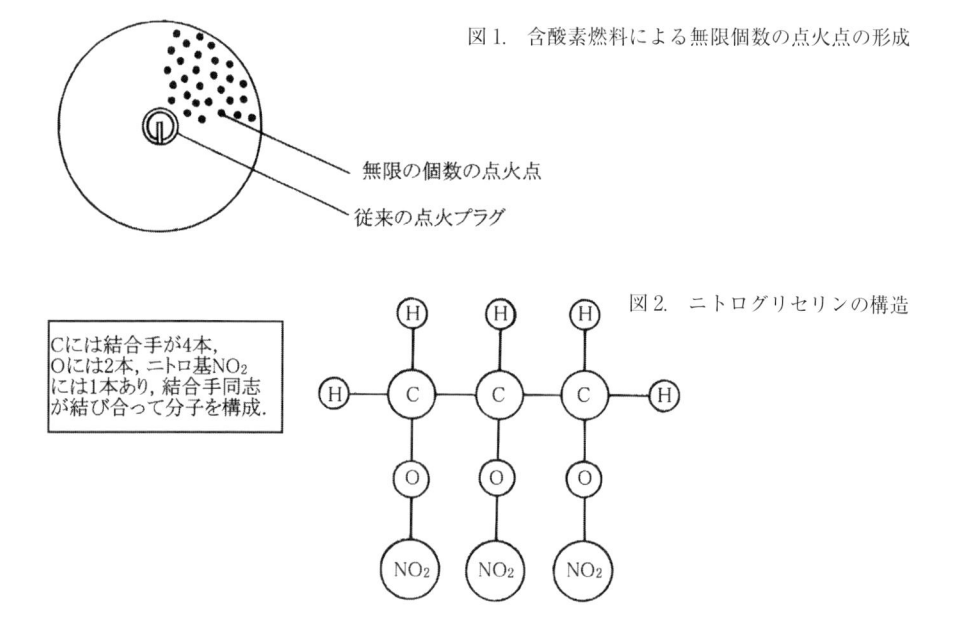

図1. 含酸素燃料による無限個数の点火点の形成

無限の個数の点火点

従来の点火プラグ

図2. ニトログリセリンの構造

Cには結合手が4本,
Oには2本, ニトロ基NO_2
には1本あり, 結合手同志
が結び合って分子を構成.

$$C_3H_5(O \cdot NO_2)_3 \rightarrow 3CO_2 + 5/2H_2O + 3/2N_2 + 1/4O_2 + Q$$

となる。ここでQは分解することにより発生する熱である。この反応式の左辺には酸素原子Oが9個あり、右辺ではCO_2、H_2O、N_2を生成させながら1／4個の酸素分子を発生させている。火薬は自らの酸素で燃焼できるのが特徴であるが、その質量当たりの発熱量はガソリンの13%程度でしかない。それでも確実に燃料の発熱量にプラスされシリンダー内のガス温度を上昇させる。さらに、分解反応したときに発生する酸素が、あたかも吸入空気量が増えたのと同じ働きをする。

また、先の式の右辺のCO_2、H_2O、N_2が作動ガスに加わるので、ピストンを押し下げる圧力が高くなる。従って、トルクが増大する。

ニトログリセリンは50℃というエンジンにとっては低い温度で分解反応が始まり、180℃で爆発し熱と酸素を放出するので、炭化水素（ガソリン）が燃焼を開始するトリガーの役目をする。このニトロ基を有するニトログリセリンが燃焼室のいたるところに分布して点火プラグのようなはたらきをするので、無限個数の点火点があるのと同じである。これにより燃焼が急速になり、時間損失が小さくなる。図示熱効率が改善され出力向上に寄与することになる。

将来、熱効率の改善や排気に有利な均質に予混合された混合気を用いたリーンバーンエンジンが登場すれば、燃料の進化は薄い混合気を安定的に燃焼させる一つの技術になるかもしれない。もちろん、窒素酸化物NOxの生成がその実用化の障害となるので、これを解決できることが前提である。内燃機関を生かす道の一つとして、燃料の開発の重要性をアピールするためにあえて本テーマを取り上げた。

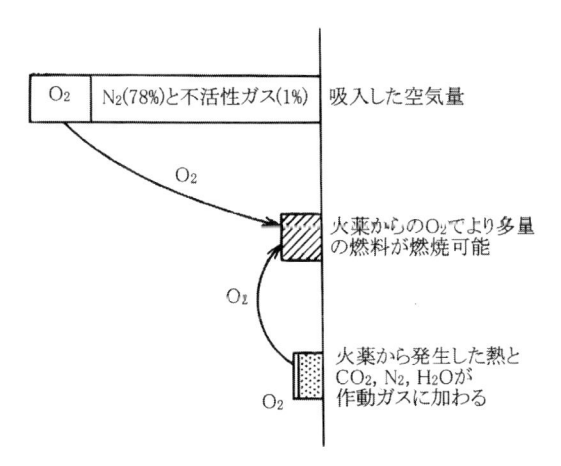

図3. 含酸素燃料の出力向上メカニズムの一つ

2-3-9. エンジンの排気量が大きくても燃費の良いクルマがあるのはなぜか

　1959年の8月にブルーバード310が発売された。エンジンは1000ccと1200ccで最高出力はそれぞれ34psと43psであった。ところが実用燃費は1200ccの方が良いといわれた。当時はまだ排気量が小さいと常に燃費が良いと信じられていた。エンジンが同じ仕事をするのなら、燃費マップのどこを使うかであり、排気量には直接関係しない。

　図1のようにクルマがS地点をスタートし、G地点のゴールに向かったとする。xm進んだところでの駆動力が$F(x)$ Nであれば、そこから微小距離dxを進むのに要する仕事dWは$F(x)$ dx（Nm）である。この駆動力は走行抵抗と同じ大きさの力であるが、方向が逆向きである。話を簡単にするため、4-15などでも出てくる伝動効率η_tを1として説明する。すなわち、走行距離xにおけるエンジンがする仕事も$F(x)$ dxである。

　一方、エンジンの仕事率Leは単位時間にする仕事量だから、Le=dw/dt=$F(x)$ dx/dtとなる。ここで、dx/dtは車速v（m/s）であるから前式はLe=$F(x)$・v（Nm/s）と書き直すことができる。ここで、Nm/sはワット（W）である。駆動力$F(x)$は状況に応じて変化し、それに伴ってエンジンの燃費率BSFC（g/kWh）も変化する。図2に排気量が大きいエンジンAとこれより小さいBの燃費率マップを模式的に示す。横軸にエンジン回転数、縦軸にトルクを取り、BSFCを等高線で表している。中心の楕円状の領域が最もBSFCが小さく、燃費が良い領域である。これから離れるに従って燃費は悪くなる。また、同じ出力（Le=40、24、12kW）が得られる回転数とトルクの組み合わせを破線で示す。

　エンジンが消費する燃料の質量はBSFC×Le（g/h）となる。等出力線上にある各点の燃料消費量は単純にBSFCに比例することになる。これをdxを走るのに要する時間dt（=dx/v）を掛けて0からℓまで積分するとSからG地点までに消費す

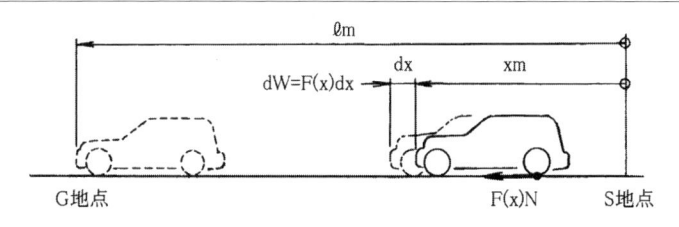

図1.　微小距離 dx を走るのに駆動輪がする仕事 dW

る燃料の質量が求められる。エンジンが40kWを出しているときはエンジンAでは
BSFCの小さい①点を使えるが、Bではこれよりも BSFCの大きな①'で走行するこ
とになる。また、同じ出力40kWでも④で走ると燃費はこれより悪くなる。エンジ
ンBでは④'で走行しても①'とあまり変わらない。

　出力が24kWのようにこれより小さくなれば、②と②'をくらべると分かるよう
にBの方が燃費走行に適している。また、中速での低速走行のように負荷が小さく
なれば、③より③'の方が少し燃費が良い。このように排気量の小さいエンジンで
無理に高負荷を絞り出そうとすると燃費は悪くなる。しかし、大きなエンジンでア
クセルを少し開いた状態よりも、小さなエンジンでアクセルをもっと踏んだ方がシ
リンダー内での燃焼が改善されるのと、もともと摩擦損失が小さいので、燃費は
良い。

　図3は車速に対する走行抵抗とエンジンAとBの最大駆動力、エンジン回転数を
示す。最大駆動力と走行抵抗の差が余裕駆動力で、これが大きいほど動力性能が良
く、パワー感が出る。エンジンBでギア比を大きくして余裕駆動力を大きくしよう
とすると、同じ車速でもエンジン回転数が高くなり最高速度はv_Aからv_Bに低下
してしまう。

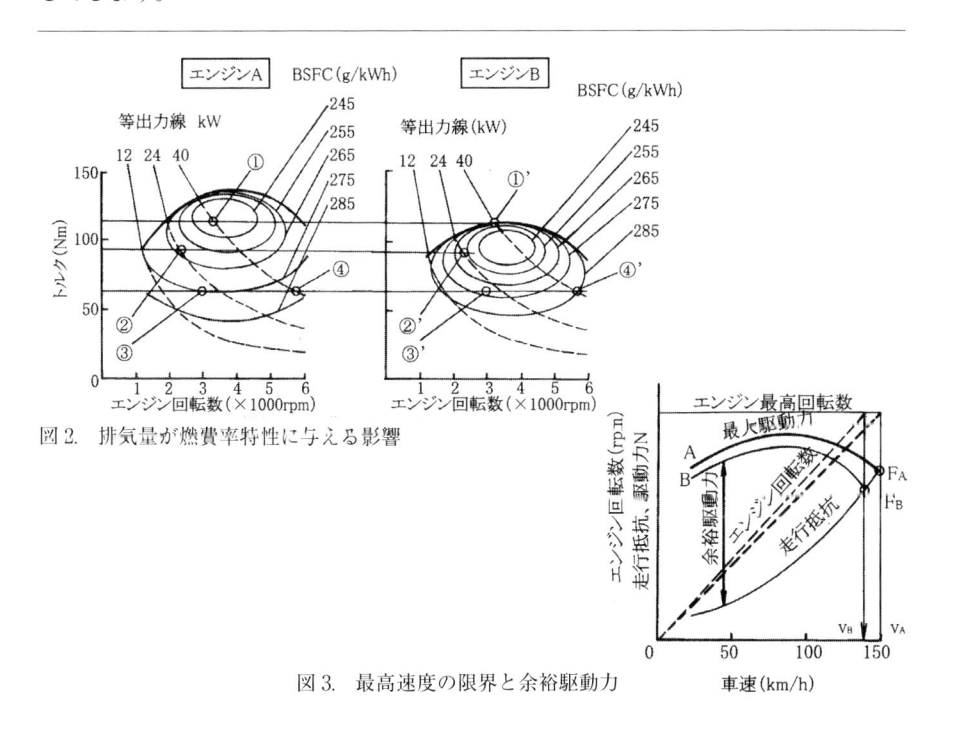

図2.　排気量が燃費率特性に与える影響

図3.　最高速度の限界と余裕駆動力

2-3-10. ターボとスーパーチャージャーとではエンジンの特性はどうちがうのか

　燃費を良くしようとしてエンジンのダウンサイジングをはかれば、必ずパワーにトレードオフがつきまとう。これを解決するためには過給が手っとり早い。NA仕様のレーシングエンジンのように回転数を上げてパワーを出す方法もあるが実用車には向かない。また、吸気や排気の慣性効果を使っても限られた回転数でしか効果を発揮できない。

　工学的にはターボもスーパーチャージャーも過給機であるが、ここでは排気タービン過給機（排気ターボチャージャー）をターボ、ルーツブロアやリショルム型のように機械エネルギーで駆動されるものをスーパーチャージャーと呼ぶことにする。

　図1にそれぞれのシステムの構成の例を示す。図の左側は排気のエネルギーで排気タービンを回し、これと同軸のコンプレッサータービンを駆動するターボシステムである。過給圧が上がり過ぎないようにウェイストゲートバルブが設けられる。一方、スーパーチャージャーはエンジンからの駆動力を必要に応じて電磁クラッチでオン・オフしたり無段変速機で調節する。バイパスバルブで空気を逃がしたりしたこともある。この両システムともに空気を断熱的に圧縮するために昇温する。これによって圧縮機出口の圧力が高くなり圧縮の効率が下がるとともに、ガソリンエンジンではノッキングが発生しやすくなる。そのため一般的にはインタークーラーが装着される。

　これらの二つの方式の過給システムの効果的な過給領域は相反する。エンジンの

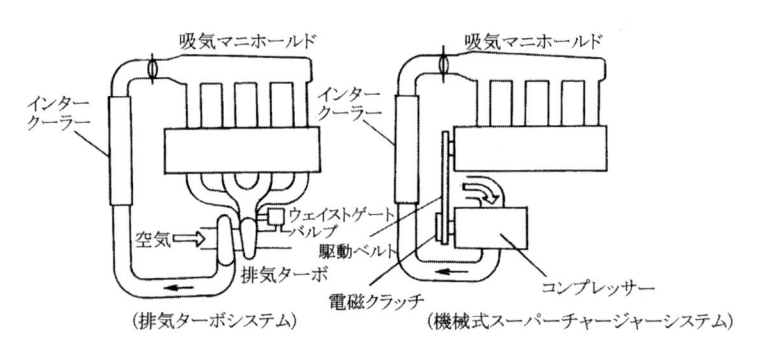

図1.　代表的な二つの過給システム

負荷によっても異なるが、定性的には図2のようになる。横軸はエンジン回転数、縦軸は過給時のトルクを過給をしていないNA状態でのトルクで割った γ（ガンマ）である。スーパーチャージャーはクランクシャフトの動力を使うために高速になると駆動損失が大きくなり、エンジンの熱効率が低下する。だが、容積型のポンプであるため低速では威力を発揮する。損得勘定をすると図の破線のように、高速までカバーするのには向いていない。

　ところがターボは排気エネルギーが小さい低速では作動が困難であるが、回転数の上昇とともに過給圧は上がり、さらに必要以上に上がるとウェイストゲートバルブを開いて圧力を制限する。この回転数をインターセプト回転数と呼び、ターボエンジンでは大切な指標の一つである。電子制御でウェイストゲートバルブを制御して、過給圧を自在にコントロールするものが一般的になって来た。高価にはなるが、この二つのシステムを組み合わせエンジン回転の全領域で γ を大きく保つようにしたスーパーターボシステムもある。

　この二つのシステムは定常時だけではなく、過渡時の特性も大きく異なる。図3のように低速で定常走行をしていて①で急にアクセルを踏み込んだとする。このとき定常走行時に必要なトルクからこの回転数における最大トルク②になるのではなく、必ず時間的な遅れが生じる。この遅れをターボの場合を t_T、スーパーチャージャーを t_s とする。容積型のポンプであるスーパーチャージャーはコンプレッサーからエンジンまでの容積などによる遅れはあるが、素早くトルクが増大する。ターボは排気の流量が増えるとタービンの回転が上がり、過給圧が上昇して排気流量がさらに増大する。このように原理的には t_T が t_s より長くなる。特に t_T をターボラグと呼ぶ。なお、③は最高速度である。

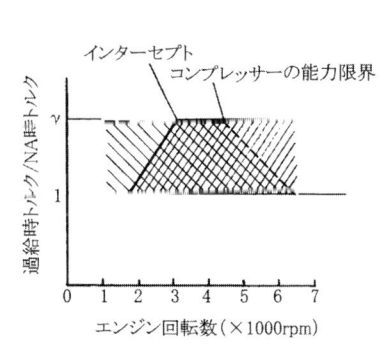

図2. 二つの過給システムの守備範囲

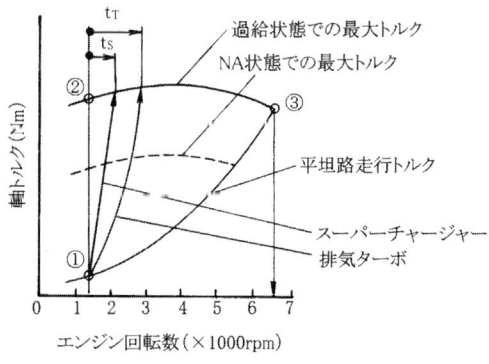

図3. 過渡特性の比較

2-3-11. 低速ギアで走行するとなぜ燃費が悪くなるのか

　クルマが走行抵抗に打ち勝って走行するには駆動力が必要である。その駆動力F (N) はエンジンが発生しているトルクT_E (Nm) と変速機のギア比i_tとデフの減速比i_fと伝動効率η_tの積に比例し、タイヤの有効半径R_T (m) に逆比例する。すなわち、F=T_E×i_t×i_f×η_t/R_T (N) となる。

　図1のように駆動力F (N) が抵抗R (N) とバランスしてv (m/s) で走行しているときエンジンの仕事率Leは、Le=F×v/η_t (W) となる。

　一方、横軸にエンジン回転数、縦軸に軸トルクをとった平面上に燃費率 (g/kWh) を等高線であらわすと、図2のようになる。この燃費率は比燃料消費率 (Brake Specific Fuel Consumption 略してBSFC) と呼ばれ、1kWを発生させるのに、1時間当たり何グラムの燃料を消費するかをあらわす。最大トルク近くに目玉状の最小燃費率ゾーンがある。これは慣性吸気と慣性排気が盛んになりシリンダー内での燃焼が良く、かつフリクションも最高回転数のときよりも小さいからである。最小燃費率ゾーンが最大トルク線より若干下にあるのは、空燃比が出力空燃比より若干薄いためである。この最小燃費率ゾーンから離れるにしたがって燃費率は悪くなる。燃費率BSFCに時間 (s) を掛けると、その時間に消費する燃料の質量になる。さらに、これを燃料の密度で割れば体積になる。

　この図に先の出力Leを発生させる回転数と軸トルクの関係の例を、等出力線の

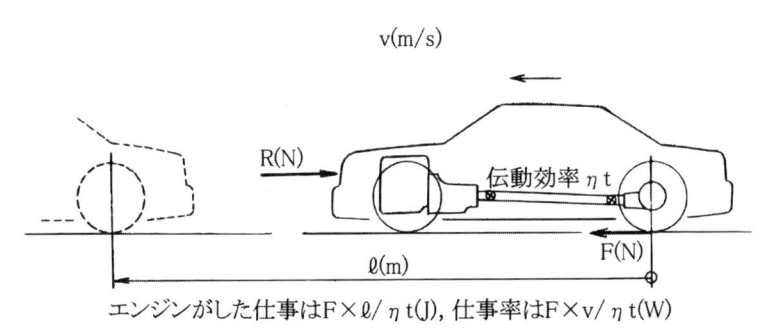

エンジンがした仕事はF×ℓ/ηt(J), 仕事率はF×v/ηt(W)

図1. 走行時にエンジンがした仕事と仕事率の関係

かたちで破線で示す。クランクシャフトが1回転したときにした仕事は$2\pi \times T_E$（J）であるから、回転数をN_E（rpm）とすると1秒間にする仕事、すなわち仕事率Leは$2\pi \times T_E \times N_E/60$（W）となる。整理するとLe＝$\pi \times T_E \times N_E/30$（W）となり、等出力線は$T_E$と$N_E$を変数とした双曲線になることが分かる。この線上ならば出力は一定である。図中の数字は変速段位を示す。同一出力で走行するとき、2速のような低速ギアを使った場合は必要なトルクは小さいが、回転数は高くなる。逆に高速ギアだとアクセルを踏み込んで、大きなトルクを発生させ回転数を低くしながら、同じ出力を確保できる。

　低速ギアで回転数を上げて目標速度を保って走行すると、最小燃費ゾーンから離れるので燃料消費は大きくなる。経済的な運転をするためには、なるべく早くシフトアップをしてエンジンの回転数が低くなるようにする。急加速をするためには、大きな駆動力が必要になる。その上、エンジン回転数を引っ張りがちになり、また空燃比がリッチに（濃く）なるフルスロットル域に飛び込むと、トリプルパンチで燃費は悪化する。

　エンジンを改良して最小燃費率域を広げることができれば、実用燃費を改善することができる。均質な予混合気を急速に燃焼させる将来型のリーンバーン技術が完成すれば、最小燃費率をさらに小さく、かつそのゾーンも拡大し、さらに等高線の間の燃費率の差も小さくなる。このエンジンの実現には均質な予混合気を急速に燃焼させる技術と、リーン域で作動する三元触媒システムと過給技術の開発成功がキーとなる。

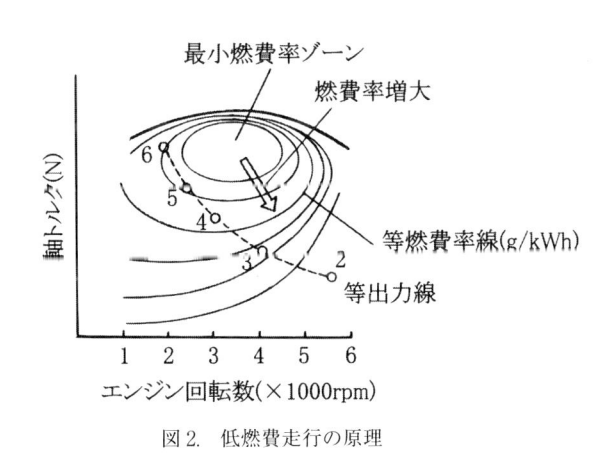

図2.　低燃費走行の原理

2-4　排気

2-4-1.　窒素酸化物はなぜ発生するのか

　出力と熱効率の改善の次にエンジンに課せられた異次元の試練が排気規制であった。一酸化炭素COと炭化水素HCは不完全な燃焼によるものであり、いわばエンジン側の不始末で発生する。一方、窒素酸化物NOxはシリンダー内での燃焼による高温高圧のもとで、吸入した空気の主成分である窒素N_2と酸素O_2が結合して発生するものである。熱を仕事に変換する過程で作動ガスが高温高圧になるのは当然であり、真理である。真理に基づいて発生したものは低減するのは難しく、三元触媒が実用化されるまでは安定して大きく低減することはできなかった。

　地上の空気の組成は図1のように78%の窒素N_2と21%の酸素O_2および1%のアルゴンArやネオンNe、炭酸ガスCO_2などの不活性ガスである。燃料によっては窒素を含むものもあるが、自動車用の燃料には含まれていないので、フューエルNOxには触れないことにする。

　窒素原子には複数の原子価があるので酸素とはいろいろなかたちで結びつく。図2にその例を示す。シリンダーの中で発生する窒素酸化物の95%程度はNOであり、これがすぐに酸素と結合してNO_2になる。5%程度のNO_2は直接シリンダーの中で発生する。余談だがN_2O_5は麻酔に使う笑気ガスである。

　シリンダー内のガス温度が最高になるのは最大圧力Pmax点と一致する。ガスの温度が高いから膨張して圧力が高くなっているからである。この高温で吸入した空気のごく一部の窒素分子N_2と酸素分子O_2が活性化して、$N_2+O_2 \rightleftarrows NOx$のように互いに相手を替えて結びつき窒素酸化物NOxになる（図3）。

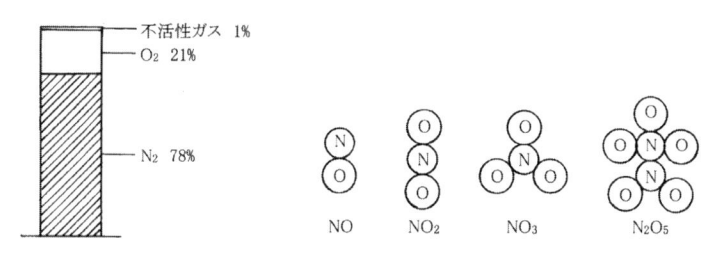

図1.　地上の空気の組成　　　図2.　窒素酸化物には多くの種類がある

空燃比や燃焼室の冷却状態やエンジンの回転速度によっても異なるが、NOx生成の温度依存性の例を図4に示す。ガス温度の上昇にともなってOxレベルは急峻に増大する。これを逆に言えば、EGRによってシリンダー内のガスの熱容量を増やして、最高温度を少し下げるとNOxの生成を抑制できることを意味する。また、Pmaxを過ぎると温度が急激に下がるので、膨張行程中盤以降ではほとんどNOxは生成しない。

空燃比に対するNOxレベルと余剰酸素濃度の例を図5に示す。NOxの生成は温度だけではなく空燃比の影響も受ける。これは燃焼温度の他にこれに関与しなかった酸素濃度の影響があるからである。理論空燃比14.7でシリンダー内のガス温度は最高になるが、NOxレベルはこれより少し薄い空燃比15.5～16で最高になっている。理論的には残存酸素濃度は理論空燃比の14.7でゼロになり、それより空燃比が1大きくなる毎にO_2濃度は1%ずつ増大する。だが、破線のように理論空燃比より濃いところでも、熱解離などのいろいろな影響を受け、レベルは低いがO_2が存在しNOxの生成に関与する。

空燃比が理論空燃比より濃い領域では、酸素不足で燃焼できなかった燃料の熱容量によってガス温度が低く、窒素と結びつくことができる酸素分子も少ないので、NOxレベルは低下する。一方、燃焼温度が理論空燃比よりは低いが、酸素がたっぷりある空燃比15.5～16でNOxレベルは最高となるのである。これは余剰酸素の影響によるものである。大雑把にいうと、NOxの生成速度は雰囲気温度の他に、窒素濃度と酸素濃度の積の影響を受けるからである。

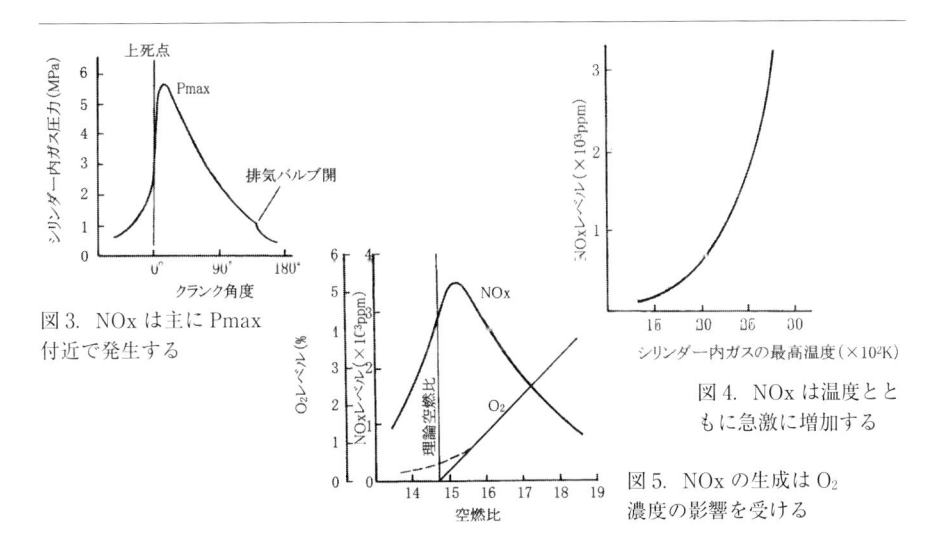

図3. NOx は主に Pmax 付近で発生する

図4. NOx は温度とともに急激に増加する

図5. NOx の生成は O_2 濃度の影響を受ける

2-4-2. ゴーストップがあるとどのくらいCO₂やNOxの排出が増えるのか

　信号が一つできたために慢性渋滞が起きたり、信号のタイミングを変えただけでクルマの流れがスムーズになる。仕方の無いことだが律儀に黄色信号で止まって、青で再加速して定常走行にもどるとき無駄をした気持になる。

　図1のような1kmの区間に信号が一つあるモデルを例に考える。信号が青で定常速度のままで通り抜けたときと、止まってアイドリングで信号待ちをし、再加速してもとの速度に戻った場合を比較する。計算しやすいように定常走行時の速度を12m/s（43.2km/h）、加速と減速時の加速度を共に2m/s^2とする。

　まず信号をスムーズに通り抜けられた場合は、1000mを走るのに要する時間は1000（m）/12（m/s）=83.3sである。このクルマの43.2km/h時の燃費を15km/ℓとすると1時間に消費する燃料は43.2（km）/15（km）/ℓ=2.88ℓ（2880cc）である。秒当たりの消費量は0.8cc/sとなるので、1000mの消費量は0.8（cc/s）× 83.3（s）=66.6ccである。

　次に信号待ちをした場合の所要時間を求める。減速に要する時間は12（m/s）/2（m/s^2）=6sとなり、この間に走行した距離は$1/2 \times 2$（m/s^2）× $(6\text{s})^2$=36m、同様に加速時に走行した距離も36mである。定常走行した距離は1000-36 × 2=928mで、これに要する時間は928（m）/12（m/s）=77.3sとなる。信号待ちの時間を40sとすると所要時間は12 + 77.3 + 40=129.3sとなり、46s余計にかかることになる。時間に対する走行距離を図2に示す。破線は順調に走れた場合、実線は信号で停車したときである。破線と実線が重なっているところは、わざと少し離して表示している。

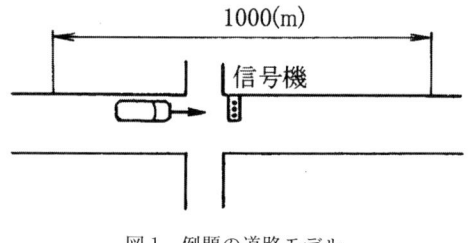

図1. 例題の道路モデル

信号待ちをした場合の消費燃料を求める。まず928sの定常走行に要する燃料は0.8cc/s × 77.3s=61.8ccとなる。アイドリングの燃料消費率を720cc/hとすると720cc/3600s=0.2cc/s、減速時も同じ消費率だとするとアイドリングと減速とで0.2cc/s × 46s=9.2ccの燃料を消費する。車両の質量を1500kgとして加速に要するエネルギーを算出する。加速抵抗は$1500kg × 2m/s^2$=3000N、この力で移動した距離は36mだから駆動輪がした仕事は3000N × 36m=108000Nm、すなわち108kJである。

ところが、エンジンの熱効率や伝導系のロス、空気抵抗や転がり抵抗による損失を含めた、総合効率を20%とすると供給された燃料のエネルギーは108kJ／0.2=540kJとなる。ガソリンの低発熱量は42500kJ/kgであるから、燃料の質量は540（kJ）／42500（kJ/kg）=0.013kg、すなわち17.6ccとなる。合計で61.8＋9.2＋17.6=88.6ccとなる。88.6cc/66.6cc=1.33となって燃費は33%悪化する。 1ℓのガソリンが燃焼すると2351gのCO_2が発生し、CO_2は燃料消費量に正比例するからこれも33%増加することになる。

一方、NOxの生成はエンジンの負荷とともに増大する。43.2km/hで定常走行しているときのエンジンからの排出濃度を1000ppm、加速時を4000ppmとして走行パターンと対比させて図3に示す。これを質量で比較すると、CO_2と同じで30%程度増大するが、三元触媒が浄化するのでテールパイプからの排出量の差はこれより小さくなる。

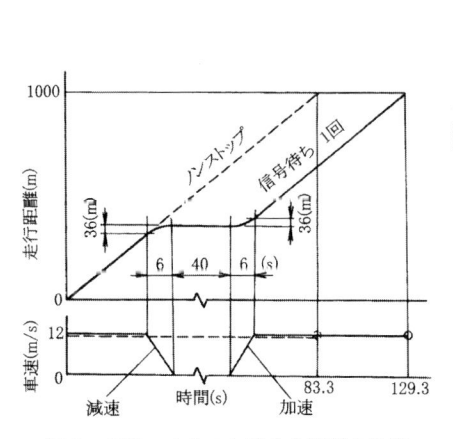

図2. 1000m走るのに要する時間の比較

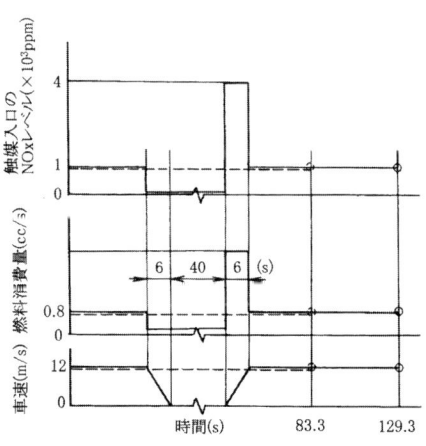

図3. 燃料消費量とNOxレベルの比較

2-4-3. 触媒の転換効率とはなにか

　ジャパニーズマスキー法ともいわれた昭和50年排気規制をクリアするために、一部の自動車メーカーがHC/CO酸化触媒を初めて採用した。さらに、NOxの排出規制が一気に強化された昭和53年規制に対応するために、車両重量の大きいクラスの乗用車に三元触媒と空燃比のフィードバック制御を組み合わせたシステムが使われ出した。これらの触媒は魔術的な威力を発揮する。そして、触媒の転換効率と耐久性の改善への努力がたゆみなく続けられてきた。

　触媒の転換効率とは触媒の入口から出口までに有害成分が何%減ったかをいう。図1に触媒通過中の排気有害成分の濃度（HCとNOxはppm、COは%）を模式的に示す。触媒入口の濃度をC_{IN}、出口の濃度をC_{OUT}とすると、触媒中で転換された濃度は$C_{IN}-C_{OUT}$である。従って転換効率をηとすると、$\eta=(C_{IN}-C_{OUT})/C_{IN}=1-C_{OUT}/C_{IN}$となる。例えば、入口のHC濃度が2000ppm、出口が40ppmであった場合$\eta=1-40/2000$すなわち98%となる。

　このように有害成分を激減させる触媒の表面では複雑な酸化還元反応が起こっている。触媒の表面は気体との接触面積を広げるために凸凹（デコボコ）している。セラミックなどでできた担体の表面をγ（ガンマ）アルミナでコーティングし、これに触媒物質、白金、パラジウム、ロジウムなどの貴金属がごく薄くコーティングされている。これに触媒の働きを助ける希土類を助触媒として加えることもある。

　図2のように触媒に触れたO_2分子はすぐにでも相手と結びつく状態に励起され

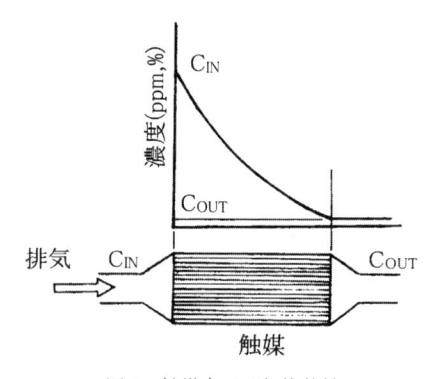

図1. 触媒内での転換特性

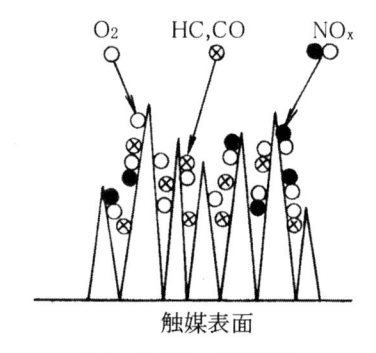

図2. 触媒による酸化還元

る。同様にHCやCOも即発状態になって、瞬時に酸化されCOやH₂Oに転換される。三元触媒の場合は、NOxは還元物質であるHCやCOによって還元されてN₂とO₂になるが、HCやCOはこのO₂によって酸化されてCOやH₂Oになる。このように酸化と還元は同時に行われる。

　基本的な触媒システムとして、昭和50年規制対策として使われた代表的な例を図3で説明する。排気は二次空気を混合されてHC/CO酸化触媒に流入する。ここで酸化反応が起こる。この図の横軸は触媒の位置であるが、経過時間に対応する。反応速度は濃度が高いほど速い。入口付近ではHC/CO濃度とO₂も高い。一方、出口では濃度が低くなる。これを式で表すとHCまたはCO濃度を[C]、O₂濃度を[O₂]とすると、反応速度dC/dtは酸化反応のArrheniusの式により、

$$dC/dt = Ke^{-E/RT} \cdot [C]^A \cdot [O_2]^B \qquad \cdots\cdots (1)$$

となる。ここで、Kは定数eは自然対数の底、Eは活性化エネルギー（J/kg）、Rは気体定数（J/kgK）、Tは絶対温度（K）、A、Bは定数である。反応速度が濃度の二次に比例する場合は2となる。この式はHCとCOは酸化されて濃度が低くなると、反応速度が遅くなり勾配は緩やかになることを示している。一方、O₂もHCとCOの酸化に費やされるので漸減する。

　また(1)式は時間と共に反応が進むことも表している。すなわち触媒内の滞留時間の影響を受けるので、図4のようにSpace Velocity（空間速度SV）が問題になる。1時間に触媒の何倍の排気が流れるかを表すものでV_{EX}/V_{CAT}（h⁻¹）である。SVが50000h⁻¹ならば触媒内の滞留時間（通過時間）は1/50000h⁻¹、すなわち0.072sとなる。

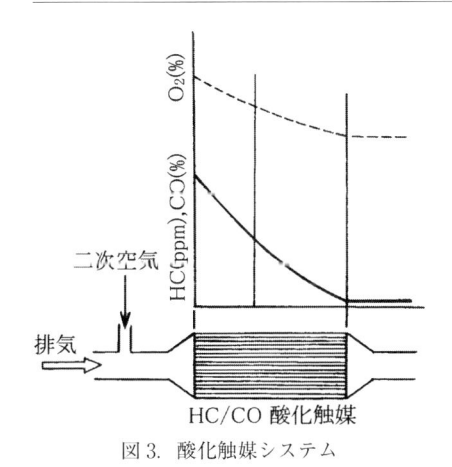

図3. 酸化触媒システム

図4. Space Velosity とは　V_{EX}/V_{CAT}（h⁻¹）

2-4-4.　なぜ三元触媒は理論空燃比で作動するのか

　排気対策として決定的な技術となったのは、三元触媒と電子制御による空燃比フィードバック制御システムとの組み合わせである。この三元触媒システムはガソリンや LPG エンジン車で HC、CO、NOx を同時に低減する。そのためには、シリンダーに吸入した空気中の酸素（O_2）と燃料が過不足なく反応することが必須である。この空燃比を理論空燃比と呼びガソリンの場合は 2-1-6 で説明したように、14.7 である。この空燃比になるように燃料供給量を狭い範囲に制御する。ここで空気は 21% の酸素（O_2）と 78% の窒素（N_2）と 1% の不活性ガスの混合気体である。

　シリンダーの中で HC、CO、NOx が発生する原因と、これらの浄化について図1で説明する。HC と CO は酸素が不足していなければ理論的には発生しないはずである。しかし、いろいろな要因があり完全燃焼できないために発生する不始末の結果である。一方、NOx は高温高圧のシリンダー内で O_2 と N_2 が結び付いて発生するので真理といえる。ここで、大量に EGR（排気還流）をして燃焼温度を下げる手段もあるが、下げ過ぎるとパワーダウンや燃費悪化を避けられない。また、二酸化炭素（CO_2）は燃料の分子を構成する炭素（C）が燃焼するときに生成するので真理で

排気成分	発生要因	必然性
NOx	高温高圧のシリンダー内で N_2 と O_2 が結合して生成	真理
HC	未燃の燃料がそのまま排出	不始末
CO	O_2 が不足したり燃焼状態が悪い場合の中間生成物	不始末
CO_2	燃料分子中の C が燃焼した時に生成	真理

図1.　排気放出物の発生メカニズム

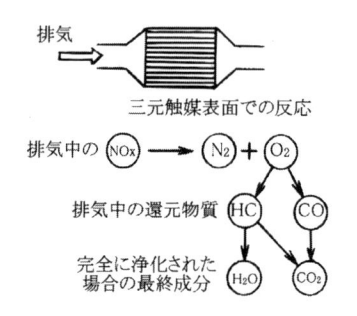

図2.　三元触媒の酸化と還元メカニズム

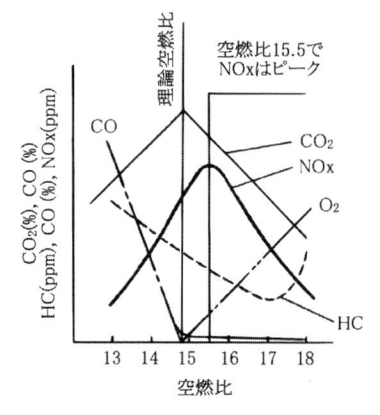

図3.　排気5成分の排出特性

ある。

　HCとCOは酸化すれば、H_2OとCO_2に、NOxは還元すればN_2とO_2になる。これを化学式で表すとHC、$CO+O_2 \rightarrow H_2O+CO_2$、またNOx$\rightarrow N_2+O_2$となる。ここで、酸化と還元は必ず同時に起きる。それは一方が酸化されれば、必ず相手は還元されてバランスが保たれるからである。酸化は酸素分子と結びつくこと、および原子価が大きくなることである。一方、還元は酸素原子がはぎ取られることと、原子価が小さくなることであるが、ここでは前者の酸素原子のやりとりだけを考える。

　図2のように三元触媒の表面では、NOxからOを剥がし（還元）、それをHCやCOと結びつける（酸化）仲介役をする。ここで、剥がされたOは非常に反応性に富んでいて、そのままだとすぐにNと反応して、もとの鞘に納まってしまう。そこで、独り者になったOを素早くHCやCOと反応させて戻れなくすることが必要となる。図3のように理論空燃比14.7より濃いところではCOに対してO_2が不足し、薄いところでは逆にO_2が余ってしまう。これらの余剰物質が触媒上にできないのが理論空燃比である。図4のように、このポイントの空燃比で3成分の転換効率が同時に高いレベルとなる。この三元点の空燃比の位置は変わらないが、触媒が劣化してくると転換効率は低下する。

　理論空燃比になるように常に空燃比を制御することが必要になるが、そのポイントを検出するのが排気マニホールドに取り付けられたO_2センサーである。断面がU字型をしたジルコニアの筒の内外面に白金コーティングをし、外部が排気に晒され内部が空気に触れるようになっている。このセンサーの起電力は理論空燃比のところで急激に変化する。この起電力をたよりに、薄ければ燃料噴射パルス幅を徐々に広げ、濃ければ徐々に狭くするようにフィードバック制御を行う。

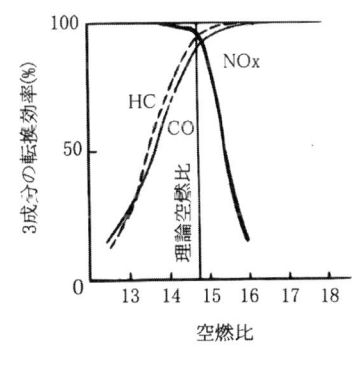

図4. 三元触媒の転換効率

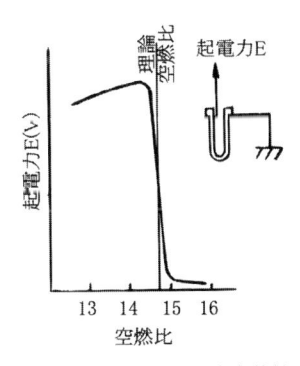

図5. O_2センサーの出力特性

2-4-5. 空燃比が薄いのになぜディーゼルエンジンは煙が出やすいのか

　かつて石原東京都知事がディーゼル車から排出された微粒子をビンに入れて、ショッキングな手段でスモーク低減を訴えた。その後、ディーゼルエンジンや後処理装置の新技術が開発され、最近のトラックやバスは発進・加速するときでもスモークはなくなった。しかし、たまに煙を排出するディーゼル車を見かけることがある。リーン燃焼が特徴のディーゼルではスモークを発生させやすいDNAを持っている。

　ディーゼルにはシリンダー内に直接燃料を噴射する直噴式（DI）と、副室を設けてその中に強烈な渦を発生させそこに燃料を噴射する副室式（渦流室式）とがある。副室式は燃焼のコントロールが比較的容易であるが、現在では熱効率に優れた図1のような直噴式が主流になっている。燃料と空気を予混合しこれに点火して燃焼を開始するガソリンエンジンやガスエンジンと異なり、着火温度以上に圧縮された空気の中に噴射された粒子状の液体燃料が、自発点火した後に拡散しながら燃焼する。

　このようにディーゼルのシリンダー内での燃焼は液滴が燃焼するのである。そこで、ディーゼルの火炎伝播は拡散燃焼となる。余談だがガスが燃焼するときはブルーの炎になるが、固体や液体のままで燃焼するときは赤くなる。石油ストーブも点火直後は液体のまま燃焼するので炎は赤く、やがて燃料が蒸発してガス化するとブルーになる。

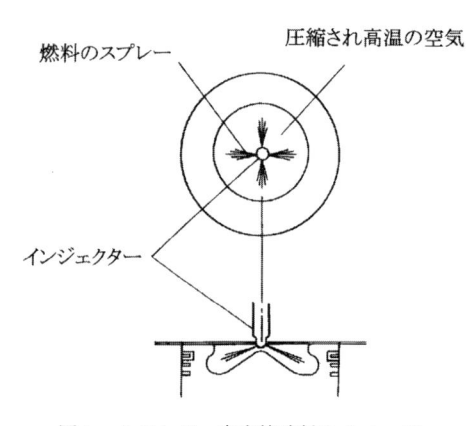

図1. シリンダー内直接噴射のイメージ

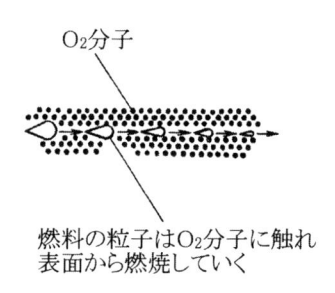

図2. 飛びながら燃料粒子は燃焼

高圧で噴射された燃料のごく一部は圧力から開放され周囲の高温の空気に触れて気化するが、大部分は小さな粒子となって飛散する。図2のように噴射された燃料は空気中の酸素O_2に触れて燃焼が始まり、自身の表面張力と空気の抵抗で形状を変えながらシリンダーの中を燃えながら飛散する。その粒子は表面から燃焼するので流れ星のように時間とともに小さくなりながら飛んで行く。実際は一瞬の出来事である。

　ところでディーゼルのシリンダー内には理論的には燃料を完全に燃焼させても余るほどの十分な量の酸素が存在する。すなわちディーゼルの空気過剰率は必ず1より大きい。しかし、図3のように燃料の粒子の表面しか空気に触れることは出来ない。燃料粒子から離れると酸素が多くなり、リーンとなる。シリンダー内の空気と燃料の質量比ではリーンでも、液滴近くではリッチである。ここでは酸素が不足するので炭化水素CHである燃料が炭素Cと水素Hに分解して遊離カーボンとなりやすい。

　また、図1のように燃料はスプレーとして噴射されるので、そのスプレーの近傍はリッチだが離れるとリーンになる。すなわち成層燃焼になるDNAをもっている。カーボンがすぐに燃焼して二酸化炭素CO_2になればよいが、フローズンされたまま排出されるとスモークとなる。そこで、酸素が余るようにリーンとし、図4のようにシリンダー内の空気を攪拌して強制的に燃料の粒子と酸素が触るように、スワールを与えて拡散燃焼を助長する。可視化エンジンで観察するとガソリンエンジンの燃焼はブルーの炎であるが、液滴が拡散しながら燃焼するディーゼルはオレンジないし赤にブルーが混ざっている。

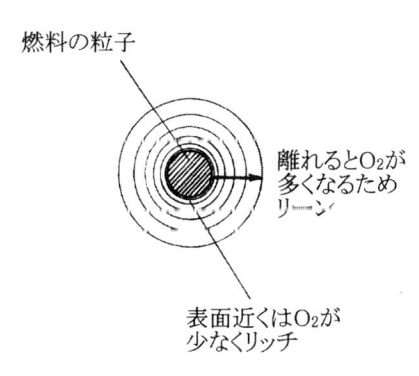

燃料の粒子

離れるとO_2が
多くなるため
リーン

表面近くはO_2が
少なくリッチ

図3. 燃料粒子の近くはリッチ

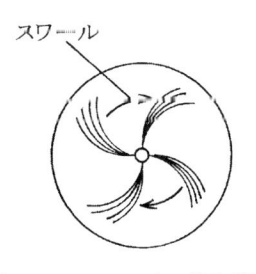

スワール

図4. スワールによる燃焼促進

2-4-6. 空燃比が薄くてもなぜCOが発生するのか

　世の中には理論通りの結果にならないことが多くあるが、原因を掘り下げると必ず訳がある。理論空燃比より薄い混合気をシリンダー内で燃焼させても、排気中には一酸化炭素COが存在する。酸化触媒や三元触媒が実用化される前はサーマルリアクターが、HCとCOを低減させる技術の本命として研究されたことがあった。リーンエンジンと組み合わせてリーンリアクターとしても研究されたが、COが酸化されにくく運転性や燃費にも問題があり広くは実用化されなかった。

　空気とHCやCOの混合気を燃焼させたときの各濃度と生成物との関係を示すオストワルド線図（Ostwald diagram）がある。これに基づいてガソリンエンジンの場合の排気ポートでのCOおよびCO_2を求め図1に示す。横軸は空燃比で理論空燃比は14.7である。縦軸はCOと酸素O_2、および$CO+CO_2$濃度を示す。完全燃焼をすれば燃料はCO_2とH_2Oになる。すなわち、COレベルを示す太い実線は仮想線のように理論空燃比14.7で横軸と交わりそれ以降はゼロラインとなる筈である。

　ところがCOがゼロとなるべき空燃比が14.7のところでも、エンジンにもよるが0.6%程度のCOが排出される。さらにリーンの領域でも僅かながら生成する。これには二つの原因が考えられる。一番目は「半燃え説」である。燃料の燃焼は二つの段階を経ることが知られている。第一段階でCnHm→H_2、COとなり、第二段階

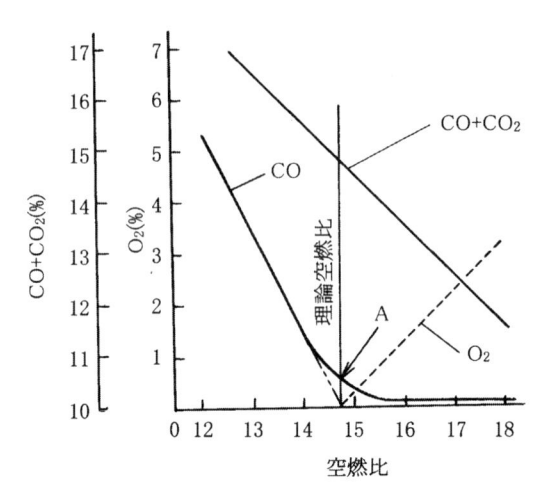

図1.　ガソリンエンジンのシリンダー内でのCO生成特性

でこれが酸化されて$H_2 \rightarrow H_2O$、$CO \rightarrow CO_2$となる。ところがシリンダー内での燃焼はボイラーなどと違い非常に短時間で終了しなければならず、第一段階のままでCOが排出される。二番目は「熱解離説」である。ボイラーなどよりはるかに高温となるシリンダー中では熱によって$CO_2 \rightleftarrows CO+O_2$となって、$CO$が排出される。

　計算上は空燃比が14.7より薄くなると吸気中の酸素が余るから破線のように、O_2は空燃比が1薄くなるとちょうど1%ずつ増大する。また、濃いところでは空燃比が1濃くなるとCOは2%ずつ変化する。さらに、$CO+CO_2$は右下がりの直線となる。この他にppmの単位で排出されるHCがある。このCを%に換算してこれに加えれば、すなわち$CO+CO_2+HC$とするとこの直線と一致する。また、この直線は空燃比によって一義的にきまるので、逆にこれから空燃比を求めることができる。便宜的にはHCを%に換算して空燃比$=29.5-(CO+CO_2+HC)$となる。

　図2は前出のサーマルリアクターの原理図である。排気ポートから出た排気をできるだけ高温に保ちながら、反応器（リアクター）に導入する。リッチな空燃比の場合は酸素が不足するので、二次空気を吹き込んでHCやCOを燃焼させる。リーンの場合は二次空気は必要ない。かつては一部のエンジンで使用されたが、いずれもCOの低減には苦労した。これはCOの酸化にはHCよりも高い温度が必要で、点火時期を無理に遅らせなければならず、燃費と運転性が犠牲になった。ところが触媒システムが開発され一気にこれが解決された。

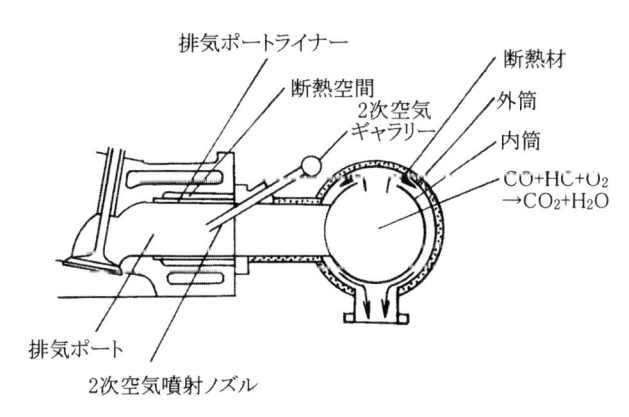

図2. サーマルリアクター

2-4-7. EGRをすると窒素酸化物が減るのはなぜか

　昭和50年排気規制対策としてHC/COは2-4-3の酸化触媒、窒素酸化物NOxの低減にはEGR（Exhaust Gas Recircuration）が使われ出した。EGRはかって炉の耐火レンガの寿命を延ばすために、排気を再び炉に還流させたのが始まりだともいわれている。EGRの開発当初、私はエンジンから一度出したものを、また吸入することに抵抗感があった。

　還流する排気の流量をEGR制御バルブでコントロールしながら吸気マニホールドに再循環させる（図1）。高負荷領域では燃焼温度が高くNOxの生成が盛んになるためEGR量を増やし、低負荷では減らす。燃料と空気だけをシリンダーに吸入して、燃焼させるのに比べ燃焼済みの不活性なガスを吸気に混合することは燃焼にとってはマイナスである。

　エンジンを動力計につなぎ回転数を一定にし、EGR量を増やして行ってもトルクが一定になるようにスロットルで調節する。EGR量に対するNOxレベルとエンジンの安定度を図2に示す。EGR量の増大とともにNOxは低減するが、エンジンの安定度は悪化して行く。安定度を保てなくなるのは、EGRによってシリンダー内での燃焼が乱れるためである。

　安定度が徐々に悪くなっても10%程度までは、犠牲が少なく実用的にNOxを低減できるが、これを越すと急激に安定度は低下する。EGR率とは還流した排気の体積と吸入した空気の体積の比である。例えば、EGR率が10%とは吸入空気量の10%に相当する排気を還流したことを意味する。

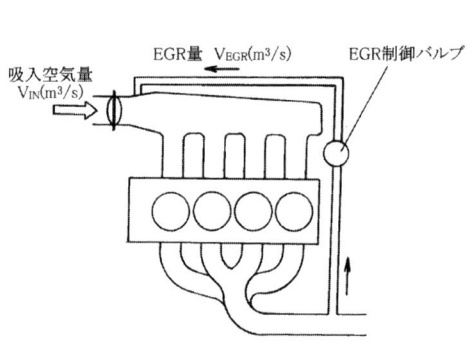

図1.　EGRシステム

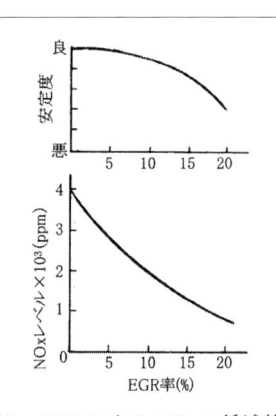

図2.　EGRによるNOxの低減効果

ここで、EGRをするとなぜNOxが低減するかを説明する。排気の主成分は燃焼によって発生した二酸化炭素CO_2と水蒸気H_2Oと燃焼にかかわらなかった窒素N_2である。これらはもう燃焼に関与しない不活性ガス的な存在である。図3のようにシリンダー中には燃料の分子レベルに近い微粒子と酸素分子O_2とN_2と不活性ガスである排気が混合されたかたちで存在している。点火され火炎が進行するとき、N_2とO_2が結びつくのをCO_2とH_2Oの分子が間に入って邪魔をするとも考えられた。当時、これを分子衝突説といっていた。

　これに疑問を持ったので、排気の代わりにCO_2やH_2O、ヘリウムHeやネオンNeなどの不活性ガスを吸気マニホールドに導入した。もし、分子衝突の回数が減るのが原因なら、どんな気体の分子でも同じモル数（同じ分子数）なら、NOxの低減効果は同じはずである。ところがHeやNeなどの分子量の小さいガスだと、NOxの低減効果は小さい。同じ効果を得るためには、導入量を増やさなければならなかった。

　この結果を見方を変えて作動ガスの熱容量（kJ/k）で整理すると、図4のように一本の線になった。同じモル数でも熱容量の大きなガス（CO_2やH_2Oなど）なら、導入量が少なくても同じ効果が得られた。この結果を熱容量説として米国自動車技術会（SAE）などで発表した。これをGMなどが追試して同じ結果が得られ、熱容量説として認められた。

　これを模式的に図示すると図5のようになる。横軸が作動ガスの熱容量で縦軸がシリンダー内ガスのピーク温度（K）であり、実線で囲んだ面積がシリンダー内で発生した熱量（J）となる。発熱量は同じだから作動ガスの熱容量が大きいと、破線のようにピーク温度が低下するのでNOxが低減するのである。

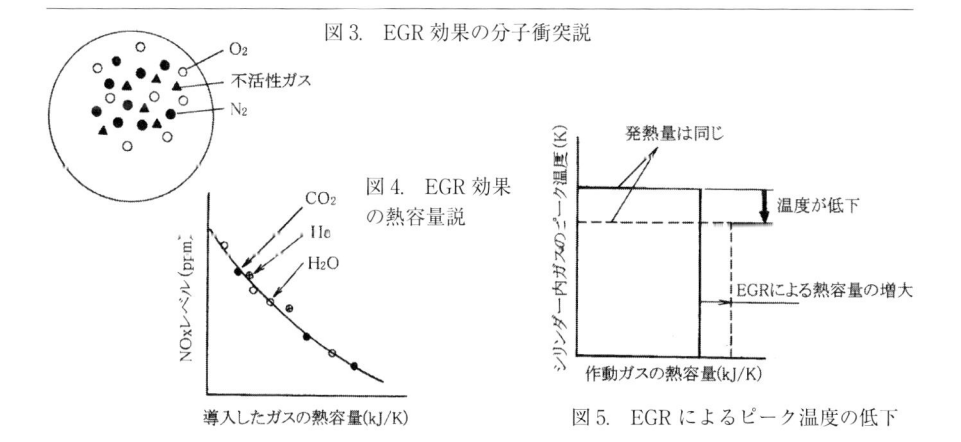

図3．EGR効果の分子衝突説

　　　　　　　　　O_2
　　　　　　　　　不活性ガス
　　　　　　　　　N_2

図4．EGR効果の熱容量説

NOxレベル (prm.)
CO_2
He
H_2O
導入したガスの熱容量(kJ/K)

シリンダー内ガスのピーク温度 (K)
発熱量は同じ
温度が低下
EGRによる熱容量の増大
作動ガスの熱容量(kJ/K)

図5．EGRによるピーク温度の低下

2-4-8. メタンガスを燃料に使うとなぜ環境に良いのか

　悲しいかな、将来は脱石油の時代になるといわれている。石油の埋蔵量の未来予測は楽観論と悲観論で異なるものの、いつまでも石油を使い続けることができないのは確実である。そこで、水素がエネルギーの主役になるともいわれているが、その実用化が進むまでは埋蔵量の多い天然ガスが次の時代のエネルギーの主役になると思われる。既に一部で自動車用燃料としてメタンが主成分の天然ガスが使われるようになったのは、環境に対してガソリンより優れたところがあるからである。

　図1にメタンやプロパン、ブタンさらにガソリンの分子構造を示す。ガソリンは複雑な混合物なので平均的な炭素Cと水素Hの割合だけを示した。メタンはもっともシンプルな分子構造である。Cは4本の結合手を持っていて、これが1本のH原子4個と結合できる。これがメタンCH_4である。メタンCH_4が燃焼すると、

$$CH_4 + 2O_2 \rightarrow CO_2 + 2H_2O + Q_1$$

となる。これに対しガソリンが燃焼するときは、式の簡素化のためガソリンの平均の分子式$CH_{1.85}$をCH_2とみなすと、

$$CH_2 + 3/2O_2 \rightarrow CO_2 + H_2O + Q_2$$

となる。ここでQ_1、Q_2ともに発熱量である。問題は発熱量はどちらが大きいかである。メタン$1m^3$の発熱量は36100kjである。メタン$1m^3$の質量は714gであるか

燃料	分子の構造		分子式	CH比
メタン			CH_4	4
プロパン			C_3H_8	2.67
ブタン			C_4H_{10}	2.5
ガソリン	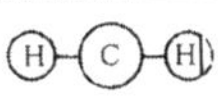 (H)-(C)-(H)0.85個		平均 $CH_{1.85}$	1.85

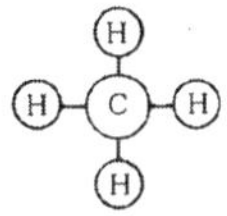

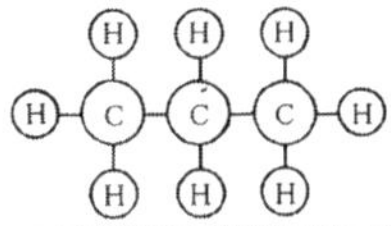

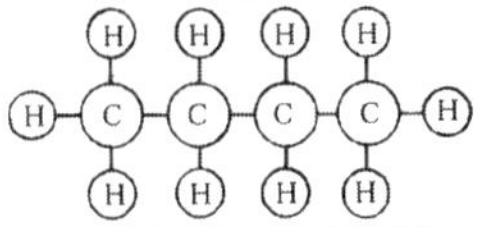

図1.　ガソリンとガス燃料の特性比較

ら、1kg当たりの発熱量は36100kj/0.714=50560kj/kgとなる。一方、ガソリンの発熱量は44000kj/kgであるから、メタンの発熱量は50560/44000=1.15倍である。すなわち、ガソリン1kgと同じ熱量を得るためには、0.87kgでよいことになる。

　計算の詳細は省略するがガソリン1kg中のCの質量は0.86kg、メタンは0.75kgである。同じ熱量を得るための燃料中のCの質量の比は$1 \times 0.86:0.87 \times 0.75=1:0.76$となり、メタンの方が24%少ない。$CO_2$の発生率も同じになるから、メタンの方がガソリンよりもCO_2の排出量が少なくてすむ。分子中のHが多いことでこういう結果になっている。

　ガソリンは手軽にスタンドで供給できるのに対し、メタンの供給は簡単ではない。さらに、搭載性でもハンディがある。圧縮したメタンを入れる高圧に耐える燃料タンクが必要である。また、図2のように同じ排気量のエンジンで比べると燃料がガスとして吸入されるので、その分、吸入空気量が減ることになる。理論空燃料比の場合は9.5%ほど吸入効率が下がるので出力の低下は避けられない。もし、メタンがそのまま大気中に放出されると、CO_2の20倍の温室効果があるといわれているので問題になる。

　メタンを自動車用の燃料として広く普及させるには、まだ克服すべき課題が存在する。この他に使用される燃料としてLPG（液化石油ガス）がある。これはプロパンとブタンの混合であるが、圧縮すると容易に液化するので搭載性はプロパンより有利である。既にタクシーに普及しているが、今後、LPGの商用車も増えていくと考えられる。

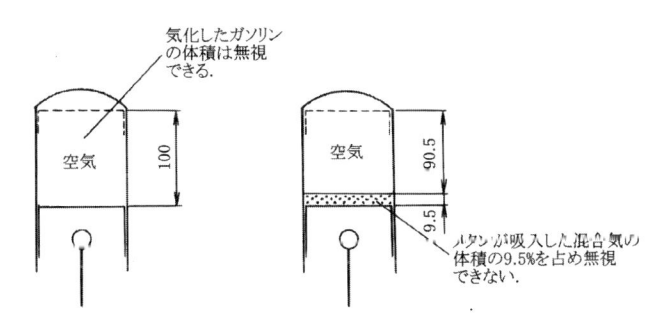

図2.　ガス燃料を使用すると体積効率は低下する

第3章
シャシー

次章の走行性能を理解するために、構造的なテーマを取り
扱っている。自動車の走行性能を左右する足まわりと、ハ
ンドルを切ったときの前車輪の向きの関係などを取り上げ
た。ショックアブソーバーはスプリングと対になって衝撃
を低減するだけではなく、高速でのコーナリング特性の改
善に大きく寄与する。また、ブレーキの形式による制動特
性への影響、スプリングの特性や静バランスと動バランス
の相違を例に物理的な解説を行った。

3-1. ハンドルを切ったときなぜ内側の車輪が余計に切れるのか

　同じ自動車の範疇でも戦車や雪上車のようにキャタピラーのある車両は、左右の動力の伝達を加減して方向を変えているが、ハンドルのある一般の自動車では操向輪を曲がりたい方向に向ける。小回りが必要なフォークリフトでは後輪で舵を取っている。四輪車では外側の車輪より内側のほうが大きく角度がついているのが分かる。

　図1のように車両の中心線に対して後車軸（リアアクスル）は常に直角で、一本の棒状の前車軸（フロントアクスル）がその中心Cpでピンにより回転自在に車体に固定された馬車のような単純モデルを想定する。前後とも左右の車輪の間隔を2dとし、直進状態における前後の車輪間隔（ホイールベース）をℓ（m）とする。前車軸がθ（°）だけ角度をとったとき前後車軸の中心線の延長線は点Oで交差し、図のようにこの挟角もθとなる。後軸の中心点C_Rと点Oとの距離をr（m）とすると、$\ell = r \tan\theta$すなわち$\ell / \tan\theta$となる。また、前車軸の中心点C_FとOとの距離は$\sqrt{r^2 + \ell^2}$（m）となる。前後の外側輪の旋回半径はそれぞれ$\sqrt{r^2+\ell^2}+d$（m）、$r+d$（$=\ell / \tan\theta + d$）となり前輪のほうが必ず大きくなる。

　このような方式の舵取り機構では、前輪の左右輪に大きな前後差ができてしまう。そこで、左右の操向輪が首を振って独立に角度を取れるようにしてある。単純な例として図2のような大型車に使われているリジッドアクスルの場合について説

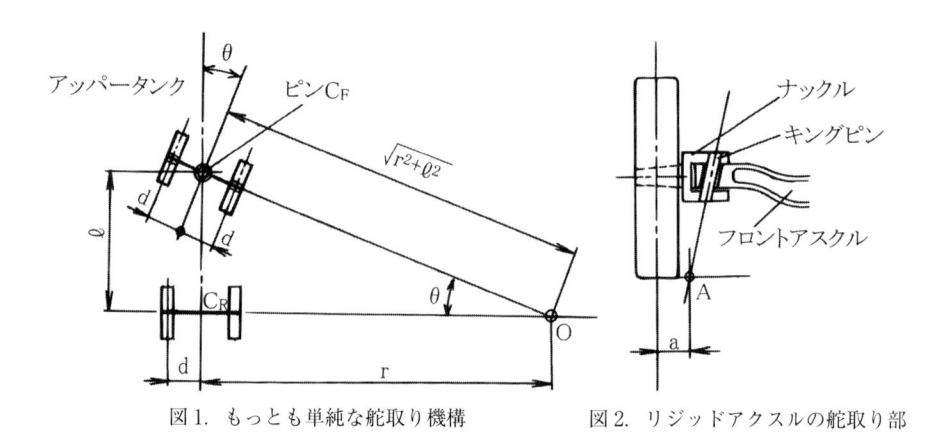

図1. もっとも単純な舵取り機構　　　　図2. リジッドアクスルの舵取り部

明する。フロントアクスルの端部にナックルがキングピンによって回転自在に取り付けられている。キングピンは傾斜していて、その中心線と路面との交点は真下ではなくA点となる。余談であるが、このキングピンの傾斜角はトーイン、キャンバー、キャスターと共に操縦安定性に大きな影響を与える。車輪の中心とA点との間の距離をスクラブ半径a（cm）と呼び、操向するとき図3のようにA点を中心に半径aで首を振ることになる。このaはホイールベースやトレッドに比べて十分に小さいので、最大の首振り角αでも内外輪の前後の移動量Δbは無視できるレベルである。特にa=0の場合をゼロスクラブという。

　図4のように内外輪の中心と旋回の中心Oとの間の距離をそれぞれr_{IN}、r_{OUT}、また後車軸の延長線となす角をθ_{IN}、θ_{OUT}とすると、$\ell = r_{IN} \sin \theta_{IN} = r_{OUT} \sin \theta_{OUT}$となるので、$\sin \theta_{IN} = \ell / r_{IN}$、$\sin \theta_{OUT} = \ell / r_{OUT}$となる。図のように$r_{IN} < r_{OUT}$であるから、$\sin \theta_{IN} > \sin \theta_{OUT}$、すなわち$\theta_{IN} > \theta_{OUT}$となる。内側の車輪が余計に切れることになる。しかし、車両に働く遠心力は速度の二乗に比例して増大するため、旋回速度が大きくなると車輪は少なからず外側に出ようとする。車輪が向いた方向と実際に運動している接線方向となす角度α_{FO}、α_{RO}をスリップアングルと呼ぶ。従って、図のように旋回の中心はOではなくO'に移動する。O'は必ずOより前方になるが、Oより外側になるものをアンダーステア（FF車に多い）、内側になるものをオーバーステア（FR車に多い）という。また、O'が遠ざかりも近づきもしないのをニュートラルステア（四輪駆動車に多い）という。

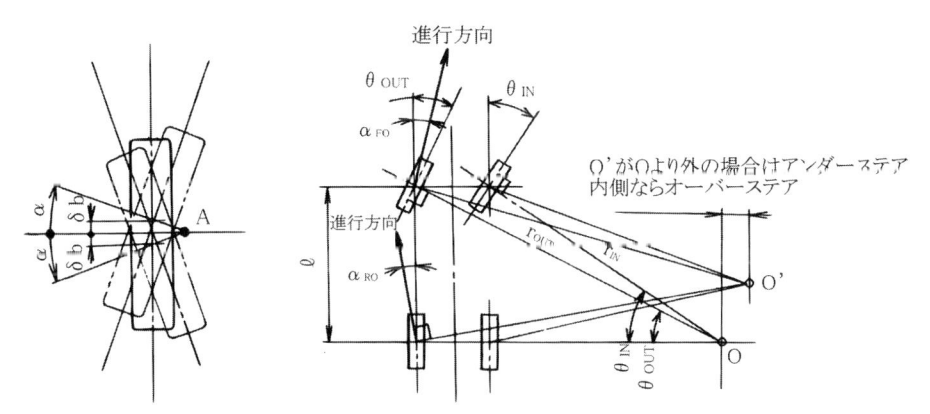

図3. 操向による車輪中心の移動　　図4. 内外輪の切れ角の差とコーナリング特性

3-2. コーナリング時に前輪の向きと進行方向が一致しないのはなぜか

　3-1に続いてコーナリング時にタイヤが曲がるための力を発生させるメカニズムについて考える。クルマがカーブを曲がるとき、遠心力によってタイヤにはすべり角が発生する。そのとき四輪車では前後輪のすべり角の大きさによって、各車輪の進行方向が違ってくる。これによってアンダーステアやオーバーステアを発生させる。

　図1のように大きなローラーの上に荷重をかけてタイヤを密着（接地）させてローラーを回転させる。直進状態ならタイヤはドラムの回転に合わせてスムーズに回る。そこでタイヤに少し角度をつけると、タイヤは車輪の向いた方向に進もうとする。これは前輪が舵を切った状態である。そこで支持軸をしっかり押さえて、タイヤの向きと位置を変えないようにすると、タイヤは角度のついた方向に進みたいにもかかわらず真っ直ぐ進まざるを得なくなる。これによりすべり角が発生し、タイヤはキュルキュルとスキール音をたてながら横方向の力を発生させる。

　タイヤが力を発生している状態を上から見ると図2のようになる。ローラーの回転方向が旋回しているクルマの進行方向になる。すなわち円運動の接線である。タイヤはローラーの回転方向を向きたいが、そうはさせないようにと押さえている支持軸にはタイヤのころがり抵抗Rrと横力（サイドフォース）Fsの反力が働く。こ

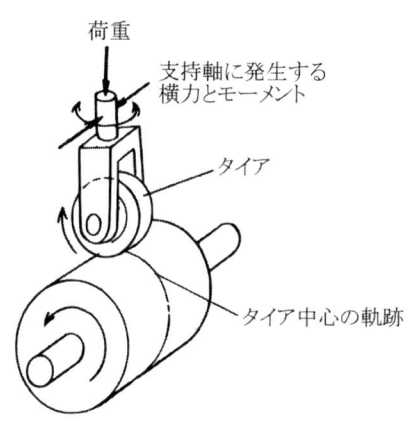

図1. タイヤテスターの原理

れを測定すればRrとFsを求めることができる。破線の矢印はRrとFsの合力である。この合力をローラーの回転方向と直角方向の力に分解する。ローラーの回転方向の力がコーナリング抵抗Rc、直角方向の力がコーナリングフォースFcである。

　3-3で説明するが、実際はタイアの接地面に働く力の着力点は中心より少し後方であり、タイアを進行方向に向けようとするセルフアライメントトルクを発生させる。これがステアリングの復元力となる。タイアが横力を発生しているとき、タイアのトレッド部は力の方向に変形している。その変形は粘着域とすべり域に分けられ、その境界で最大となる（4-8を参照）。

　コーナリングフォースFcを生み出す横力Fsは図3のようにαが小さいうちは、αに対して直線的に増大していく。また、タイア荷重が大きくなるとFsも増大するが、またαが10°くらいをピークに次第に減少する。ハンドルを切り込みながらコーナーを曲がっていく際に、あるところまではうまく曲がっていくが、それを過ぎるとコーナリングフォースが減少する。これはαとFsの間には図のような関係があるからである。極端な話だがもしαが90°になれば横車を押す状態となり、全くコーナリングフォースFcは発生しない。また、後輪のように常にローラーの回転方向に回っている場合（α＝0°）、これと直角方向の力を加えるとタイアの接地面は変形しながら横に行くまいと横力を発生させる。その限界を越えると後輪が急に横にすべり出す。これがオーバーステアで、後輪より前輪が先に滑り出すのがアンダーステアである。

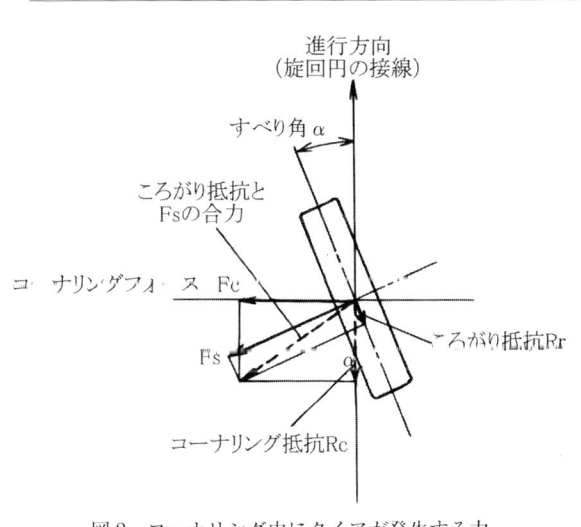

図2. コーナリング中にタイアが発生する力

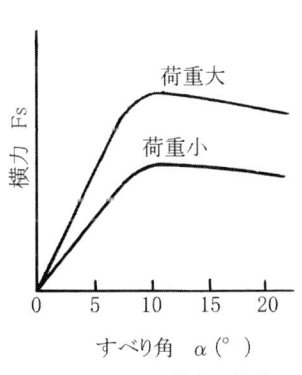

図3. タイアの横力の限界

3-3. コーナリング時にキャンバーが変わるようにしてあるのは なぜか

自動車学校の講義や整備マニュアルに出てくるように、前輪にはトーイン、キャンバー、キャスターの三つのアライメントがつけられている。ここではコーナリング時のキャンバーを変化させる意義について取り上げる。3-1のようにトラックなどの大型車に用いられるリジッドアクスルの場合は、ナックルかIビーム状のアクスルの左右端に一定の角度で固定されたキングピンを軸として首を振るようになっているので、走行状態によってキャンバーが変化することはない。

以前は乗用車もリジッドアクスルであったが、乗り心地と操縦安定性を改善するために、前輪のみならず後輪にも独立懸架が採用されるようになり、コーナリング時にキャンバーを変化させることができるようになった。水平な路面に対してタイアが直角ではなく、若千上側が外を向くのが正キャンバー、内側に倒れているのを負キャンバー、またはネガティブキャンバーと呼ぶ。一般車では正キャンバー、レーシングカーではネガティブキャンバーが用いられる。

図1のように車輪の中心線を路面に対して平行ではなく、ある傾きを持たせて下に押しつけながら転がすと、タイアの接地面には外向きの力が発生する。この力がキャンバースラストF_{CT}である。ゴムによる変形を伴うタイアではなく、車輪が剛体であればこのような力は発生しない。キャンバーがつけられることによって、タイアが路面と当たるときにはタイアの外側のトレッド面が余計に接する。荷重を受

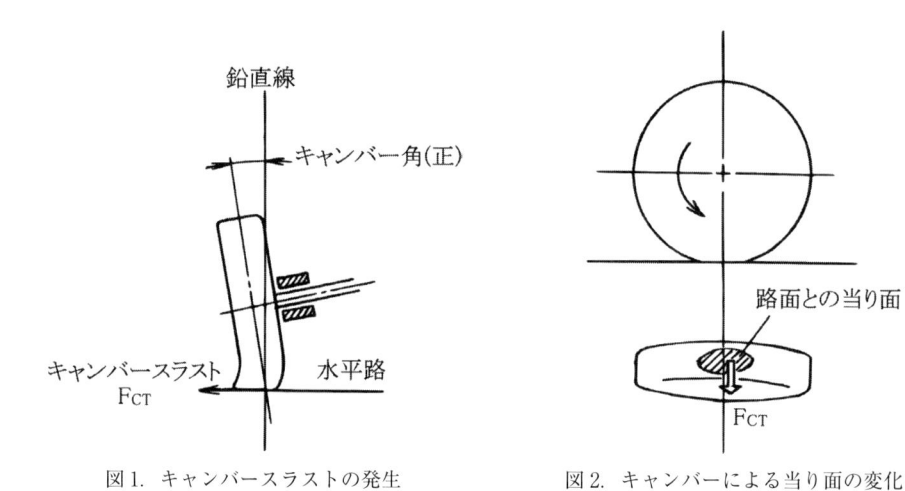

図1. キャンバースラストの発生　　　　図2. キャンバーによる当り面の変化

けながら転がっているタイアの接地面の形状を正確にとらえることは難しいが、マクロ的には図2のようになっている。当たる部分の形状は四角ではなく、外側が底辺の三角状の楕円で転がることにより幅は次第に大きくなってまた小さくなっていく。

　一般にキャンバーは左右の車輪に同じようにつけられており、直進時には互いに力をキャンセルし合う。ところが、図3のように片方の車輪がバンプする（隆起に乗り上げる）と、キャンバーが変わりもう一方の車輪のF_{CT}が大きくなる。これにより車両の挙動に影響が出るがそれでもキャンバーをつけるのは、コーナリング特性を改善できるからである。コーナリング中は車両の重心点に働く遠心力によるサスペンションリンクの動きによって、内側の車輪のキャンバーが外側より大きくなるようになっている。

　コーナリングは前輪の向きを曲がりたい方向に向けることで、図4のようにタイアには横力Fs（サイドフォース）が発生するが、これにキャンバースラストF_{CT}が加わる。タイアが回転している時、接地面全体で発生する力の中心は必ずタイアの中心より少し後になるが、図では説明上中心としてある。横力Fsに対してキャンバースラストF_{CT}は小さく、貢献度は10%以下である。転がり抵抗を無視すると、このFsとF_{CT}の合力の旋回中心方向のベクトルがコーナリングフォースFcである。タイアの向きと旋回の軌跡との間には正常な旋回時には必ずすべり角αが発生するが、これについては3-2で説明した通りである。

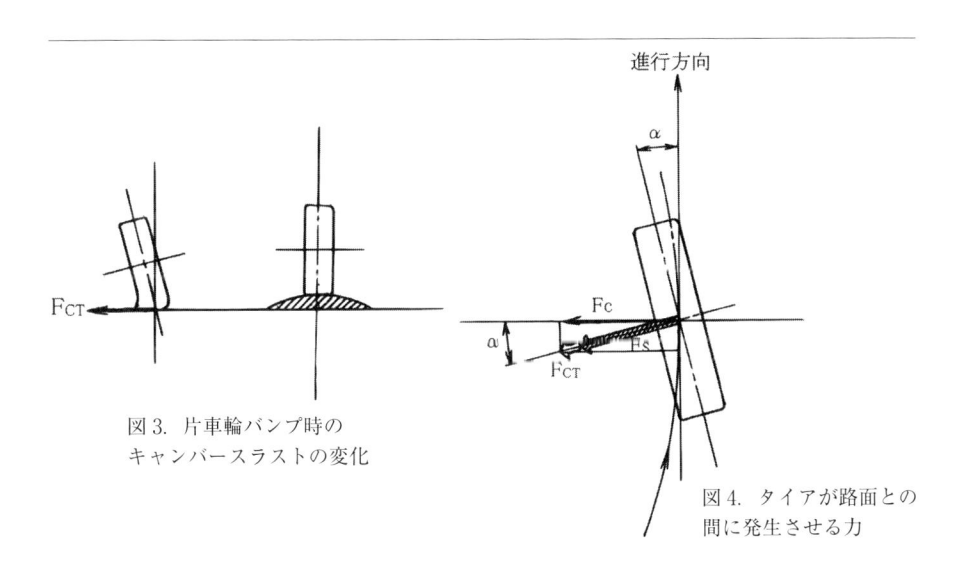

図3. 片車輪バンプ時の
　　キャンバースラストの変化

図4. タイアが路面との
　　間に発生させる力

3-4.　ショックアブソーバーの作動原理はなにか

　よくショックアブと略されるショックアブソーバーはクルマやオートバイだけでなく、鉄道車両や航空機にも使われている。当初は車体がいつまでもふらつくのを抑え、乗り心地を改善するためのものであった。その後、コーナリング時の車両姿勢の制御やタイアの接地性の向上などクルマの運動性能の向上にとっても欠かせないものになった。

　ショックアブソーバーは車体の質量とサスペンションスプリングによる振動系のエネルギーを熱エネルギーに変え、大気に放散させる機能部品である。凸凹道を走った後に、ショックアブソーバーをさわると熱いのはそのためである。図1の振動系における振動のエネルギーEvはバネ定数をK（N/m）とすると、$Ev=1/2・KXo^2$（Nm）である。減衰がなければ質量（おもり）はこのエネルギーで振動し続けることになる。（Kはケルビンの意）

　この振動のエネルギーを吸収するのが図2のようなショックアブソーバーである。シリンダー内でオイルの中をピストンが動くとき、ピストンの速さに比例した粘性抵抗が発生する。ピストンが破線で示す基準の位置からx（m）変位したとする。このときのピストンの速度はxを時間で微分した$\dot{x}$（m/s）である。さらにもう一度微分した二次微分、$\ddot{x}$（m/s²）は加速度になる。ここで粘性係数をc（Ns/m）とすると、粘性抵抗$-c\dot{x}$（N）が発生する。ここでマイナスをつけたのは抵抗が運動の方向とは逆方向であることを表す。

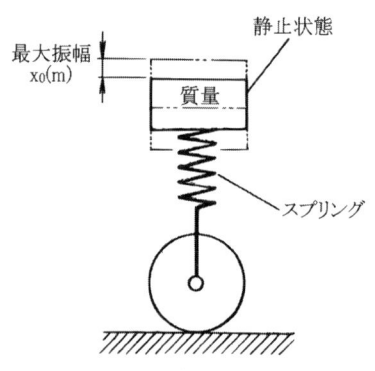

図1. バネと質量による振動系

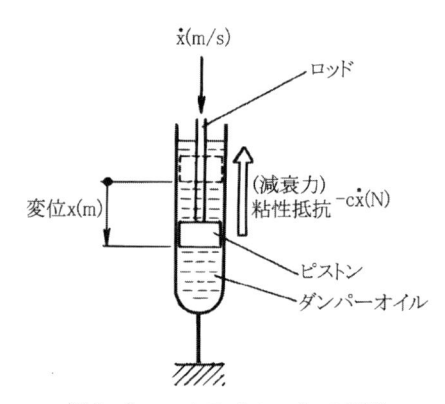

図2. ショックアブソーバーの原理

154

サスペンションスプリングとショックアブソーバーを装着した質量m（kg）のクルマが段差を通過するときの減衰振動について図3のモデルで説明する。車体の位置がx（m）変位したときの加速度を$\ddot{x}$（m/s^2）とすると車体には、①慣性力F_M=m$\ddot{x}$、②バネによる復元力F_K=Kx、③減衰力Fc=-c$\dot{x}$が働いている。この三つの力の和がバランスしているから、F_M+F_K+Fc=0、すなわちM$\ddot{x}$+Kx-c$\dot{x}$=0となる。ここで、もしショックアブソーバーがない自由振動の場合は-c$\dot{x}$=0であるからM$\ddot{x}$+Kx=0…（1）となる。

　詳細は省略するがこの微分方程式を解くと、角速度をω（rad/s）時間をt（s）としてx=-ω^2cosωt（m）となり、この振動の周波数fはω/2π（s^{-1}）、また周期Tは1/f（s）である。（1）式にこのxを代入すると-Mω^2cosωt+Kcosωt=0、すなわち(-mω^2+K) cosωt=0…（2）となる。cosωtが変化しても（2）が常に成り立つためには、-Mω^2+K=0…（3）となることが必須である。（3）式からω=$\sqrt{K/M}$（rad/s）となる。バネ定数Kが2倍になると、周波数は$\sqrt{2}$倍になることが分かる。

　次に減衰振動について説明する。詳細は省略するがcの関数となる減衰係数を$e^{-\alpha t}$、初期の変位をx_0（m）とするとx=$e^{-\alpha t}$・x_0・cosωt（m）…（4）となる。ここでeは自然対数の底のことで、約2.72である。余談だがeの指数関数は微分しても、積分しても変わらないので超越関数ともいわれる。減衰自由振動を表す（4）式は図4のようになり、振動の振幅は段差を乗り越えた初期の変位x_0から振動しながら収束していく。$e^{-\alpha t}$の傾斜が大きければ振動は急速に収束することが分かる。

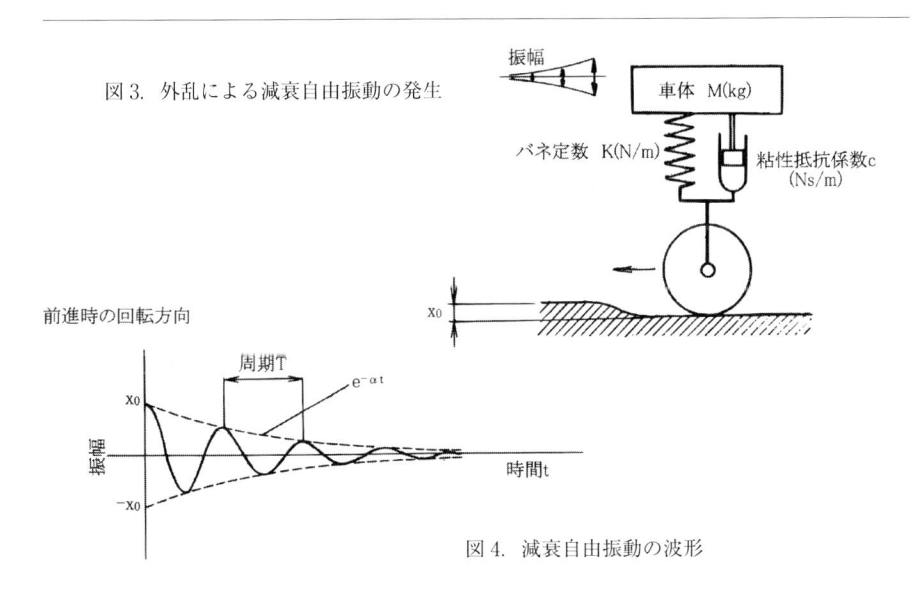

図3. 外乱による減衰自由振動の発生

図4. 減衰自由振動の波形

3-5. ショックアブソーバーがコーナリング特性に与える影響はなにか

　ショックアブソーバーの大きな機能の一つはコーナリング時の慣性力によるクルマの姿勢変化の抑制である。車体に加わる慣性力が2倍になるとスプリングは2倍の勢いで縮む。そのためショックアブソーバーのピストンは2倍の速度で動くことになる。すると3-4のように2倍の減衰力が発生する。これが車体の傾きを抑制する。

　図1のようにコーナリングに入った瞬間に車体がロールすると、サスペンションアームも傾いてキャンバー変化が生じる。そのため、タイヤのグリップ力が減少する。車体がロールしようとするのをショックアブソーバーが突っ張って、その傾きを止めるように働く。走行性能を向上させるためにも、ショックアブソーバーは重要な働きをする。

　車体が傾こうとするとショックアブソーバー中のピストンはダンパーオイルの中を $\dot{x}$ (m/s) で動く。減衰（粘性）係数を c (Ns/m) とすると $-c\dot{x}$ (N) の力が逆方向に発生する。これが傾こうとする運動の抵抗になる。この力の大きさは車体が傾くスピードに比例し、コーナーを回っていくにつれ減少する。ショックアブソーバーの伸び側と縮み側のcを変えるために、図2のようにピストンに径の異なるオリフィスと一方向バルブを設けてある。cが大きく減衰力が大きなものを固い、小さいものを柔らかいと呼ぶ。コーナーに差しかかったときの急な傾きを抑制するためにスプリングとショックアブソーバーの最適な組み合わせが必要である。その組み合

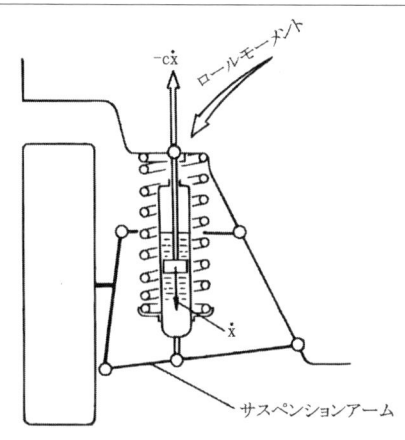

図1.　ショックアブソーバーによるロールに抵抗する力の発生

わせとして次の三つが考えられる。

①柔らかいスプリング　＋　固いショックアブソーバー
②固いスプリング　　　＋　柔らかいショックアブソーバー
③固いスプリング　　　＋　固いショックアブソーバー

　もう一つの組み合わせとして柔らかいスプリング＋柔らかいショックアブソーバーというのもあるが、これではコーナリング初期の車体の傾きを抑制することはできない。

　このうち、乗り心地を重視するクルマでは、①の柔らかいスプリング＋固いショックアブソーバーを選択する場合が多い。コーナーでは柔らかいスプリングなのでロールしようとするが、その動きが速くなるので固いショックアブソーバーがそれを抑える。これによりキャンバー変化を小さくし、スムーズなコーナリング特性を得ることができる。また、②の固いスプリング＋柔らかいショックアブソーバーの組み合わせでは、固いスプリングにより車体のロールを抑えるが、そのぶん乗り心地は悪くなる。

　さらに、③のように両方とも固くすると、キャンバー変化が小さくなって路面にタイアが食いつき、制駆動力やコーナリングフォースの低下は小さくなるものの、乗り心地は極端に悪化する。従って、乗り心地を犠牲にしてもコーナリングスピードを上げるレーシングカーやスポーティーカーに採用される。しかし、サスペンションのセッティングだけでは、乗り心地と操縦安定性は相反する要素であり両立することはできない。そこで減衰力を可変にしたショックアブソーバーが登場した。完全な電子制御化が期待される。

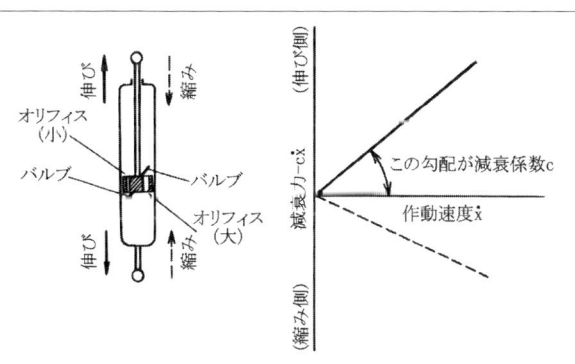

図2. オリフィスとバルブによる減衰力の調整

3-6. コイルスプリングを切って短くするとバネ定数が大きくなるのはなぜか

　公道では許されないが、サスペンションスプリングをグラインダーで切って、いわゆる「シャコタン」にしてサーキットでスポーツ走行をしたとする。コーナーに入って横Gが加わっても、クルマの傾斜が少なくなる。これは重心が低くなったためだけではない。また、乗り心地もゴツゴツし、路面の状態も鋭く体に伝わって来る。

　クルマには多くのスプリング（バネ）が使われている。エンジンのバルブスプリング、アクセルやブレーキペダルのリターンスプリング、ダイアフラムクラッチの皿バネ、ボンネットやトランクのロック機構など、枚挙にいとまがない。ここでは、多くの乗用車のサスペンションスプリングに使われている図1のような圧縮して使うコイルスプリング（つる巻きバネ）を取り上げる。

　図1の左は自由時、右は荷重W（N）をかけてδ（m）たわんだ状態である。Wの代わりにおもりの質量をm（kg）、重力の加速度をgとして荷重をmg（N）とすることもある。図2はWとΔの関係を示す。バネが比例限界内では、比例定数をkとしてW=kΔの正比例関係にある。このkをバネ定数という。単位はN/mが基本であるが、kN/mやN/mm、kgf/mm、lb/inなども使われる。図3のような引張り型のスプリングでも同様に、引張り力F（N）と伸びΔとの間にもF=kΔの関係がある。

　図4はコイルスプリングのバネ定数Kを求めるための模式図である。図の右側はⒶ部の断面の拡大である。上下からFの力を加えると素線にはねじり応力が発生する。すなわち、コイルスプリングはトーションバースプリングと同じで、ねじられることによってバネ力を発生させる。スプリングをつぶすということは、素線をね

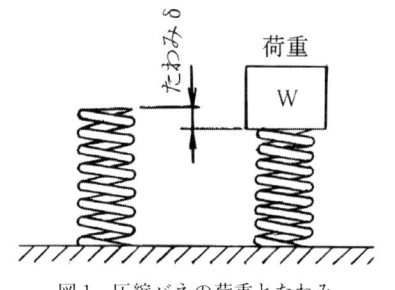

図1. 圧縮バネの荷重とたわみ

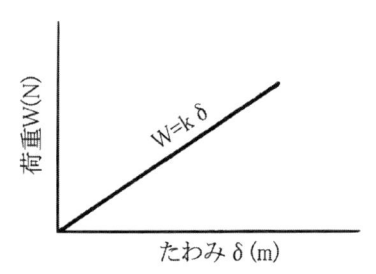

図2. たわみと荷重の直線的な関係

じっていることである。素線のねじり剛性は線径d（m）の4乗に比例する。バネ定数を求める詳細な過程を省略するとして、素線の傾斜角をαとするとcos α=1と見なせる場合、素線の横弾性係数をG（GPa）とすると、

$$k = \frac{Gd^4}{8nD^3} \ (\mathrm{N/m}) \qquad \cdots\cdots (1)$$

となる。ここでD（m）はコイルの平均直径、nは有効巻数（両端の座に密着してたわまない部分を除いた巻数）である。また、Gはバネ鋼線（SUP6）の場合は80GPa、ステンレス鋼線（SUS302）は75GPa程度である。G（ギガ）は10^9を表す。余談だが縦弾性係数E、すなわちヤング率と単位は同じだが、GはEの1/2.5程度である。

　スプリングを切って短くすると、素線径と平均直径は同じだがnが少なくなるので、分母が小さくなってkの値は大きくなる。図5は別の考え方を示す。図の左のスプリングを短くすると右のようになる。巻いた素線間の間隔（ピッチ）Apは同じである。圧縮力を受けると素線に生じる応力はすべて等しいから、有効巻数間の各Ap間のたわみは同じである。巻数が少なくなるとApの数が減るため、たわみは巻数に反比例して小さくなる。すなわちバネ定数は大きくなるというわけだ。

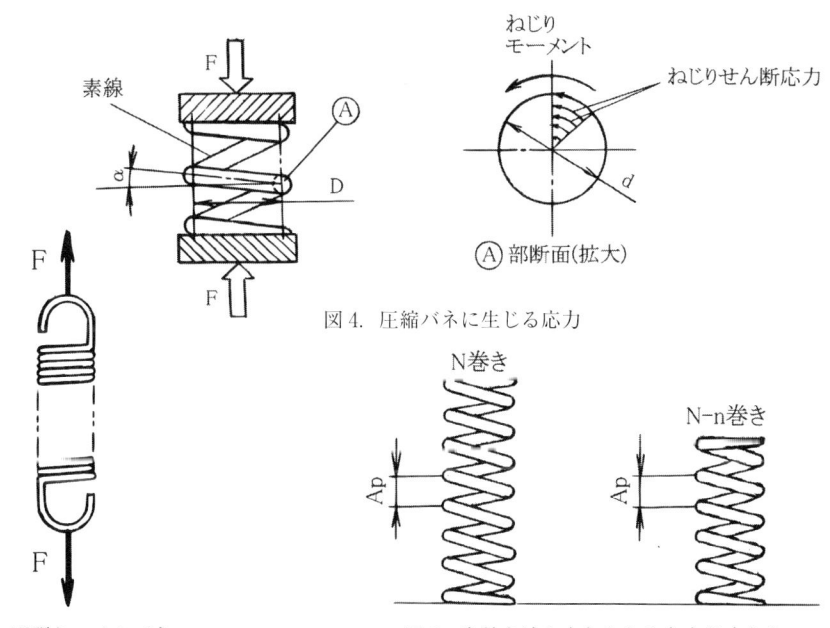

素線

F

A

α

D

F

ねじり
モーメント

ねじりせん断応力

d

Ⓐ部断面(拡大)

図4. 圧縮バネに生じる応力

F

F

図3. 引張りコイルバネ

N巻き

Ap

N-n巻き

Ap

図5. 巻数を減らすとたわみも小さくなる

3-7. ブレーキはなぜ焼けるのか

　ル・マン24時間レースで夜間に走行しているレーシングカーのカーボンブレーキのローターが赤くなっている。これはブレーキが運動のエネルギーを摩擦によって熱エネルギーに変えているからである。

　走行中のクルマが持っている運動のエネルギーE_Kはクルマの質量と速度の二乗の積を2で割ったものである。例えば、1500kgのクルマが時速72km（20m/s）で走行しているときの運動のエネルギーは、$E_K=1/2・1500・20^2=300000J=300kJ$となる。脱線するがこれをガソリンの体積に換算してみる。ガソリンの発熱量は大体44000kJ/kgであるので、300（kJ）/44000（kJ/kg）=0.0068（kg）すなわち6.8gに相当する。これをガソリンの比重0.74で割れば、9.8cm^{3}となる。

　図1はディスクブレーキの構造を簡略的に示す。車輪と一緒に回転しているブレーキローターを両側からブレーキパッドでF（N）の力で押さえ込む。ローターとパッドの摩擦係数をμ、摩擦部分の平均周速をv_B（m/s）とすると両側のパッドを合計して$2\mu F・v_B$（J/s）の発熱がある。

　次に先のクルマを例にこの熱によるブレーキ温度の上昇を求めてみる。先のクルマをブレーキだけで止めたとする。話を簡単にするためにブレーキ4輪の総質量をM_B（kg）、比熱をC（kJ/kg・K）とし、平均の温度上昇をΔT（K）とすると、Δ

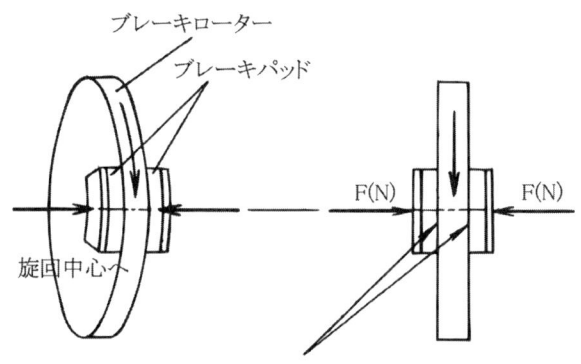

ブレーキローター
ブレーキパッド

F(N) 　　 F(N)

旋回中心へ

熱はこのすべり面で発生し伝導と輻射により放熱される

図1. ブレーキングによる熱の発生

T=E_K/C・M_B（K）となる。Cを0.5（kJ/kg・K）、M_Bを12（kg）とすると、

ΔT=300（kJ）/0.5（kJ/kg・K）・12（kg）=50（K）

となる。

　しかし、実際にはエンジンブレーキをかけて運動のエネルギーを小さくし、その上に走行抵抗があるから、ブレーキの発熱量はそこまでにはならない。大体1/3程度である。平均してみると大した温度上昇にはならないように思えるが、熱はローターとパッドの当たり面のみで発生する。従って、まずこの摩擦部分が高温になり、伝導により全体へと拡散してゆく。だが、ローターやパッド全体に伝わるのには時間がかかるので、ブレーキを多用すると熱が蓄積してこの部分が高温になる。そして、ブレーキの摩擦部で発生した熱は最終的には大気に放散される。

　クルマが坂を下るときは、位置のエネルギーE_Pが運動のエネルギーE_Kに変わる。図2のように、基準面に対し高さh（m）にあるクルマはMgh（J）の位置のエネルギーEPを持っている。エネルギー保存の法則によりこのE_PとE_Kの和は一定である。ブレーキを使わずに高さh（m）から初速0（m/s）から基準面に下りてきたとき、速度をv（m/s）とすると、Mgh=1/2・M・v^2すなわち、v^2=2ghv=$\sqrt{2gh}$（m/s）となる。降坂時には位置のエネルギーがどんどん運動のエネルギーに変わり速度が増大する。このエネルギーをブレーキだけで吸収しようとすると、発熱が放熱を上回ると高温になり3-8で説明するようにブレーキフェードやベーパーロックを起こし、ブレーキが利かなくなることがある。

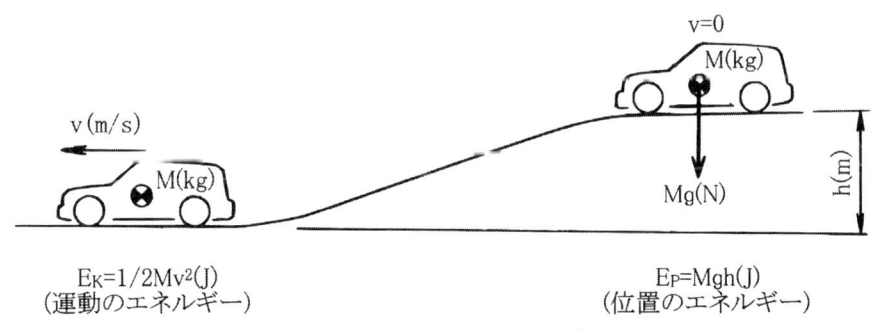

EK=1/2Mv²（J） 　　　　　　EP=Mgh（J）
（運動のエネルギー） 　　　　　（位置のエネルギー）

図2. ブレーキの発熱のもととなるエネルギー

3-8. ディスクブレーキが多く使われるようになったのはなぜか

　日本のモータリゼーションの黎明期の1960年代の半ば頃までは、乗用車も前・後輪ともにドラムブレーキであった。その頃から、海外のモータースポーツでディスクブレーキがブラッシュアップされていき、一般車にも採用されるようになった。踏力に対してリニアに制動力を発生させ、フェードに強く水濡れからの回復が早いなどの利点が多い。しかし、ディスクブレーキは3-9で取り上げるドラムブレーキのように大きな自己サーボ作用がないので、当初は若干、強い踏力が必要であった。その後、吸気マニホールドのバキュームを動力源とした倍力制動装置との組み合わせで、軽い踏力でなめらかな制動力を発生させることができるようになり、急速に採用が拡大した。

　3-7の図1のようにディスクブレーキは車輪と一緒に回転するブレーキローターを両側からブレーキパッドで押さえる構造である。摩擦熱を発生するローターとパッドが露出している。ローターに放射状に穴を設ければ、回転によって空気を遠心力で強制的に流すことができ冷却性能がさらに改善する。その究極はレーシングカーに使われているカーボンブレーキである。ブレーキの摩擦材の温度特性を図1に示す。鋳鉄製のローターとレジンのパッドの組み合わせの場合は、摩擦面の温度が高くなると摩擦係数は急速に低下する。これに対しカーボン同士の摩擦係数は温度とともに大きくなる。冷却空気量を調整すれば700℃以上になるので、3-7で説明したように夜間ローターが赤く見えることがある。

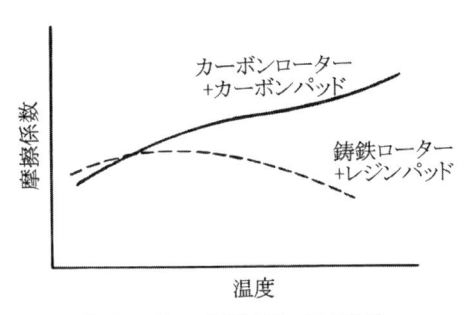

図1. ブレーキ摩擦機の温度特性

大型車や貨物商用車などに使われているドラムブレーキの例を図2に示す。この例はリーディング・トレーリングと呼ばれるもので、前進、後進ともに自己サーボ作用を有する。ドラムはハブと一緒に回転し、その中にアンカーで回転方向には固定された一対のシューーが入っている。シューーのアンカーとは反対側がホイールシリンダーのピストンで押されるようになっている。スティールのシューーの表面に摩擦材としてレジンのライニングが焼き付けられている。ブレーキを踏むと油圧でピストンが押し出され、シューーが広がってライニングがドラムの内面と摩擦して制動力を発生する。内拡式のブレーキに分類される。

　このようにドラムブレーキは発熱部がドラムとバックプレートで覆われているため、熱がこもりやすい。そのため多用すると摩擦面の温度が上がって摩擦係数が極端に低下するフェードが起こりやすい。さらにひどくなると、ピストンやホイールシリンダーも高温になり、ブレーキオイルが局部的に沸騰して泡が発生するようになる。これがベーパーロック現象で、ブレーキペダルを踏んでも、泡が潰されるだけで油圧が発生しなくなる。前述のようにブレーキの中に入った水が抜けにくい。もちろんディスクブレーキでもフェードやベーパーロックは発生するが、ドラムブレーキにくらべてかなり対抗性がある。

　ドラムブレーキの熱の放散は主にドラムの表面からである。そこで図3のようにドラムを熱伝導のよいアルミ合金製とし、摩擦材として鋳鉄のリングを鋳込んだものや、さらに表面に冷却フィンをつけたものもあった。

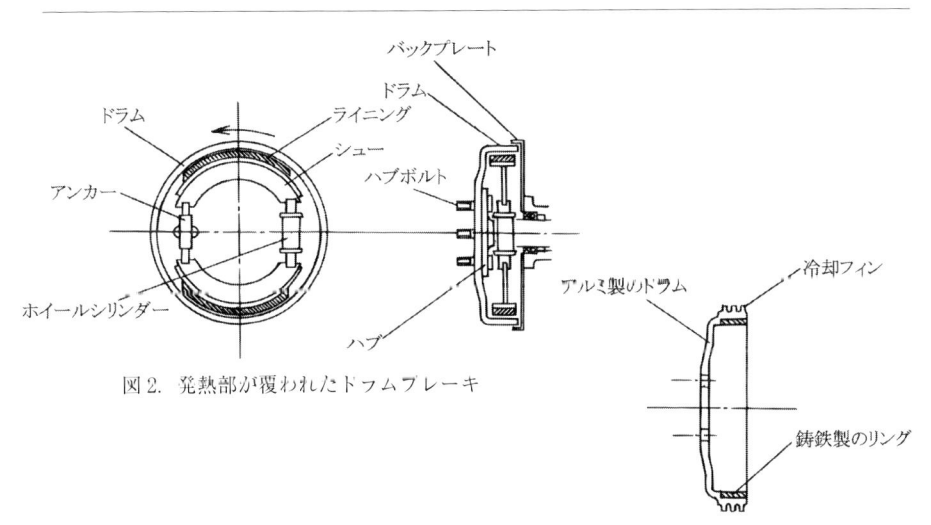

図2. 発熱部が覆われたドラムブレーキ

図3. 冷却特性を改善したブレーキドラム

3-9. ドラムブレーキの自己サーボ作用はなぜ発生するのか

　乗用車の前輪はほとんどがディスクブレーキになり、四輪ともディスクブレーキというのも珍しくなくなった。だが、大型車は全輪、乗用車や軽自動車でも後輪にドラムブレーキが採用されている例がいぜん多い。一部の観光バスでは前輪にディスクブレーキを採用したものもある。多くの大型車ではフットブレーキのほかに排気ブレーキや電気ブレーキが併用される。ドラムブレーキは耐フェード性が小さく、水濡れからの回復が遅いなどのデメリットもあるが、ブレーキ力の自己サーボ作用があり、堅牢なことなど大きな利点がある。

　ドラムブレーキが自己サーボ作用を発生する原理を図1で説明する。実線の矢印の方向に回転するドラムの内面に近いところにプレートaとbがアンカー（ピン）で揺動自在に支持されている。もし、矢印の方向にFの力が加わるとプレートaとbの上端がドラムに当たる。aの上端とドラムが接触すると、その摩擦力でドラムに巻き込まれる。するとアンカーを支点としてプレートは強い力でドラムの内面を擦ることになる。そして力は次々とシュー全体に拡大する。その巻き込まれたときの力は、ドラムの回転速度にもよるがピストンが押す力Fの何倍にもなる。これが自己サーボ（倍力）作用である。

　一方、プレートbはドラムの内面をなでるように擦るだけなのでサーボ作用は発生しない。しかし、ドラムが破線の矢印の方向に回転する場合は、bの上端が巻き

ドラムが矢印方向に回ると、ここが先に当たるのでその摩擦力でプレートaが巻き込まれ、ドラムを圧する強い力が発生する

プレートbはドラムの内面をなでるだけなので力は拡大されない。ドラムが破線の方向に回転しているときはここが先に当たり、サーボ作用を発揮する。

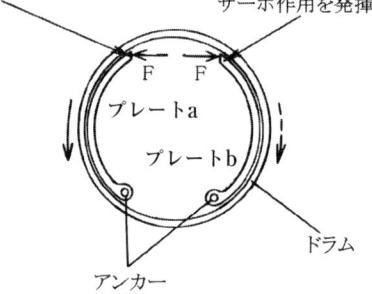

図1. ドラムブレーキのサーボ作用発生原理

込まれるのでこちら側がサーボ作用を発揮する。図2はドラムブレーキの代表ともいえるリーディング・トレーリング式の構造例である。前・後進ともにサーボ作用が得られるので広く使われている。回転に対し上流側がリーディングシュー、後流側がトレーリングシューである。ホイールシリンダー中のピストンは油圧が作動すると両側に出るようになっている。また、シューには摩擦材としてレジンのライニングが焼き付けられている。ホイールシリンダーを上下に設けたツーリーディング式などもある。

　前輪に使用され強力にサーボ作用を発揮するユニサーボブレーキの構造を図3に示す。ピストンが左側のシューの上端を押すとこのシューは巻き込まれながら、アジャスターを介して右側のシューを下から押す。こちら側のシューの上端はアンカーで固定されている。ネジによって伸縮自在なアジャスターはシューとドラムの間隙を調整する機能も持つ。ドラムが矢印の方向に回転する前進時には右側のシューもリーディングシューとして作動するので、強力なブレーキ力を得ることができる。しかし、後進のときはサーボ作用がないので、ブレーキの利きは悪くなる。このブレーキは日産の初代のブルーバードの前輪に採用され有名になった。

　一方、回転するローターを両側からパッドで押さえ込むディスクブレーキでも、若干なサーボ作用はある。ドラムブレーキと同じブレーキ力を得るためには、大きなパッドを押す力が要る。ディスクブレーキのピストンの径はドラムブレーキより大きく、スポーティー車ではピストンの数を増やした4ポッドや6ポッドのものもある。

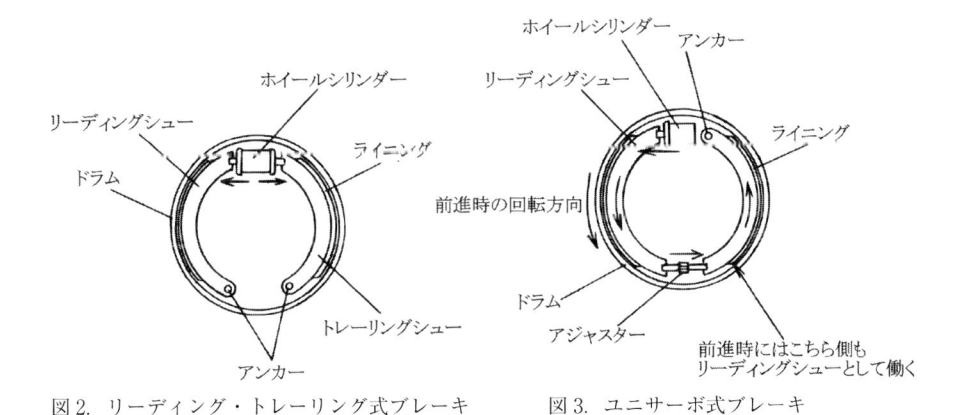

図2. リーディング・トレーリング式ブレーキ　　　図3. ユニサーボ式ブレーキ

3-10. 静的バランスと動的バランスとはどうちがうのか

　タイアを替えたら振動が出たのでバランスをとり直してもらった。どうも動バランスがとれていなかったらしい。バランスには静的なバランスと動的バランスがある。一般にはこの「的」を略して静バランスや動バランスということが多いが、ここでは敢えて物理的な表現を使うことにする。

　静的バランスとは図1のように撓みがなく質量を無視できる棒の両端に錘をつけ、その中間を支点で支えたときのバランスである。質量をm_1、m_2 (kg)、アームの長さをr_1、r_2 (m) とすると、同一平面内での支点まわりのモーメントの釣り合いは$r_1m_1g=r_2m_2g$ (Nm)、ここでgは重力による加速度9.8 (m/s^2) である。両辺をgで割って $r_1m_1=r_2m_2$ (kgm) となる。

　このように静的にバランスが保たれている状態で図2のように支点を回転自在にする。支点のまわりに回転させると、それぞれの錘には遠心力F_1、F_2 (N) が働く。回転速度を ω (rad/s) とすると、$F_1=m_1r_1\omega^2$、$F_2=m_2r_2\omega^2$ となる。一方、$r_1m_1=r_2m_2$なのでこの両辺にω^2を掛けると $r_1m_1\omega^2=r_2m_2\omega^2$、すなわち $F_1=F_2$となる。静的なバランスがとれていると同一平面内で回転させても遠心力はバランスする。

　ところが図1や図2のようにバランスしていても錘が同一平面内にないと、回転させると遠心力によってアンバランスが生じる。よくタイアで動（的）バランスがくずれたと表現される。図3のようにハッチングをつけた部分が重い場合は遠心力

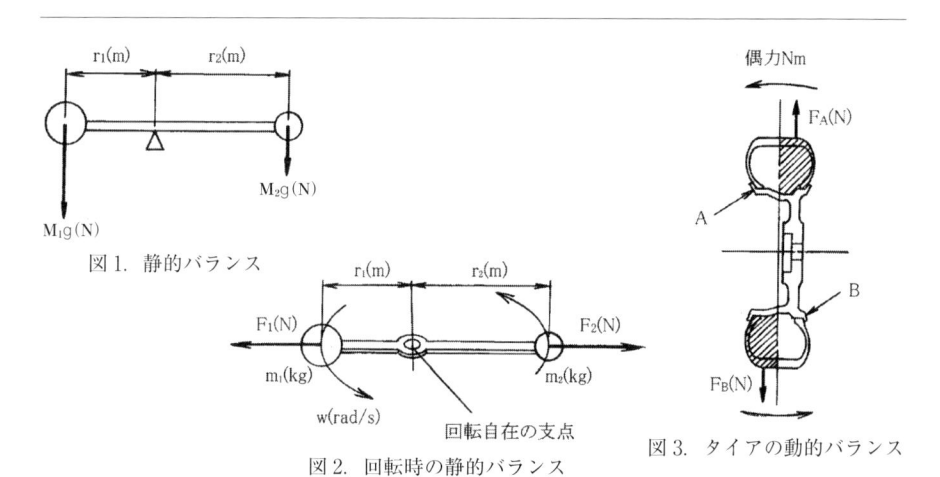

図1. 静的バランス

図2. 回転時の静的バランス

図3. タイアの動的バランス

F_A、F_B（N）の着力点は中心線よりはなれたところになる。これにより静的にはバランスしていても、遠心力によって偶力（Nm）が発生する。これがシミーやカーシェイクなど不快な振動の原因となる。タイアをホイールに取り付け、ホイールバランサーマシンで回転させて、規定の回転数でアンバランスが許容範囲に納まるようにAやBの部分に釣り合い錘を取り付ける。

　回転が上昇しているときの動バランスはさらに複雑になる。図4のように回転中心から、それぞれr_1、r_2（m）はなれたところにm_1、m_2（kg）の錘をつけ静的にはバランスがとれていたとする。回転速度ωを上げようとする場合、錘m_1の回転モーメントI_1は$I_1=m_1\cdot r_1{}^2$、錘m_2は$I_2=m_2\cdot r_2{}^2$（kgm²）となる。回転角加速度は$d\omega/dt$だから慣性力はそれぞれ$I_1\cdot d\omega/dt$、$I_2\cdot d\omega/dt$となり後ろ向きに働く。回転の中心Oからはなれたm_2側の方が慣性力は大きくなり、加速中はギクシャクと回転しながら速度は上昇する。

　回転中心をOからx（m）はなれたO'で$I_1\cdot d\omega/dt=I_2\cdot d\omega/dt$、すなわち$I_1=I_2$となり、回転モーメントが釣り合ったとすると、$m_1\cdot(r_1+x)^2=m_2\cdot(r_2-x)^2$これを解くために、両辺の平方根をとると$\sqrt{m_1}\cdot(r_1+x)=\sqrt{m_2}\cdot(r_2-x)$、これから$x$を求めると$x=(\sqrt{m_2}\cdot r_1-\sqrt{m_2}\cdot r_2)/(\sqrt{m_1}+\sqrt{m_2})$となる。回転の中心をこれだけずらすと、回転上昇中の無理な力をキャンセルすることができる。

　クランクシャフトの場合はさらに複雑でカウンターウェイトはすべて異なる平面上にある。この静的バランスと動的バランスを同時にとるために、図5のようにカウンターウェイトを選んでドリルで穴をあけて調整する。

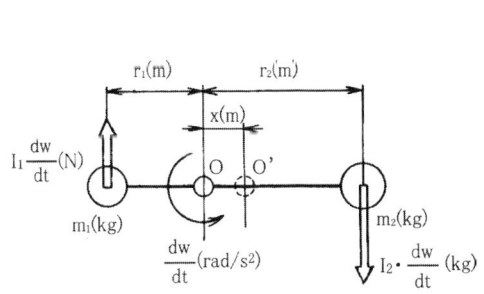

図4. 極慣性モーメントのバランス

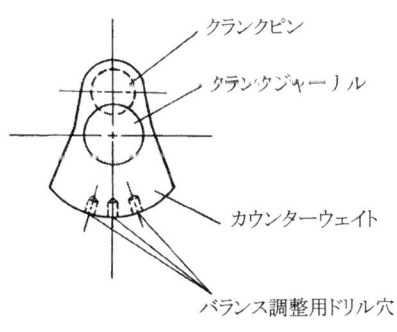

図5. クランクシャフトのバランス調整

第4章
走行性能

走行中の自動車に加わる力はタイアが発生する力と自動車をとりまく空気により発生する力と慣性力である。この章ではコーナリング時の力学に重点をおいた。例えば、駆動方式による自動車の運動性能の相違や重心の高さの影響、タイアの変形によるコーナリングフォースの発生など操縦性について述べる。また、余裕駆動力が大きいと運転性が改善される。タイアの摩擦円をうまく使う方法など、日常の運転に役立つ操作方法となぜそうなるのかについても説明する。

4-1. クルマが走るときどんな抵抗が働くのか

　テストコースで走行中にギアをニュートラルにすると、下り坂でなければ減速しやがて停止する。また、走行中にアクセルの踏み込みが同じでも、上り坂に差しかかると速度が低下する。これらは自動車に働く抵抗のためである。自動車が水平な道路を一定の速度で直進走行しているときは、転がり抵抗Rrと空気抵抗Rlのみが働いている。登坂時には登坂抵抗Rsがこれに加わる。さらに加速しようとすると慣性により加速抵抗Raが発生する。走行抵抗Rはこの四つの抵抗の和R=Rr+Rl+Rs+Raである。水平路を定速走行しているときは、RsとRaはゼロである。また、旋回時にはコーナリング抵抗が発生する。これらの抵抗の単位はNであるが、kNを使うことが多い。

　転がり抵抗Rrはタイヤが変形しながら転がるために発生する抵抗（図1）や回転部分の摩擦抵抗などによって生じる。転がり抵抗Rrは転がり抵抗係数μ_rと下向きの力の積となる。車両の質量をM（kg）、重力による加速度をg（9.8m/s^2）とするとRr=μ_rMg（N）であるが、レーシングカーのようにダウンフォースDF（N）が働く場合には、下向きの力にこのDFが加わり、Rr=μ_r（Mg+DF）（N）となる。

　空気抵抗Rlは速度v（m/s）の二乗に比例して増大する。空気の密度をρ（kg/m^3）、空気抵抗係数Cd、車両の前面投影面積A（m^2）とすると、Rl=1/2・ρ・

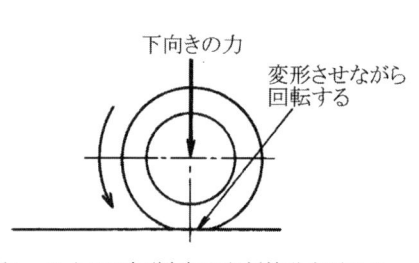

図1. タイヤの変形も転がり抵抗発生要因の一つ

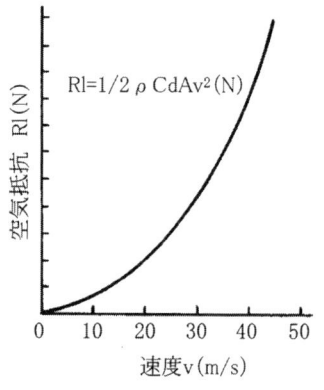

図2. 車速の二乗に比例する空気抵抗

Cd・A・v^2（N）となる。図2のように速度の二次関数となり、速度とともに急激に増大する。一方、ダウンフォースDFは逆揚力係数を-Clとすると、DF=1/2・ρ・Cl・A・v^2（N）となりRlと同様に速度の二乗に比例して増大する。

登坂抵抗Rsは図3のように坂道で車両を傾斜面に沿って引き下ろそうとする力である。傾斜角を θ（度）とすると重力と sin θ の積、すなわちRs=Mg・sin θ（N）となる。加速抵抗Raは車両の加速方向とは逆向きに発生する慣性力である。加速するときには、エンジンや駆動系、車輪などの回転部分の回転速度を上げなければならない。これらの回転部分の回転慣性を車両の質量に換算した値（等価慣性質量）をMr（kg）とすると、実際に加速すべき質量はM+Mr（kg）である。車両の加速度を α（m/s^2）とすると、Ra=（M+Mr）α（N）となる。低速ギアほどエンジンや変速機のギアの回転速度の上昇が大きいので、乗用車の場合1速では車両の質量より回転部分の等価質量の方が大きくなることが多い。

コーナリング時にはタイヤが横力を発生させるために、図5のようにコーナリング抵抗Rcが生じる。これについては次頁4-2のコーナリング時の力の釣り合いで説明する。これらの抵抗に抗して、自動車を推進させる駆動力をF（N）とする。この駆動力で単位時間にする仕事Wは速度v（m/s）の積であるから、Le'=F×v（Nm/s）となる。ここで、Nm/s=W（ワット）であるから仕事率の単位である。ここで、駆動力の伝動効率を η$_t$ とすると、動力源が発生する動力LeはLe=Le'/η$_t$（W）となる。

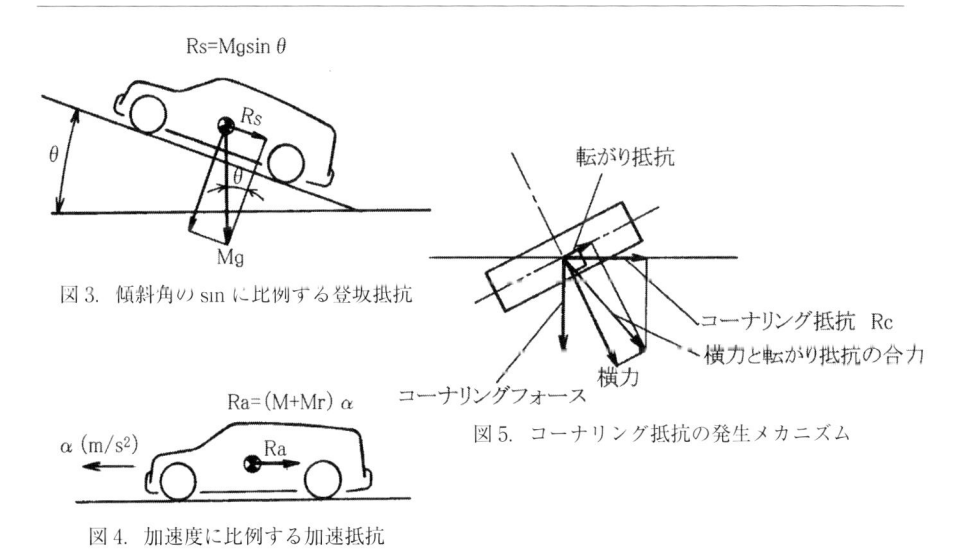

図3. 傾斜角の sin に比例する登坂抵抗

図4. 加速度に比例する加速抵抗

図5. コーナリング抵抗の発生メカニズム

4-2. コーナリング時にクルマにはどんな力が働くのか

　自動車の基本機能は走る、曲がる、止まる、であるが、曲がるときには必ず遠心力が発生する。人間が歩く程度の低い速度ならあまり問題にならないが、高速になると通称横Gがクルマの挙動に大きな影響を及ぼす。レーシングカーでは半径300mのゆるいカーブでも、高速であるため自重の3倍以上の遠心力（円運動の慣性力）が発生する。これまでに説明した、走行抵抗に遠心力によって引き起こされる様々な力が加わることになる。

　質量M（kg）の自動車が図1のように（A）から（B）、さらにその先へと半径r（m）の円弧上を接線速度v（m/s）で走行しているとき、旋回の中心Oから遠ざかる方向に遠心力$Fc=Mv^2/r$（N）が加わる。車両の各部の微小な質量に遠心力は発生しその合力となるが、ここでは代表点である重心にかかると考える。タイヤが踏んばってこの遠心力Fcと同じ大きさで、方向が逆の向心力-Fcを発生させる。外側に飛び出さずに（A）から（B）に円運動をするとき、円の中心Oに向かってv^2/r（m/s²）の加速度を発生させている。逆をいえばMV^2/rは円運動の外側への慣性力である。バケツに水を入れて鉛直面で回しているとき、$v^2/r \geqq g$ならば水は落下してこないのはそのためである。

　車両の重心点は路面から上にあるため、図2のように遠心力Fcはある高さをも

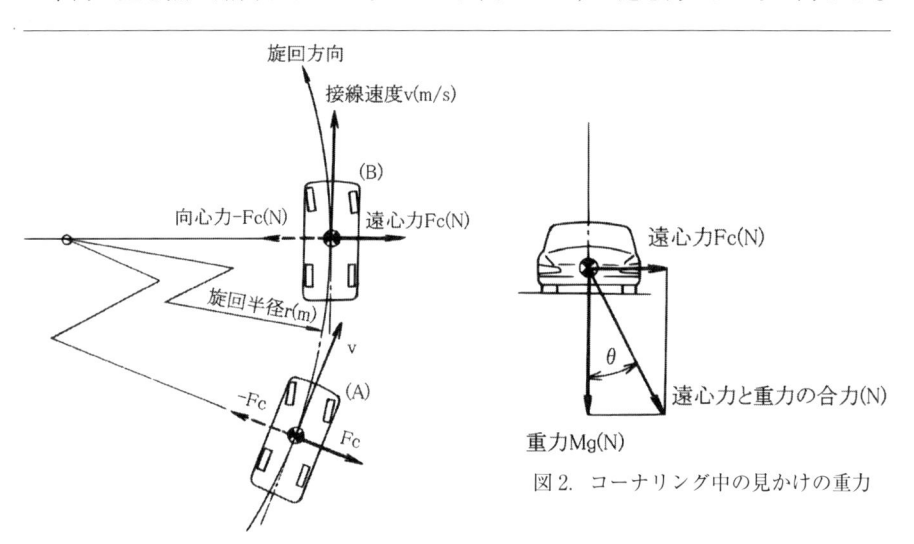

図1. 遠心力と向心力

図2. コーナリング中の見かけの重力

った点に働き、車両には重力Mg（N）と遠心力Fcとの合力$\sqrt{(Mg)^2 + (Fc)^2}$（N）が作用する。この合力と鉛直線となす角をθとすれば$\tan\theta = (V^2/r)/g$となる。このある高さをもって作用する合力が、旋回の外側にあるタイヤにかかる力を増大させる。もし、この合力の方向が外輪を越えれば横転することになる。横転しない状態でこれによる走行性能への影響については次頁の4-3で説明する。

　クイックにカーブを走行するとき回頭性が問題となる。これは重さが各部に分布する車両を四つの車輪のタイヤできまる点の回りに、図3のように回すヨーモーメントに抗する力が必要になる。この回しにくさは中心点から各質量まで距離の2乗の総和になるため、特にレーシングカーではできるだけ質量を車両の重心に近づけるような配慮がされている。物体を回転させながら空中に投げ上げたとき、その物体は一番回転モーメントが小さくなる点を中心に回転する。この点が重心であるとは限らないが、もし重心と一致すれば最も楽に回転できる。

　コーナリング中は遠心力によってタイヤは微妙に横滑りしながら、コーナリングフォースを発生させている。図4のようにタイヤの中心線は旋回の接線の方向と一致せずΔの角度をもっている。コーナリング時にはタイヤの中心線と直角方向に横力FL（N）が発生する。これとタイヤの転がり抵抗Rr（N）との合力の旋回の中心方向の分力がコーナリングフォース、-Fc（N）である。また、車両の進行方向（接線方向）の分力Rc（N）が4-1で説明したコーナリング抵抗である。コーナリング中はあたかも横ぐるまを押すために必要な力が必要になる。

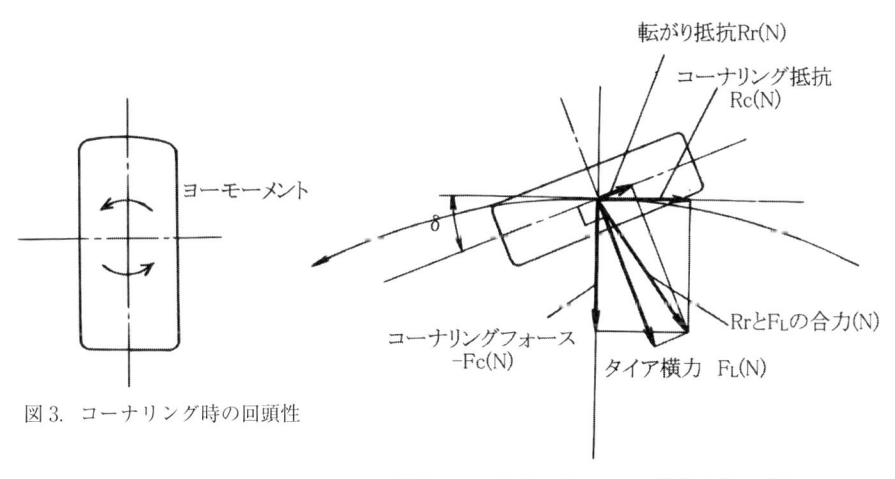

図3. コーナリング時の回頭性

図4. コーナリングフォース発生メカニズム

4-3. タイアが発生させる力の限界は何できまるのか

　レーシングカーがスピンをする。急ブレーキをかけながらハンドルを切って危険を回避しようとするときも車両の挙動が不安定になる。凍った路面では発進も停止もままならない。これらはタイアが発生させることができる最大の力を越えた大きな力を出そうとしたときに起こる。自動車が走行しているときに働く力はタイアと路面との間に発生する力と空気による力、車両の質量による慣性力である。自動車はタイアが発生する力により、走り、曲がり、止まることができる。どんなにパワーがあっても、どんなに優れた足まわりのクルマであっても、タイアが発生させる力が運動性能の限界となる。

　加速時や減速時、コーナリング時には車両の質量に比例した慣性力が発生する。タイアは自重を支えるとともに、これらに抗する逆向きの力を発生させている。コーナリング時には図1のように遠心力Fc（N）が働く。車両の質量をM（kg）、接線速度v（m/s）、旋回半径r（m）とするとFc=Mv²/r（N）となる。ところがタイアにはこれと同じ大きさで方向が逆の向心力が発生する。そして力が拮抗している限り円運動をする。

　回転しているタイアの接地面は正常な空気圧のときは図2のようになっている。乗用車の場合はハガキ程度の大きさといわれる。この接地面と路面との摩擦で駆動力、制動力、コーナリングフォースを発生させる。タイアが路面上をスリップせずに転がっているときは、接地面と路面との相対速度はゼロであり、そのときの摩擦

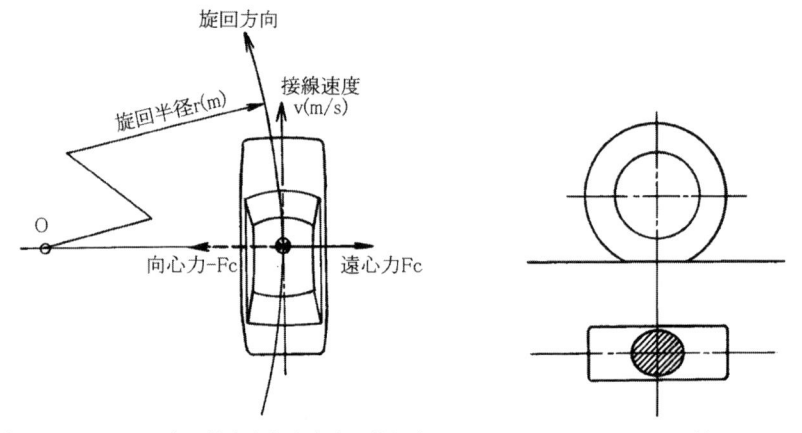

図1. コーナリング中の遠心力と向心力の釣り合い　　図2. タイアの接地面

係数を μ（転がり抵抗係数の μ_r とは異なる）とする。ところで、この μ は静止摩擦係数であり、スリップをすると動摩擦係数となりこれより小さくなる。図3のようにタイヤを路面に押しつける力は自重による Mg（N）と、レーシングカーのようにダウンフォース DF（N）がある場合はこれに加わる。この力によってタイヤが発生させることができる摩擦力、すなわちグリップ力を F_T（N）とすると、F_T=（Mg+DF）・μ（N）となる。

　この F_T は前後ばかりではなく、図4の上のように左右や各方向にもほぼ一定である。これをベクトルで表すと、図のように矢印の先端は円状になるのでタイヤの摩擦円と呼ばれる。走行状態に変化がなければ（Mg+DF）は一定になるので、μ だけを取り出してもそのベクトルは円状になる。自動車はこの半径 FT の円内の力でしか思うように運動することはできない。この摩擦円をお釈迦様の 掌 に例えることもある。

　図4の下図のように駆動力 F_D とタイヤの横力 F_L との合力が F_T であれば、理論的には目一杯で駆動しながらカーブを曲がれることになる。ところが、点線のように半径 F_T を越えれば、踏んばり切れなくなってスリップを起こす。この図では制動力を F_B としているが、F_D が大きくなっても同様である。正常な状態では摩擦円内の力で走行しているが、濡れた路面や凍結路などではこの μ が小さくなるので摩擦円もこれに比例して小さくなる。通常ならスリップしないのに滑るのはこのためである。この小さくなった摩擦円に入るように、駆動力や制動力を加減することが大切である。

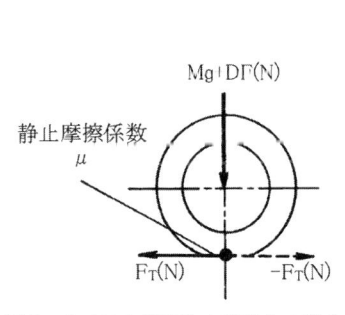

図3. タイヤと路面との摩擦力の発生

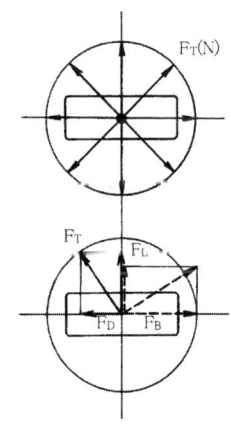

図4. タイヤが発生させることができる力

4-4. 雪やぬかるみからの脱出にはなぜ高速ギアが有利なのか

　AT車にはスノーモードがあるものが多い。このモードでは発進時に高速ギアに固定されるようになっている。通常は1速か2速の低速ギアで発進しているのに、路面の摩擦係数が小さな雪道などでは、駆動力がかかり過ぎてタイアが空転して発進できないからである。そのために雪道ではなるべく高速ギアを使うのが運転の基本といわれているが、この場合はコンピューターが自動的に高速ギアを使用する指令を出すようになっている。

　4-3で取り上げたタイアの摩擦円と駆動力との関係で説明する。クルマを前進あるいは後進させる駆動力F（N）は摩擦円が限界となっている。すなわち、駆動力（F）≦摩擦力（μ・W）という関係になっている。ここでμはタイアと路面との摩擦係数、Wはタイアが路面を鉛直に押す力（N）である。摩擦円内の駆動力でないとクルマは発進できない。図1のようにタイアを路面に押しつける力が同じでも、μによって摩擦円の大きさが変わってくる。雪道や凍結路などでは乾燥した路面より小さくなる。

　一方、駆動力F（N）は図2のようにエンジンのトルクをT_E（Nm）、変速機のギア比をi_t、デファレンシャルのギア比i_f、伝動効率をη_t、タイアの有効半径をR_T（m）とすると、$F = T_E \times i_t \times i_f \times \eta_t / R_T$（N）となる。エンジンが発生させるトルク$T_E$が同じなら、駆動力を支配するのは$i_t$だけである。高速のギアではこの$i_t$が小さ

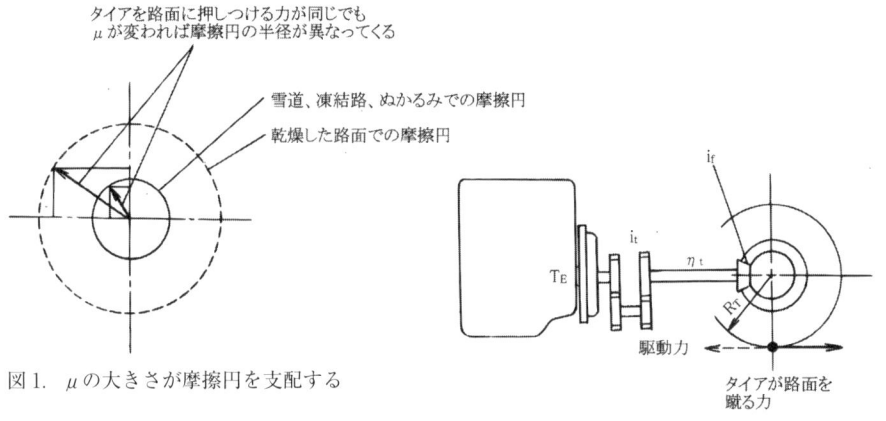

図1. μの大きさが摩擦円を支配する

図2. エンジンのトルクが駆動力に
変換されるプロセス

くなるので、これに比例してＦも小さくなり$\mu \cdot W$以下になったところで駆動力を発生させることができる。

　図3でもう少し詳しく説明する。図の右側が雪道などでタイアの摩擦円が小さくなった状態を示す。図の下のように低速ギアでi_tが大きいと、本来ならば大きな駆動力を発生できるが、その力を受けとめるべき相手が弱いのでタイアは空転することになる。空転すると滑り摩擦となり、μはますます小さくなる。図の上のように高速ギアを使いi_tを小さくすると駆動力を摩擦円以内に収めることができる。

　それでは、きわめて滑りやすい路面ではもっとも駆動力が小さいトップギアやオーバードライブにして走ればよいように思えるが、これではエンジンの回転が落ち過ぎてトルクを発生させることができない。そこで、トルクを有効に使える範囲以内で、できるだけ高速ギアで走行することになる。それでも急にアクセルを踏み込むと容易に摩擦円をはみ出してしまうのでホイールスピン（タイアが空転すること）を起こす。そこで、摩擦円を越えない駆動力で走行することになるが、ブレーキをかけ車輪をロックさせたり、ハンドルを切って横方向の力が加わると、摩擦円をオーバーすることがある。この場合はクルマが方向性を失ってスピンをすることになり、きわめて危険である。慌ててブレーキを踏み込むと、さらにスピンを助長することになる。馴れないと難しいことだがスピンの方向にハンドルを切ると、先に説明したベクトルが小さくなる。そして、発生させるべき力を摩擦円内に収めることができれば、方向性を失ったクルマを立て直せることもある。

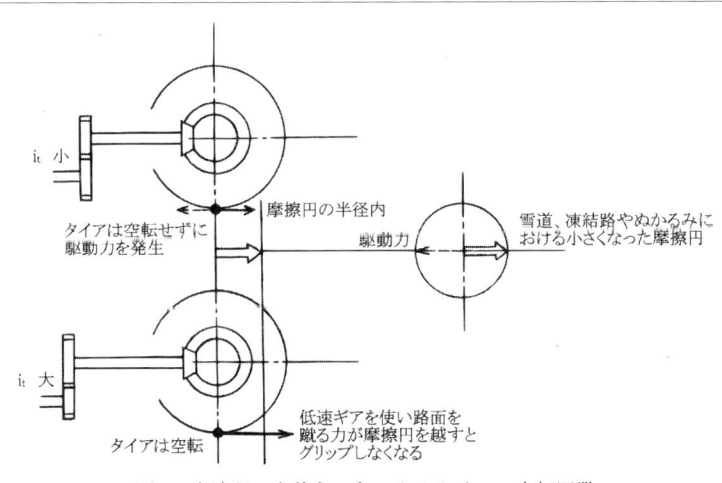

図3. 高速ギアを使うことによるタイアの空転回避

4-5. ブレーキング時のスリップに一旦踏力を緩めるのが良いのはなぜか

　ブレーキの性能は能動的な安全（アクティブ・セーフティ）として重要な性能である。一方、シートベルトやエアバッグなどは事故が起こってからの被害を軽減するものであるので、受動的な安全（パッシブ・セーフティ）と呼ばれている。もう一瞬ブレーキを早く踏めば、もうちょっとブレーキが効けばなど、間一髪で避けられた事故はいくらでもある。

　ブレーキペダルを踏む力とタイアを回転させまいとする力と、これによりタイアと路面との摩擦力によって生ずる制動力について図1と図2で説明する。ディスクブレーキの場合の一輪モデルで、ブレーキパッドは実際にはブレーキローターを両側から挟み込むのだが、図1では片側から押すように簡略化している。ブレーキペダルを踏む力をQ（N）とすると、マスターシリンダー中のピストンには$Q \times l_2/l_1$の力が加わる。このl_2/l_1をペダル比r_pという。マスターシリンダーの断面積をA_M（m²）とすると発生する油圧は$Q \times r_p/A_M$（Pa）となる。この油圧がホイールシリンダー中の受圧面積Aw（m²）のピストンに作用する。

　ピストンがブレーキパッドを介してローターを押す力は$(Q \times r_p/A_M) \times Aw = Q \times r_p \times Aw/A_M$（N）となる。これが図2のタイアの回転方向とは逆向きの力F（N）をローター上に発生させるが、その入力と出力との間の比例定数をBEF（Brake Effective Coefficient）と呼ぶ。摩擦係数やブレーキの種類によるサーボ効果などを総合した係数で、ディスクブレーキの場合は0.6〜0.9、ドラムブレーキでは1.5〜

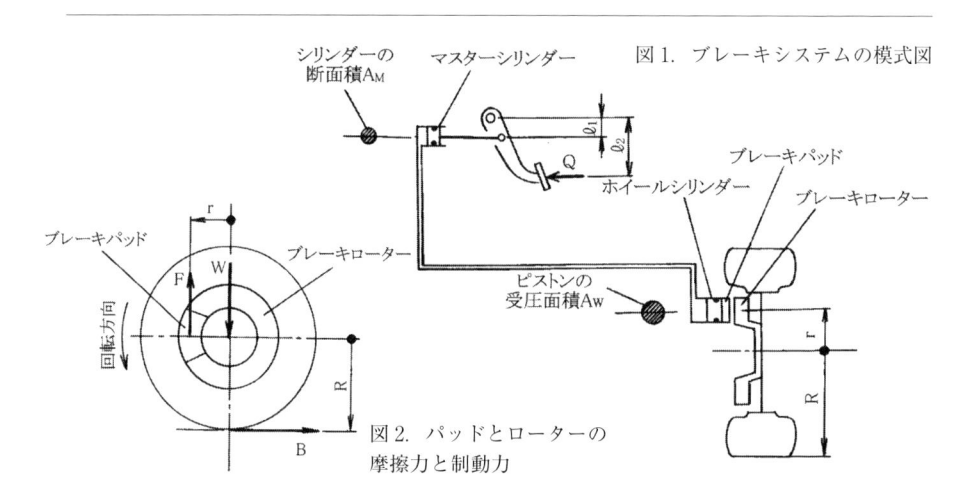

図1. ブレーキシステムの模式図

シリンダーの断面積A_M

マスターシリンダー

ホイールシリンダー

ブレーキパッド

ブレーキローター

ピストンの受圧面積Aw

ブレーキパッド

ブレーキローター

回転方向

図2. パッドとローターの摩擦力と制動力

3.5、大きいものでは3.5〜8程度である。また、倍力装置のついた場合はQがその倍数に拡大されたと考えればよい。これで発生する制動力B (N) はローターとタイアの有効半径をそれぞれr (m)、R (m) とするとテコの原理でB=F×r/R、すなわちB= (Q×r_p×Aw/A_M)・BEF・r/R (N) となる。

このように制動力Rはブレーキペダルを踏む力Qに比例するが、タイアと路面との摩擦で発生させるRには限界がある。その限界がタイアと路面との間の摩擦力である。4-7などで説明するが、摩擦円は自重とダウンフォースによるタイアを路面に垂直に押しつける力をW (N)、路面との摩擦係数をμsとすると図3のように半径μs×W (N) の円となる。タイアがスリップしていないときの摩擦は静摩擦なので静摩擦係数μs、スリップしているときは動摩擦係数μ_Dとなる。μ_Dはμsより格段に小さい。

図4のようにスリップしていない状態ではQとはBは正比例しているが、Qが大きくなってBが×W (N) に達した瞬間①でスリップするので、Bは急激に②まで減少する。この状態ではBはμ_D× W (N) となるだけではなくロック状態なので、方向性も失われる。習練を積んでいないと極めて難しく危険なことだが、踏力を一旦、ΔQだけ緩めると、破線のように制動力は③の状態に回復するので、スリップしているときより、はるかに大きな制動力となる。タイアがロックしたときに作動するABSは①と③の間を往復させて、制動力と方向性を維持できるようにしている。路面が濡れていたり、凍結したり、砂が積もっていたりするとブレーキで制動力を発揮できる限界は小さくなる。いずれにせよスピードを控えめにした安全運転に優るブレーキはないようだ。

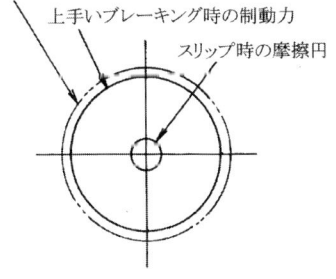

図3. 制動力はタイアの摩擦
円内でしか発揮できない

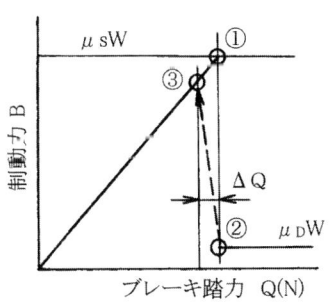

図4. 効率のよい制動力の発揮

4-6. 重心を下げるとなぜコーナリング特性が良くなるのか

　車高の低い自動車はいかにも精悍に見える。空気抵抗が小さくなるのと同時に重心が低くなるので走行性能は改善される。レギュレーションにより車高の最低値やウイングの高さが制限されているレーシングカーでは、その規制の中でいかにして重心を下げるかが競争力のあるマシンを開発するときのカギとなる。

　一定の速度で水平路を旋回中は図1のような横二輪モデルに置き換えることができる。質量 M (kg) の自動車が半径 r (m) の円弧でコーナリング中は、重心点に遠心力 $Fc=Mv^2/r$ (N) が働いている。この遠心力が内輪と外輪にどのような荷重の変化をもたらすかを図2で説明する。重心は車両の中心線上にあるとし、その位置を路面から h (m)、また車輪のセンター間距離トレッドを b (m) とする。車重とダウンフォースによる下向きの力を W (N) とすると、直進状態では両輪に等しく b/2 (N) ずつの力がかかっているが、コーナリング中は遠心力 Fc によってこの力が変化する。

　図に向かって左側の内輪の垂直荷重を Fi (N)、外輪のそれを Fo (N) とすると、上下方向の釣り合いは Fi+Fo=W となる。また、W と Fc の合力を F (N) とすると、その大きさは $F=\sqrt{W^2+Fc^2}$ (N)、鉛直線となす角 θ (°) とすると $\tan\theta=Fc/W$ となる。この合力と平行に内外輪に働く力をそれぞれ F_1、F_2、またこれらと F の作用線との間隔を ℓ_1、ℓ_2 (m) とすると、

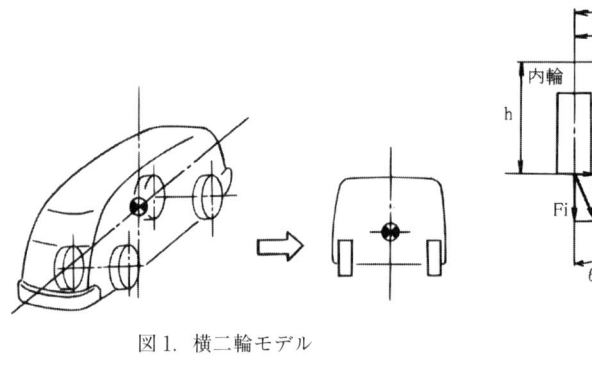

図1. 横二輪モデル

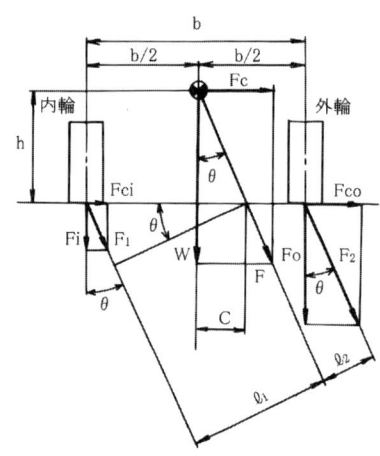

図2. コーナリング中の力のバランス

合力FとF₁、F₂との釣り合い	F	$=F_1+F_2$	…①
重心まわりのモーメントの釣り合い	$F_1\cdot \ell_1$	$=F_2\cdot \ell_2$	…②
①、②よりF₁とF₂を求めると	F_1	$=F\cdot \ell_2/(\ell_1+\ell_2)$	…③
	F_2	$=F\cdot \ell_1/(\ell_1+\ell_2)$	…④
一方、C=h tan θ であるので	ℓ_1	$=(b/2+C)\cos\theta$	
		$=(b/2+h\tan\theta)\cos\theta$	…⑤
	$\ell_1+\ell_2$	$=b\cos\theta$	…⑥
④に⑤、⑥を代入して整理すると	F_2	$=(1/2+h/b\cdot\tan\theta)F$	…⑦

ここで、$\sin^2\theta+\cos^2\theta=1$、$\tan\theta=\sin\theta/\cos\theta$、$\tan\theta=Fc/W$より$\cos\theta$を求めると$\cos\theta=w/\sqrt{W^2+Fc^2}$となる。ここで、$Fo=F_2\cos\theta$であるので、これに⑦と$\tan\theta=Fc/W$を代入すると、

外輪の垂直荷重	Fo	$=W/2+Fc\cdot h/b$ (N)	…⑧
内輪の垂直荷重	Fi	$=W/2-Fc\cdot h/b$ (N)	…⑨

このように重心が高いと外輪の荷重は増大し、その分、内輪の荷重は減少する。ここで、タイアのμは荷重があまり大きくなると、減少する傾向にある。遠心力がさらに大きくなると、図3のように$F_2=\sqrt{W^2+Fc^2}$ (N) となって外輪のみで荷重を支えることになる。このとき$F_i=0$となり横転の限界である。

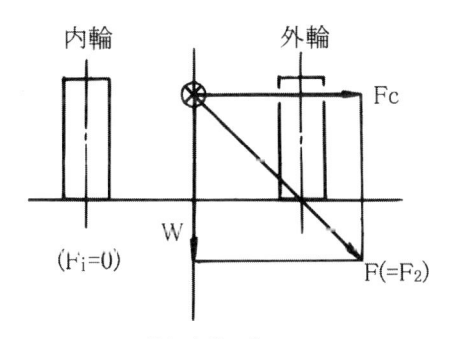

図3. 横転直前の力のバランス

4-7. なぜFFはアンダーステア、FRはオーバーステアになりがちなのか

　高速道路でカーブに沿って走行しようとしているとき、FF車は外側にふくらみがちになり、FR車はハンドルを切った以上に内側に曲がり込むような特性を示す。前者をアンダーステア、後者をオーバーステアという。路面が濡れていたり、アクセルを踏み込んでトラクションをかけているときにはこの傾向はさらに助長される。これらはすべてタイヤの摩擦円で説明することができる。この現象を詳しく解析するときは、定常円旋回テストを行う。図1のようにハンドルの舵角を一定にしておき、旋回しながら半径r (m)、例えば20 (m) の円周にそって車速を徐々に上げて行く実験である。

　車速が小さいときには円運動をしているが、だんだん速くなりドライバーが遠心力を強く感じだすころになると、FF車は図4のように円の外側に飛び出し、FR車は後輪が滑り出して内側に回り込む。4WDはさらに大きな速度まで耐えることができる。この現象を説明するのに図2のような縦二輪モデルを用いる。車両の質量をM (kg)、旋回半径r (m)、速度をv (m/s) とすると、遠心力FcはMv²/r (N) となる。重心を前・後輪の中心、すなわちホイールベースの中心にあるとすると、それぞれの車輪のタイヤは向心力-Fc/2 (N) を発生させて遠心力Fc (N) と釣り合っている。

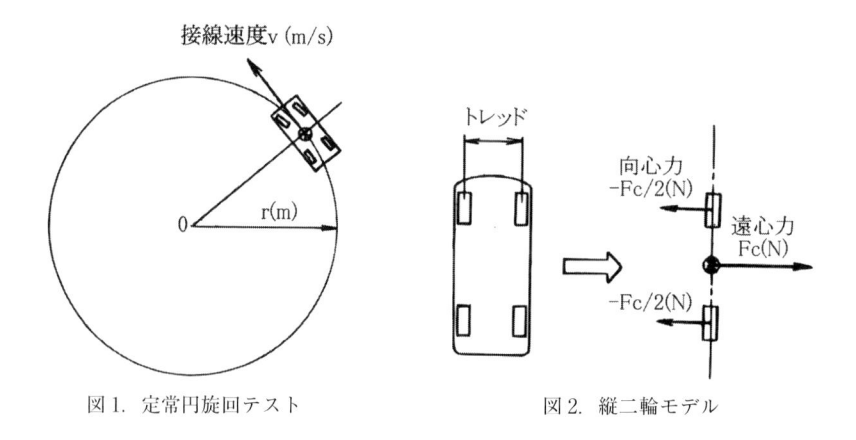

図1. 定常円旋回テスト　　　　図2. 縦二輪モデル

ところが、図3のように駆動輪ではこれに駆動力F_Dをベクトル的に加えた力を発生させなければならない。その合力の大きさは$\sqrt{(-Fc/2)^2+(F_D)^2}$（N）となり、遠心力と釣り合う力の絶対値$Fc/2$（N）より大きくなる。一方、タイアが発生できる最大のグリップ力、摩擦円の半径はタイアを垂直に路面に押しつける力と摩擦係数μとの積で一定である。速度が段々大きくなると、発生できるグリップ力との差、余裕が小さくなって行く。図のように合力が摩擦円を越えるとタイアが横滑りを起こすようになる。横滑りをすると動摩擦となってμはますます小さくなる。

　FF車は前輪が先に横滑りを起こすため、外側に飛び出してしまう。FR車は後輪が外に出るため内側に回り込むようになる。外側に飛び出しそうになったら、ハンドルをいったん外側に向けて切り、カウンターを当て旋回円の半径を大きくするようにして、摩擦円の中に合力を入れるようにする。FR車で高速コーナーを曲がる場合、オーバーステアになりがちな特性を利用することもできる。しかし、この操作は熟練したドライバーに限られる。4WD車の場合は前後輪に駆動力が配分されるので、コーナリング中にタイアが発生する力の均衡が保たれてニュートラルステアになる特性がある。

　凍結路でタイアと路面との摩擦係数が極端に減少するため、タイアの摩擦円が極めて小さくなる。そのため駆動力や制動力を発生できず発進や停止もままならない。また、タイアの横力も出ないため、低速で走行していてもちょっとアクセルを踏んだだけでスピンを起こすことがある。

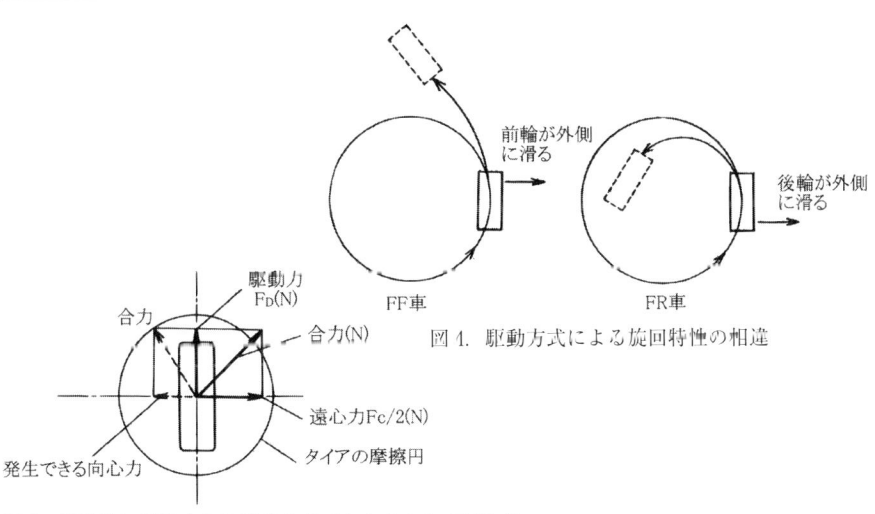

図 1. 駆動方式による旋回特性の相違

図 3. 駆動輪には遠心力に駆動力がベクトルとして加わる

4-8. タイアはどのように変形しながらサイドフォースを発生するのか

　人が乗ったり、荷物を積むとタイアはつぶれる。すなわち半径方向の変形である。コーナリング中は大なり小なり横方向にも変形しながら、クルマが曲がろうとする力を発生させている。その変形特性がコーナリング性能に大きく影響する。

　これまで説明してきたように、コーナリング中はクルマが旋回するときの進行方向、すなわち旋回円の接線とタイアの中心線の方向とにはずれが生じている。そのずれ角度が「すべり角」である。説明のためキャンバーがついておらず、タイアの接地部のトレッド全体が均一にベタ当たりしていることを前提にする。

　図1はタイアの変形を示す。左下のようにクルマが静止しているときはタイアの接地部の中心と車輪の中心とは一致しているが、回転しているときは車輪の中心より若干後方になる。上の図はタイアを上から見たものである。コーナリングに際して遠心力に抗してタイアには旋回の内側に向かって力が発生し、弾性体であるタイアは変形する。その変形を誇張するとタイアの中心線と直角に入れたハッチングのようになる。その変形はタイアの幅全体にわたって発生するが、代表断面として中心断面での状態を示している。すなわち、タイアの幅全体にわたって同じ大きさの変形が生じている。路面に接するとトレッド部は踏んばるように内側に向かって変形する。この状態を後方から見ると図の右下のようになる。クルマは遠心力によって旋回の外側に飛び出そうとするが、タイアの接地面にはこれと対抗する横力、すなわちサイドフォースが発生する。

　図のハッチングの長さが長いほど変形が大きく、大きな横方向の力を発生させている。ハッチングの間隔のような微小長さに対する変形と弾性係数の積がその微小部分の横力となる。この変形部分を拡大した図2でさらに詳しく説明する。タイアの変形部分は二つの領域に分けられる。一つはタイアが進行方向に対して徐々に横にずれて行く部分で、路面に吸いつきながら変形が増大し最大になるまでの粘着域である。トレッド面が路面にへばりついて力を出しているが、ついに我慢できなくなってすべり出す直前で変形は最大となる。その後、変型は急激に減少して収束する。ここがすべり域である。コーナリング時のグリップ力のほとんどは、この粘着域で発生している。また、すべり域の貢献度は小さい。

　図2の接地部全体で発生する横力の着力点は図1の下の図の接地部の中心に近い。この着力点はこれまでにも説明してきたように、タイアの中心Oよりも必ず後方になる。そのため矢印のように復元トルク（セルフアライニングトルク）を発

生する。これがハンドルを戻そうとする力になる。

　変形のしやすさをコンプライアンスというが、これが大きいタイアはコーナリングによる変形が大きい。空気圧が同じでも柔らかいタイアほど変形が大きくなり、逆に固いタイアが発生する横力が必ずしも小さいというものでもない。タイアのコンパウンド、トレッド、サスペンション機構やジオメトリーなどが影響するからである。

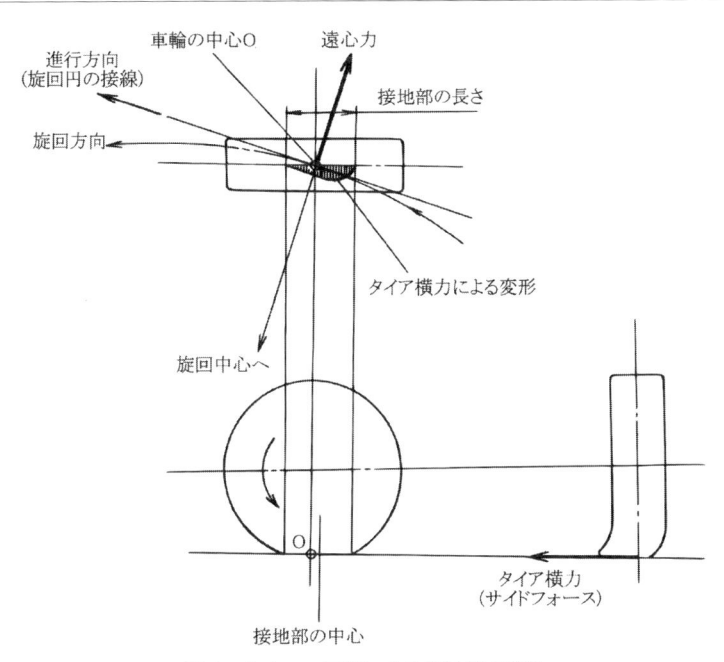

図1. タイアの回転による接地部の変化

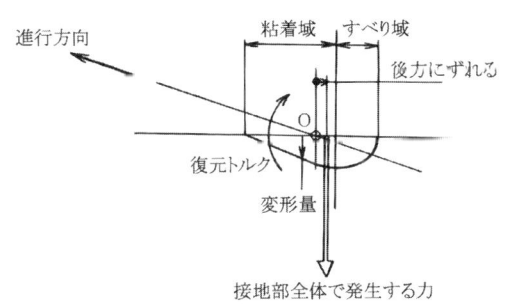

図2. タイア接地部で発生する力と復元トルク

4-9. カウンターを当てるとなぜクルマを立て直せるのか

　レーシングカーのインカーカメラの映像で、コーナーをうまく曲がっているのに、時々ハンドルを逆方向に切ってすばやく戻していることがある。これは逆ハンドルともいい、後輪がグリップ力ギリギリの状態で走行しているときに使うヨー・コントロールのテクニックである。後輪が外側に滑ってスピンをするのを防ぐ手法である。

　タイヤのグリップ力については3-1や4-2などでも触れたが、その応用として説明する。このテクニックはタイヤの摩擦円の中に遠心力と駆動力の合力が一瞬入るようにする技である。図1において遠心力を無視できるような超低速なら図の左のように、旋回の中心Oは重心の位置とは無関係に幾何学的に求められ、各車輪の直角方向の中心線の交点となる。ところが遠心力が加わると、タイヤはこれに抗した向心力を発生させる。このとき旋回の中心は3-1で説明したように前後輪の中間のO'に移動する。図のようにO'がOよりクルマ側にあるのがオーバーステア、反対側にあるのがアンダーステアである。

　後輪駆動車は前輪より後輪のほうが横すべりしやすい。図2はこの現象を説明するための二輪モデルである。前輪がaの軌跡で曲がって行くようにハンドルをⒶの方向に切っていたとする。重心点にはⒶの大きさの遠心力が発生している。これは分力として前後輪に加わる。図の右下のように駆動力を発生させながら、遠心力の分力と同じ大きさで反対方向の向心力も発生させなければならない。その合力Xがタイヤの摩擦円からはみ出すと後輪は外側にすべり出し、a'の仮想線の方向に回り込む。これが激しくなり間髪を容れずにスピンする。

　これを起こさないように後輪がグリップ力を失う瞬間に、ハンドルを一瞬、破線のBのように切る。すると車はbの方向に進むので、遠心力はⒷに減少する。この遠心力の分力に対抗する向心力の分力はⒶからⒷに減少する。駆動力が同じでもその合力はx'になり、タイヤの摩擦円内に収まる。こうして後輪はグリップを一時的に取り戻すので、次の瞬間にまたハンドルをⒶの方向に切り直す。こうするとタイヤが発生させる横向きの力は太い矢印のⒶ⇔Ⓑの範囲で行き来することになる。厳密には後輪は凸凹した多角形状の軌跡をとりながら、前輪の方向性を確保する。なお、後輪の横すべりをもっとも敏感に感じるのはシートとドライバーの体の接触部であるといわれている。

　FFの場合は4-7で説明したように、アクセルを強く踏みながら旋回しようとす

ると前輪が先にすべり出す。この場合はすべる方向、すなわち外側に向かって一瞬ハンドルを切って戻すことで対応する。これは通常のハンドル操作である。また、アクセルを踏み込みアンダーステア状態で旋回中にアクセルを急に閉じると、アンダーステアを補うためにハンドルを余計に切り込んでいるので、前輪のグリップ力が回復するとハンドルを切り過ぎた状態になって内側に回り込むタックイン現象が起こることがある。その回避にはハンドルを正常な状態に戻すだけなので、カウンターを当てるのとは異なる。

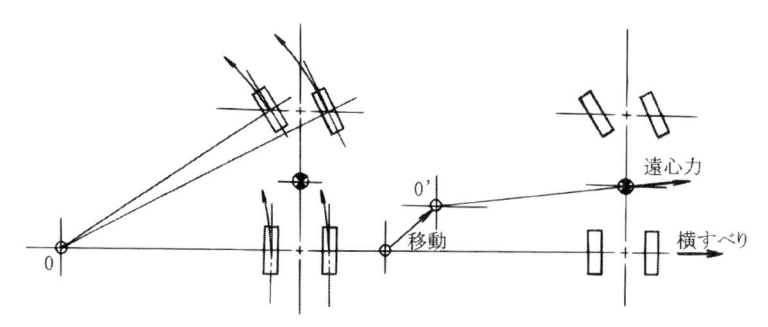

図1. タイアの横滑りによる旋回中心の移動

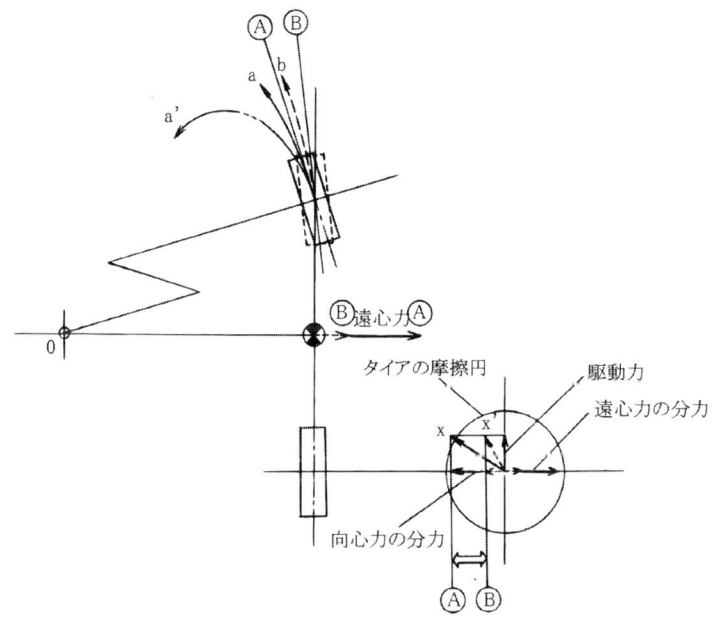

図2. カウンターによるスピンからの立て直し

4-10.　急加速や坂を登るときなぜFFよりFRが強いのか

　加速や登坂時には走行抵抗に加速抵抗や登坂抵抗が加わる。この抵抗に打ち勝つ
ための駆動力が必要になる。いくらパワーがあっても、この駆動力の限界はタイア
の摩擦円の大きさで決まってしまう。加速や登坂時には制動時とは逆に、あたかも
重心が後方に移動したかのようにリアの荷重が大きくなる。それに比例してリアの
摩擦円は大きくなる。

　図1のように車両質量 M（kg）、ホイールベース ℓ（m）、重心の高さ h（m）、重
心から前輪および後輪までの距離をそれぞれ ℓ_f（m）、ℓ_r（m）とすると、$\ell_f + \ell_r =$
ℓ（m）t となる。加速度 α（m/s²）で加速しているときの前後輪荷重と摩擦円を求
める。

　重心点には重力 Mg（N）と加速による後ろ向きの慣性力 Mα（N）がはたらき、
その合力は M$\sqrt{\alpha^2 + g^2}$（N）である。この合力と鉛直線のなす角を θ とすると、$\tan$
$\theta = \alpha/g$、$\sin\theta = \alpha/\sqrt{\alpha^2 + g^2}$、$\cos\theta = g/\sqrt{\alpha^2 + g^2}$ となる。

　これらを使って前、後輪荷重を求める。加速時には合力の作用線と路面との交点
O は図のように後方に h $\tan\theta$（m）だけずれることになる。そして、合力 M$\sqrt{\alpha^2 + g^2}$
は前後輪に分力 F_f、F_r として作用する。合力の作用線方向のバランスは $F_f + F_r = M$
$\sqrt{\alpha^2 + g^2}$、この両辺に $\cos\theta = g\sqrt{\alpha^2 + g^2}$ を掛けると、タイアを路面に押しつける力
F_f と F_r になる。

$$F_f + F_r = Mg \qquad \cdots\cdots (1)$$

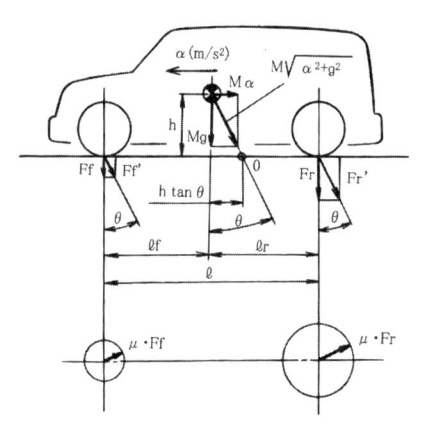

図1. 加速時の車輪荷重とタイア摩擦円の変化

O点まわりのモーメントのバランスは、

$$F_f (\ell_f + h \tan \theta) = F_r (\ell_r - h \tan \theta) \qquad \cdots\cdots (2)$$

$\ell_f + \ell_r = \ell$、$\tan \theta = \alpha / g$であるから、(1) と (2) から F_f と F_r を求めると、

$$F_f = Mg (\ell_r / \ell - h / \ell \cdot \alpha / g)$$

$$F_r = Mg (\ell_f / \ell + h / \ell \cdot \alpha / g)$$

となり、一定速度で走っているときより前輪荷重は$h / \ell \cdot \alpha / g$減少し、後輪荷重は$h / \ell \cdot \alpha / g$増加する。これにタイアの摩擦係数$\mu$を掛けると摩擦円の大きさになるので、加速時はFRの方が大きな駆動力を発生させることができる。

　また、クルマが角度$\theta °$の坂を登っているときには、図2のように重心点に鉛直方向にMg (N) の重力がはたらく。加速時と同様に鉛直線方向のバランスは、

$$F_f' + F_r' = Mg \qquad \cdots\cdots (3)$$

O点まわりのモーメントのバランスは、

$$F_f (\ell_f + h \tan \theta) = F_r (\ell_r + h \tan \theta) \qquad \cdots\cdots (4)$$

$F_f = F_f' \cos \theta$、$F_r = F_r' \cos \theta$であるから (3) と (4) からF_fとF_rを求めると、

$$F_f = Mg \cos \theta (\ell_r / \ell - h / \ell \cdot \tan \theta)$$

$$F_r = Mg \cos \theta (\ell_r / \ell - h / \ell \cdot \tan \theta)$$

　登坂時も加速時と同様にFRの方が大きな駆動力を発生させることができる。いずれの場合もホイールベースℓが長く、重心高hが低いほど前後輪の荷重変化は小さくなる。

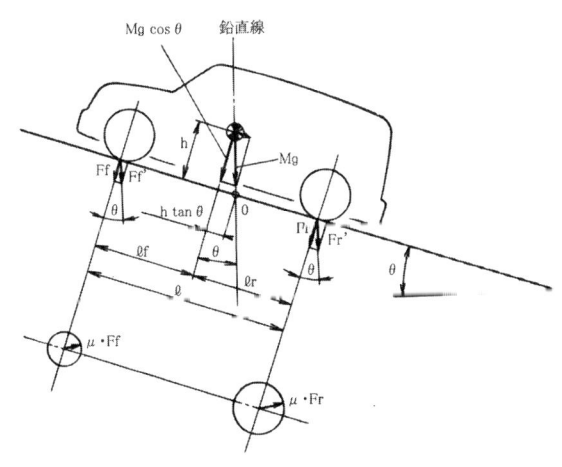

図2. 登坂時の車輪荷重とタイア摩擦円の変化

4-11. ブレーキはなぜフロントが先にロックするようになっているのか

レーシングカーが強くブレーキングしたときの写真で、リアホイールは回転しているがフロントはロック状態になっている。テレビで「フロントが先にロックしているのが分かりますね」と解説しているのをご記憶の読者の方も多いと思う。レーシングカーのブレーキはフロントの摩耗が激しい。これは、図1のようにブレーキング時には慣性力が前向きに作用するので前輪の荷重がその分、大きくなり、タイアが発生させることができる路面との摩擦力も大きくなる。従って、前輪は後輪より大きな制動力を発揮できるポテンシャルがあるので、フロントのブレーキはリアより強力に設計されている。

水平な路面でタイアが発生させることができる最大の摩擦力は、4-3で説明した通り垂直方向の荷重とタイアの摩擦係数 μ との積である。この μ はスリップ時には、動摩擦になるので小さくなる。図2の左のようにタイアが路面に対して滑らずに回転しているときは、タイアの接地面と路面との相対速度は車速度v (m/s) はv-v=0である。しかし、右のようにロックするとタイアと路面との相対速度はv-0=vとなる。すなわち動摩擦となり μ は一層小さくなる。このようにタイアが滑り出すと路面との摩擦力は急激に減少する。

ABS (Anti lock Brake System) が装着されていない自動車を例に考える。車両の質量をM (kg)、後ろ向きの加速度を $-\alpha$ とすると、ブレーキング時には前向き

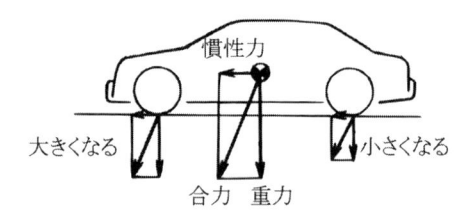

図1. ブレーキングによる前輪荷重の増大

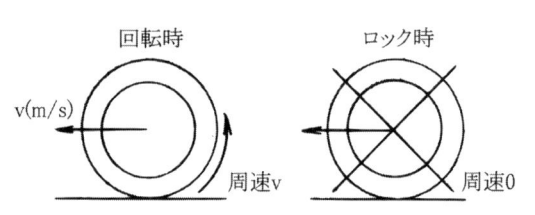

図2. タイアの接地部分と路面との相対速度

に慣性力Mα（N）が発生する。図3の左のように前輪はロックしているが、後輪がまだロックしていない場合は、前輪と路面は動摩擦状態、後輪はまだ静止摩擦状態を維持している。従って、制動力は前輪より後輪の方が大きくなる。慣性力は重心点に前向きに発生し、これに対し後輪の制動力が引っ張るように作用するため、自動車の直進性は保たれる。

　逆に後輪が先にロックしたときには図の右のように前輪の制動力が大きくなる。あたかも走っている自動車を前から押して止めようとすることになる。一方、前向きの慣性力は前輪より後ろに発生している。もし、重心の位置が偏っていれば、前輪のまわりに車両を回転させようとするモーメントが生じる。同様に左右の前輪の制動力に差があった場合には、制動力の大きな車輪のまわりに車両を回転させようとする力が発生する。重心が車両の中心線上にあり、左右の前輪の制動力が全く等しければ、理論上は後輪が先にロックしても方向性は維持されるが、現実にはありえないことである。

　このように後輪がロックした状態でハンドルを切ると、スピンの引き金となるのできわめて危険である。また、前輪がロックしているときはステアリングを操作しても、自動車を回頭させることはできないので危険を回避することは難しい。そこで、ロックすると一瞬、ブレーキ油圧を下げてロックを解除し、タイヤのグリップ力を回復させるABSが開発された。また、ロックしていなくてもブレーキング時にはタイヤが後ろ向きの力を発生させているので、4-3で説明したように横向きの力を発生させる余力は小さくなっている。

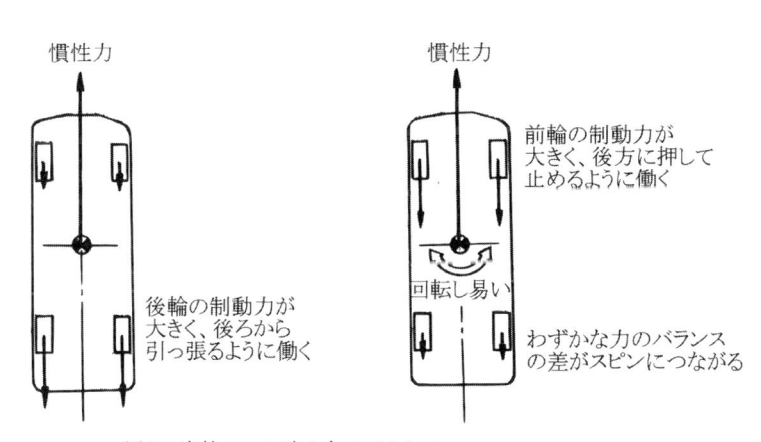

図3. 車輪ロック時の力のバランス

4-12. タイアの空気圧が減るとなぜ燃費が悪くなるのか

　燃費の表し方として km/ℓ、km/kg、ℓ/100km、ton・km/ℓ があるが、日本ではガソリン車やディーゼル車の燃費はリッター当たりの走行距離で計算される。そのもとになるのがタイアの回転数である。図1のようにA地点からB地点までの走行距離はタイアの有効半径に2πと回転数を掛けて計算したものである。簡単にするため距離の算出輪と駆動輪は同じとする。タイアの空気圧が減少して有効半径が小さくなると、タイア1回転当たりの走行距離が短くなり、同じ距離でも長く算出される。すなわち真の距離ℓ_0(km)に対し、計算された距離ℓ(km)は$\ell > \ell_0$となる。

　メーター上の走行距離は適正な空気圧のときよりも長く表示される。実際には同じ距離なので、タイアの回転が増えたぶんエンジンも多く回転し、余計な仕事をさせられたことになる。一方、メーターに表示された距離は長めになるので互いに相殺し、一見適正な空気圧のときとあまり変わらない。

　しかし、空気圧が減少することで、実際の燃費は悪化する。クルマの走行抵抗のうちタイアに関係するのは転がり抵抗R_rで、クルマの質量をM(kg)、転がり抵抗係数をμ_rとすると$R_r = \mu_r \times Mg$(N)である。レーシングカーではないから、ダウンフォースDFはゼロとする。空気圧が減少してタイアの変形が大きくなると、当然μ_rが大きくなる。したがって、転がり抵抗が大きくなって、そのぶんエンジンがしなければならない仕事は増大する。

　タイアの空気圧が低くなると図2のように接地時に毎回変形させられる部分が大きくなり、この変形をさせるための仕事が大きくなる。接地面のリーディング側（前方）の路面と接する部分では常に（つぶす力）×（変形量$r_1 - r_2$）(Nm)の仕事が必要で、これがタイアを発熱させることになる。タイアは回転しているので路面

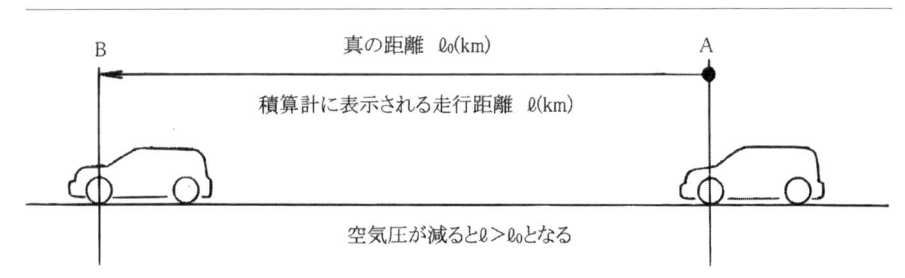

図1. タイアの有効半径が積算距離に与える影響

と次々に接触していく。タイアにはスプリングとダッシュポットの要素があり、それが連続して伸び縮みしている。この運動による仕事が熱を発生させる。

　タイアの有効半径が減るので、無意識のうちにドライバーはエンジンの回転を上げようとアクセルを踏み込むことになる。エンジンのフリクションロスは回転数のほぼ1.5乗で増大する。同じ速度でもタイアの回転数が増えるから、車軸のベアリングや等速ジョイント部分などの摩擦仕事も若干だが増大することになる。

　筆者が乗っているクルマのタイアは225/45R18のサイズであり、適正空気圧は230kPa（2.3kg/cm²）だが、これを120kPa（1.2kg/cm²）にすると、有効径r_2は3.5%減少した。タイアのサイドウォールに剛性があるので、内圧に逆比例して接地面積は増大しない。しかし、燃費の悪化より恐ろしいのは、空気圧の低下による高速走行時のスタンディングウェーブ（Standing wave）の発生である。図3のように空気圧が下がりタイアの周速v_T（m/s）より変形による振動が伝播する速度v_c（m/s）が小さくなると、スタンディングウェーブが発生しやすくなりバーストの危険性が増大する。

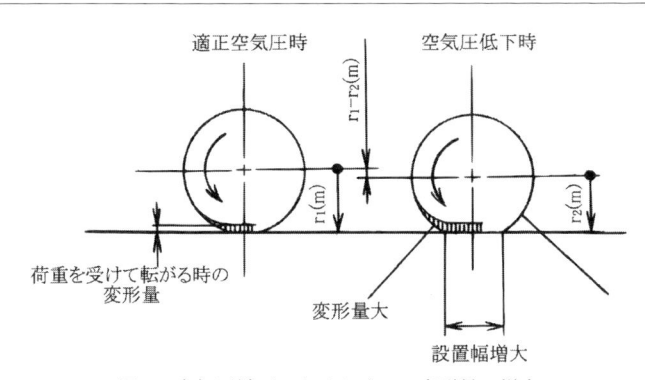

図2. 空気圧低下によるタイアの変形量の増大

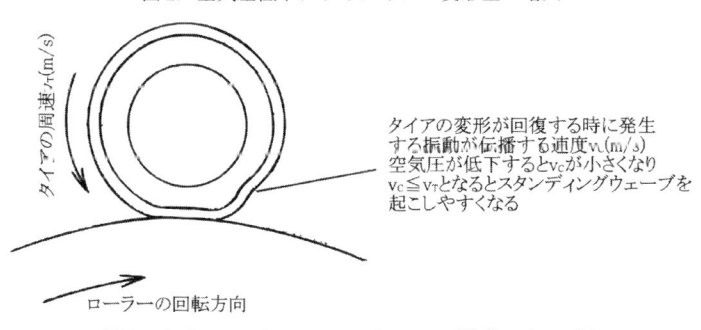

図3. タイアのスタンディングウェーブ発生メカニズム

4-13. 燃費の良い運転方法とは

　アクセルペダルを頻繁に深く踏み込んで走行すると、燃費が悪くなることは経験的にも分かっていることである。燃費の良い運転はこれの反対のことをすればよいわけであるが、クルマの質量だけでなく、回転部分の慣性を含めてなぜそうなるかを掘り下げて見る。

　図1のように水平な路面を一定の速度v（m/s）で走行しているとき、クルマにはたらく抵抗は転がり抵抗Rr（N）と空気抵抗R_ℓ（N）である。これに打ち勝って走行するためには、大きさが同じで逆方向の駆動力$F=Rr+R_\ell$（N）の力が必要である。話を簡単にするため伝動効率を100%とすると、エンジンは$Le=(Fr+R_\ell)\cdot v$（Nm/s）の仕事をしている。ここで、（Nm/s）は（W）であり、その1000倍は（kW）である。

　このときの燃料消費量は2-1-12のようにBSFC（g/kWh）× Le（kW）、すなわちBSFC × Le（g/h）となる。一定速度で走行しているのでLeは一定である。従って、燃料消費量はBSFCに逆比例する。図2のように等出力線上の出力で走行していても、数字で示した使用するギア段位によってBSFCは変わる。そして、低速段位になるほど最小燃費率ゾーンから離れて行く。そこで、ノッキングを起こさない範囲でできるだけ高い段位のギアを選択した方が低燃費走行になる。また、スロットルは全開にせずに、せいぜい3/4までの開度とする。

　さらに、クルマを加速するときには$Rr+R_\ell$に加速抵抗Ra（N）が加わる。加速時

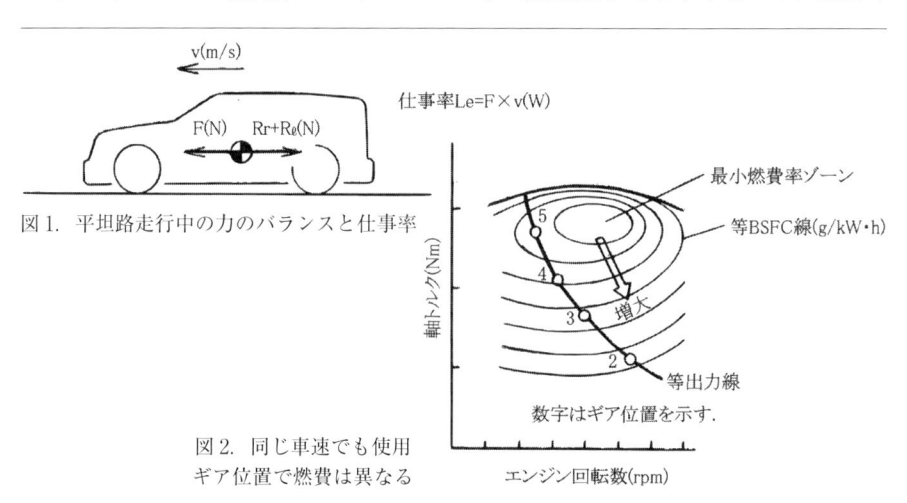

図1. 平坦路走行中の力のバランスと仕事率

図2. 同じ車速でも使用
ギア位置で燃費は異なる

には車両の他にエンジンやタイヤなどの回転部分の回転速度も上げなければならない。加速度を α（m/s²）、クルマの質量を M（kg）、回転部分の慣性モーメント Ip（kg・m²）の等価質量を ΔM（kg）とすると、Ra=（M+ΔM）・α（N）となる。慣性モーメントは極慣性モーメントともいわれ、回転の中心（極）から距離 r（m）のところに質量 m（kg）があるときの Ip は mr²（kg・m²）である。Ip の回転体を急加速度 dω/dt（rad/s²）で回転速度変化をさせるときに必要なトルクは Ip×dω/dt（Nm）である。

例題として図3に示す一様な厚さの円盤の Ip を求める。中心から x（m）離れたところの幅 dx（m）の円環の質量 dm（kg）は厚さを a（m）、密度を ρ（kg/m³）とすると、この部分の慣性モーメント ΔIp は 2πx・dx・a・ρ・x²=2πa・ρ・x³dx となる。図の円盤の Ip は、この ΔIp を x=0 から r までの積分、すなわち 1/2・π a・ρ・x⁴（kg・m²）である。このように、回転の変化のしにくさは円盤の半径の4乗に比例する。

クルマを加速するときには図4のように、定常走行に対しクルマの質量と回転部分の等価質量を加速するため余分なトルクが必要になり、その分、エンジンは余計な仕事をしなければならなくなる。特に低速ギアで急な加速をするときには、クルマ本体と同等以上に回転部分の回転速度を急速に上げるためにエネルギーがいることがある。これに加え急にスロットルを開くと瞬間的に空燃比を濃くするために加速増量機能がはたらくため、さらに燃費は悪化する。要するに、同じ速度ならできるだけ高速ギアを用い、加速時にはアクセルはゆっくり踏むのが低燃費走行のコツである。

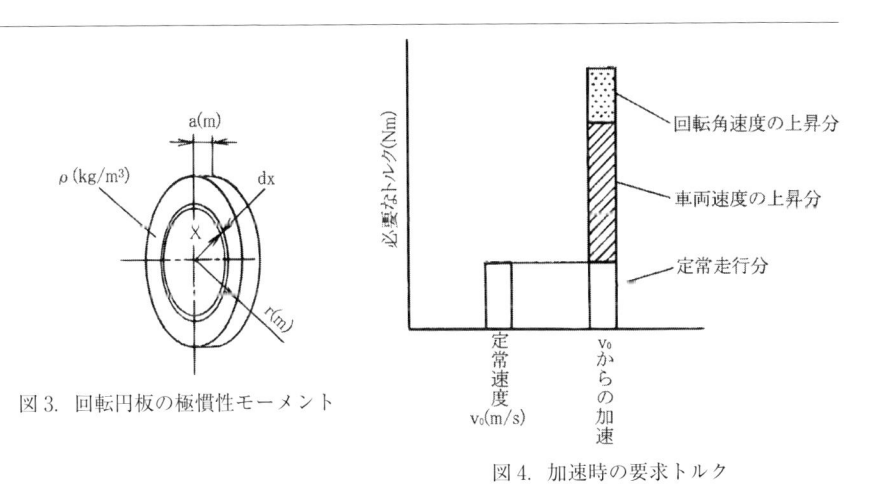

図3. 回転円板の極慣性モーメント

図4. 加速時の要求トルク

4-14.　なぜブレーキはフロントのほうが強くなっているのか

　制動時には、あたかも重心が移動したかのようにフロントの荷重が大きくなり、それに比例してタイアの摩擦円も大きくなる。一方、リアの荷重は減り摩擦円も小さくなる。そこで、乗用車ではフロントを17インチ、リアは16インチといった具合に前輪のローター径を大きくした例が多い。

　図1のように車両質量 M（kg）、重心がホイールベースの中心にあるクルマが一定の速度で走行しているときは、重心の高さに関係なく前後輪の荷重は Mg/2（N）となり等分である。ここで g は重力の加速度 9.8m/s^2 である。ところが減速時には前後輪の荷重には大きな差が発生する。図2では一般化するため、重心と前輪中心との距離を ℓ_f（m）、後輪との間隔を ℓ_r（m）とした。すなわちホイールベース ℓ は $\ell_f+\ell_r$（m）である。クルマが α（m/s^2）の減速加速度で減速しているときには、Mα（N）の慣性力が前向きに発生する。重力 Mg（N）との合力 F は $M\sqrt{\alpha^2+g^2}$（N）、また鉛直線となす角を θ とすると、$\tan\theta=\alpha/g$、$\sin\theta=\alpha/\sqrt{\alpha^2+g^2}$、$\cos\theta=g/\sqrt{\alpha^2+g^2}$ となる。

　これらを使って前、後輪の荷重を求める。制動時には合力 F の作用線と路面との交点 O は図のように前方に $h\tan\theta$（m）だけずれることになる。そして、合力 F は前後輪に分力 F_f'、F_r' として作用する。合力の作用線方向のバランスは $F_f'+F_r'$ $=M\sqrt{\alpha^2+g^2}$、この両辺に $\cos\theta$ を掛けると、タイアを路面に垂直に押しつける力 F_f と F_r になる。

　　　$F_f+F_r=Mg$　　　……（1）

O 点まわりのモーメントのバランスは、

　　　$F_f(\ell_F-h\tan\theta)=F_r(\ell_r+h\tan\theta)$　　　……（2）

（1）と（2）から F_f と F_r を求めることができる。そこで、例題として図1のように重心点がホイールベースの中心にあった場合の F_f と F_r を求める。$\ell_f=\ell_r=\ell/2$ を（2）に代入し、

　　　$F_f(\ell/2-h\tan\theta)=F_r(\ell/2+h\tan\theta)$　　　……（2）'

（1）と（2）' から Ff と Fr を求めると、

　　　$F_f=Mg(\ell/2+h/\ell\cdot\alpha/g)$　　　……（3）

　　　$F_r=Mg(\ell/2-h/\ell\cdot\alpha/g)$　　　……（4）

（3）と（4）より重心が低く、ホイールベースが長いほど、制動による前後荷重の変化が小さいことが分かる。具体的な例として、車両質量 M=2000kg、ホイールベース ℓ =2.8m、重心点の高さ h=1m のクルマが制動加速後 α =4.9m/s^2（0.5G）で減速

している場合、前後輪の荷重は、(3) (4) にこれらの値を代入して、前輪の荷重13300N (1357kg)、後輪の荷重は6300N (643kg) となる。これにタイヤと路面との摩擦係数 μ を掛けると、それぞれの摩擦円 R_f、R_r ($R_f > R_r$) となる。このように制動時には前輪の荷重が大きくなり、それにともなって摩擦円も大きくなるので、後輪より大きな制動力を発揮できる。

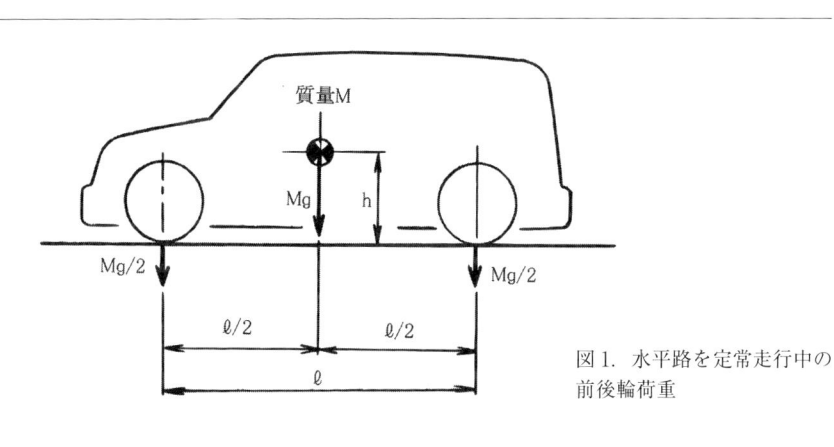

図1. 水平路を定常走行中の前後輪荷重

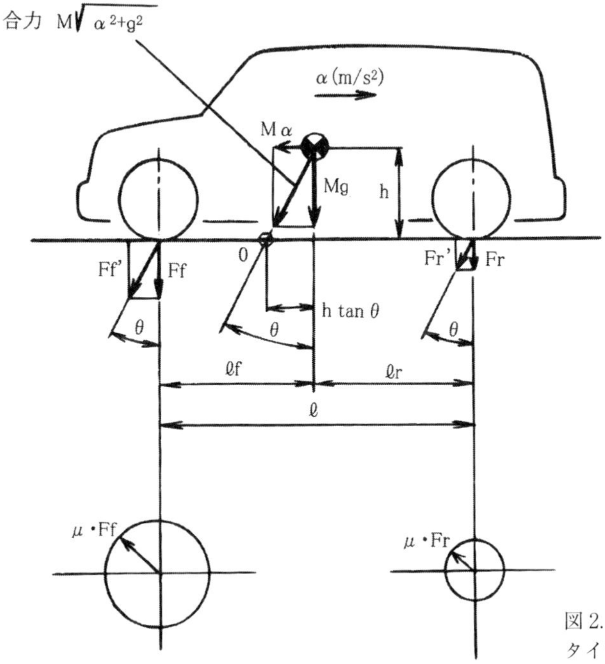

図2. 制動時の車輪荷重とタイヤ摩擦円の変化

4-15. 発進直後の加速はなぜMT車に比べてトルコン車のほうが良いのか

　日本のモータリゼーションが大きく進展した1960年代、トルコンはエアコンとパワーステアリングとともに三種の神器と呼ばれた。トルコン車のことをノークラと呼ぶこともあるが、トルクコンバーターは単なるクラッチの代わりではない。発進直後の加速を改善する機能がある。一般的なトルクコンバーターはポンプインペラーとタービンランナーおよびステーターの3要素から構成されている。図1はFR車に搭載された状態の模式図である。

　クランクシャフト後端に取り付けられたドライブプレートと一緒に回転するポンプインペラーで、トルコンオイルを外周に沿いながら勢いよく送り出す。これがタービンランナーの内側にある多数のブレードに当たり、オイルの流れを介してタービンランナーを回転させる。このタービンランナーの中心軸は、トルコンの出力軸であり変速機の入力軸とスプライン結合されている。ステーターはポンプインペラーの回転数に対しタービンランナーの回転数が設定値より低いときは、オイルの流れを変えて再びタービンランナーに送り、これを駆動する力を増大させる。両者の回転数の差が近づいてくると、ステーターが邪魔になるためワンウェイクラッチが作動して空転するようになっている。

　ポンプインペラーの回転数 N_P (rpm) と入力トルク T_P (Nm) はエンジンの回転数 N_E (rpm) とトルク T_E (Nm) と同じである。タービン側の回転数を N_T (rpm)、

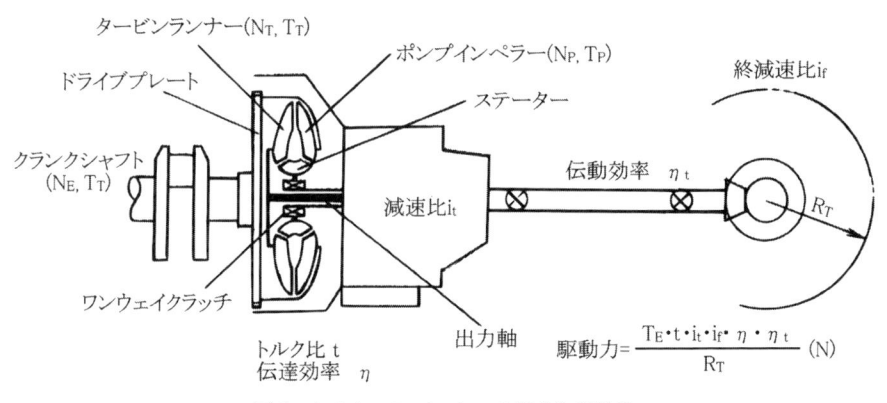

図1. トルクコンバーターの構成と駆動系

トルクをT_T（Nm）とする。N_T/N_Pを速度比e、T_T/T_Pをトルク比tと呼ぶ。これらを用いてトルコンのトルク拡大特性を図2で説明する。アクセルペダルを踏み込んでクルマが動き出す直前のeは0であり、トルコンは目一杯滑っているが、ステーターがもっとも機能を発揮するのでtは最大となる。eの増大とともにtは漸減し、eが0.8以上ではt=1となる。e=0.8でステーターが空転し始めるからで、この点をクラッチポイントと呼ぶ。

　一方、流体を介して動力を伝えるので伝達効率ηが重要である。このηは出力軸と入力軸の仕事の比で$\eta=T_T \cdot N_T/T_P \cdot N_P=e \cdot t$となる。e=0のときトルコンはもっとも大きなtを出しているが、eが0なので$\eta=e \cdot t$はゼロである。そして、eの増大にともないηは大きくなるが、タービンランナーのブレードの背面にオイルが当たり出すようになり、クラッチポイントの手前から減少し出す。そして、クラッチポイント以降では直線的に増大する。

　図3のように変速機への入力トルクはクラッチポイントまでは、エンジンのトルクT_Eがt倍になる。発進からクラッチポイントまではt>1であるから、エンジンが発生するトルクより大きなトルクが変速機に入力するので大きな駆動力が得られる。クラッチポイント以降はエンジンのトルクがそのまま入力する。なお、ロックアップトルコンは所定の車速以上になると、ポンプインペラーとタービンランナーを機械的に直結してトルコン内での滑りを無くすようにしたものである。制御を含めて次々と新技術が開発され今ではMT車とほとんど変わらない燃費性能になっている。

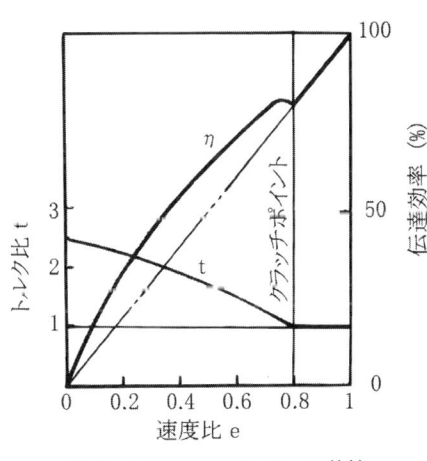

図2. トルクコンバーターの特性

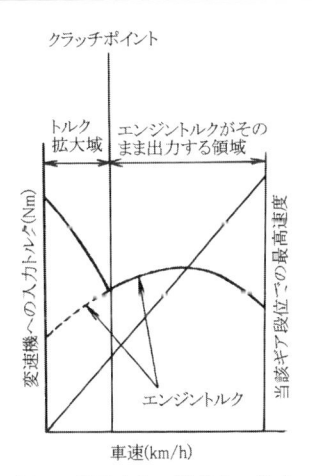

図3. 発進直後の駆動力の拡大

4-16. 余裕駆動力があるとなぜ運転しやすいのか

　同じボディに排気量が異なるエンジンが設定されていることがある。燃費重視の小さい排気量を選ぶか、動力性能にすぐれ装備も豪華な大きい排気量のにするか迷ってしまう。私は3500ccのセダンに乗っていたが、車検を機に同じセダンで2500ccのに乗り換えてみた。排気量が小さくなっても自動変速機とのマッチングがよく、市街地走行では排気量の違いほど動力性能の低下は感じなかった。しかし、高速道路での加速や登坂時には頻繁にシフトダウンが起こる。これがマニュアルなら意識して変速しなくてはならない。

　クルマが走るときには、エンジンやモーターは4-1で説明した走行抵抗とバランスした駆動力を発生させている。だが、アクセルを踏み込むとクルマはまだ加速する。これは加速するだけの余力があるからである。これを余裕駆動力という。図1は6速の変速ギアを有するクルマの走行性能線図である。6速ギアとシフトダウンして4速ギアで走行するときの駆動力と、走行抵抗およびエンジン回転数を示す。どのギア段位でも走行抵抗Rは同じである。二次関数的に増大するRと駆動力が同じになる速度が最高速度となる。6速の余裕駆動力F_1がゼロ、すなわち最大駆動力と走行抵抗が同じになる速度がV_{M6}である。一般に、平坦路走行時にエンジン回転数が最高回転数となるようになっている。

　4速ギアでは6速より余裕駆動力はさらにF_2だけ大きくなる。マニュアル車あるいはオートマ車でギア段位を固定して走る場合である。同じ速度ではエンジン回転数が高くなり、最高速度はエンジンの許容回転数で決まり、v_{M6}より低いv_{M4}となる。最高速度においてもまだ余裕駆動力を残しているが、エンジンの最高回転数が壁となる。v_{M4}以下の速度で走行するときは変速をせずにアクセルだけで速さをコントロールすることができるが、エンジン回転が上がり燃費が悪くなる。排気量が小さくても燃費が悪いという事例はこのようなギア位置での運転に起因することが多い。

　登坂時には図2のように走行抵抗はRに登坂抵抗Rsが加わってR'となる。その分、余裕駆動力は減少しF_3となる。最高速度はv_Mからv_M'と下がり、使えるエンジン回転数も最高回転数より低いNesとなってしまう。図3で登坂抵抗Rsについて説明する。質量M（kg）のクルマが傾斜θの坂を上っているとき、進行方向とは逆向きに$Rs=Mg\cdot\sin\theta$（N）の登坂抵抗Rsが発生する。次に加速抵抗であるが、図4のようにクルマが加速度α（m/s²）で加速しているときも、後ろ向きに$M\alpha$

（N）の加速抵抗が発生して、登坂時と同様に余裕駆動力を減少させる。

　図5のように駆動力の異なるA仕様とB仕様のクルマがあるとき、駆動力の大きなB仕様のクルマの方がA仕様より最高速度はΔV_Mだけ高くなる。そして余裕駆動力が大きい分、アクセル操作だけでシフトダウンせずに走行することができる。マニュアル車の場合は運転のしやすさにつながる。さらに、エンジン回転数はΔNeだけ低くなるので騒音も小さくなり、感覚的にも気持ちの良い運転を楽しむことができる。

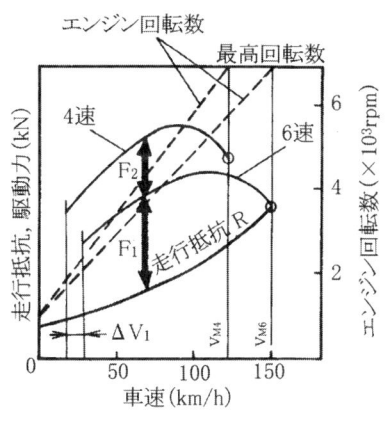

図1. ギア段位による余裕駆動力の変化

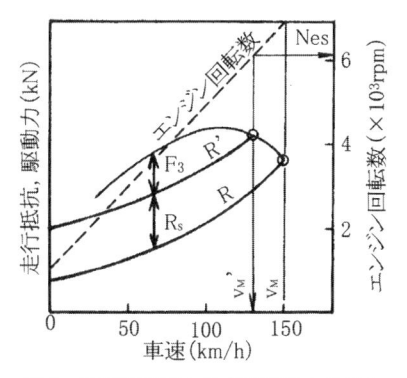

図2. 登坂抵抗による余裕駆動力の減少

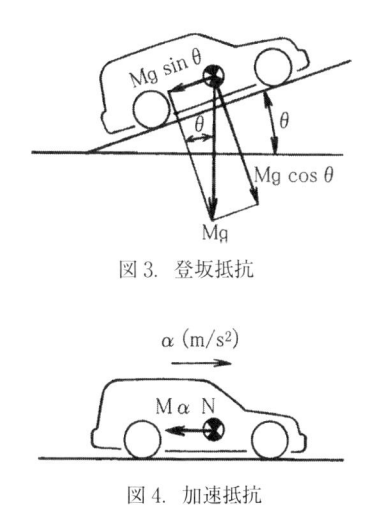

図3. 登坂抵抗

図4. 加速抵抗

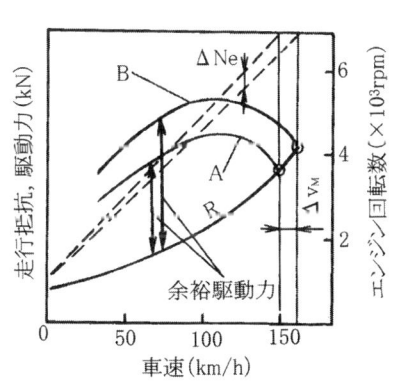

図5. 余裕駆動力増大の効果

4-17. 少し腕を曲げるようにしてハンドルを握った方が良いのはなぜか

　シートを後ろに下げ、シートバックを倒す。腕を一杯に伸ばしてハンドルを握る。伸ばした足でブレーキを踏む。いかにもスポーティな運転姿勢のようだが、安全運転には逆行する。運転席に座ったら、体重の7〜8割をシートで、残りを背もたれで受けるようにシートバックの角度を調節する。次にブレーキペダルを最後まで強く踏み込んだとき、尻が少しシートバックに乗り上げるように、シートの前後位置を決める。若かりし頃テストドライバーもしていたが、日本のモータースポーツ界の草分けで元NISMO社長の難波靖治氏にこう教えられた。

　図1のAは、レーサー気取りのドライバーなどで見かけることがある腕と足を一杯に伸ばした運転姿勢である。Bはデイトナ24時間レースでも日本車として優勝した日産のスポーツプロトタイプカーのコックピットレイアウトである。腕を若干曲げるようにしてハンドルの位置が伸ばしたときよりdだけ近くなるようにシートの位置を設定してある。また、レーシングカーはブレーキペダルが立っていて、前方に押すように操作する。一杯に踏み込んだときでも、まだ足を伸ばし切らないようなシート位置になっている。

　腕を少し曲げてハンドルを握った方が、非常時に機敏な操作ができ、疲れにくい運転姿勢であることを模式的に図2で説明する。上の図のように腕を一杯に伸ばして両手でハンドルを握っていて右に回そうとする。回すために左腕では上向きの

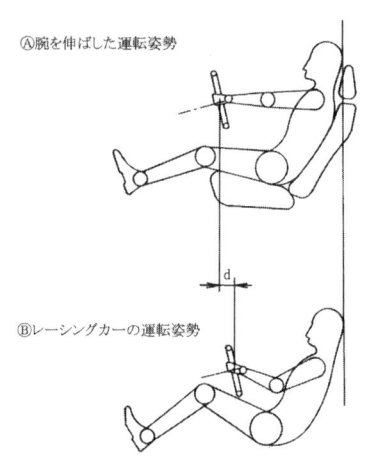

図1. ドライビングポジションの比較

F_1の力、図示していないが右腕ではこれとは反対方向の力、$-F_1$を発生させる。肩から手首までの長さをℓ_1とすると、左肩に要求されるモーメントMはM=$F_1 \times \ell_1$、これからF_1=M/ℓ_1となる。同様に腕を曲げてハンドルを握った場合は肩に要求されるモーメントはM=$F_2 \times \ell_2$、F_2=M/ℓ_2となる。

　肩で発生させるモーメントは同じなら、$\ell_1 > \ell_2$だから$F_1 < F_2$となり操舵力は腕を伸ばすと小さくなる。このことは拳を握って腕を一杯に伸ばして、上下あるいは左右に振ったときより、腕を曲げて拳を肩により近くにした方が楽に早く動かせることからも実感できる。腕を伸ばし過ぎると、咄嗟のハンドル操作が遅れることになる。また、肩にかかる力が常時、大きくなり、疲れやすくなるので、長時間のドライブには向いていない。

　日産のグループＣカーなどを駆り、数々の大レースで優勝した名ドライバー長谷見昌弘選手に怪我をしないコツを聞いたことがある。「スピンをしたときには正面を向いたまま、最初はハンドルを握る手には力を入れず、バリアなどに衝突する直前に腕と足で渾身の力を込めてつっぱることだ」と語った。最初から力を込めていると、だんだん力が小さくなって、理論的には衝突時に一番小さくなっていくことになる。経験を積まないと咄嗟（とっさ）のときにこうすることは難しいが、きわめて理に適（かな）った説明であった。

　レンタカーなど初めてのクルマを運転するときには、先ずシートを調節して正しい運転姿勢を確保し、バックミラーなどを調節するのが安全運転に欠かせない手順である。

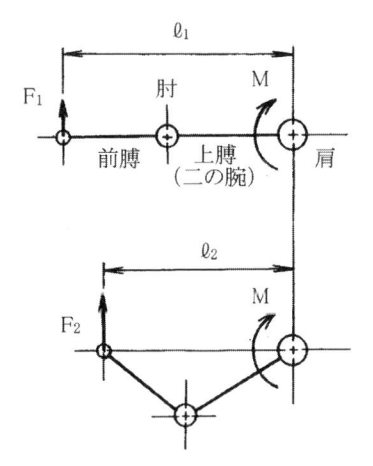

図2. 腕を伸ばし過ぎると操舵力は低下する

4-18. 音のエネルギーが２倍になっても３ホンしか大きくならないのはなぜか

　蚊が一か所に2匹とまって血を吸っても、かゆさは1匹の場合の2倍とはならない。皮膚の感覚や聴覚などは広い範囲の刺激レベルに反応するので、刺激の大きさに正比例して感じていたらとても耐えられない。悲しみや喜びについての感じ方も同じのようだ。

　ヒトの耳で聞くことのできる音の周波数は図1のように、可聴域と呼ばれる16Hzからその1000倍の16kHzの範囲である。16Hzから低い周波数は低周波微気圧振動で、音としては聞こえないが人によっては頭痛などを引き起こすことがある。16kHzより高いところは超音波と呼び、イヌやコウモリなどは聞くことができる。ここで、音の強弱は大小で、周波数は高い、低いと表現する。

　ヒトの耳で感じる音の大きさは単位面積当たりの音のエネルギー（W/m²）である。そして、音のエネルギーは音圧の二乗に比例する。音源の大きさはワットなので、図2のように音源からr (m) 離れた球面上の単位面積当たりの音のエネルギーは、音が通過する面積は$4\pi r^2$ (m²) であるからW/$4\pi r^2$ (W/m²) となる。

　一般にヒトの感覚は対数的に感じるという。対数はlogで表し、1000の対数はlog1000=log10³=3、同様にして1000000の対数はlog10⁶=6である。Y=logX をグラフにすると図3のようになる。この関係で感じるとしたら、100円儲けたときの喜びが2なら、1000円のときは10ではなく3になる勘定である。

　ヒトの耳で聞こえる最低の音の大きさは10^{-12}W/m²なので、これを基準としてその何倍なのかを対数にし、さらにそれを10倍して音のレベルdBで表す。すなわち、音の大きさのレベルLは、単位面積当たりの音のエネルギーをA (W/m²) とすると、

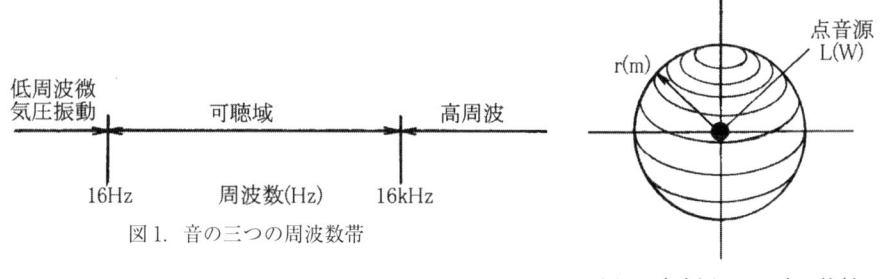

低周波微気圧振動　　可聴域　　高周波

16Hz　　周波数(Hz)　　16kHz

図1. 音の三つの周波数帯

点音源 L(W)
r(m)

図2. 点音源からの音の放射

$$L=10\log A/10^{-12} \quad\quad \cdots\cdots (1)$$

となる。Lの単位は10倍しているのでデシベルという。もし、Aが2倍の2Aとなったとすると、(1) のAを2Aに置き換えて、

$$L_2=10\log 2A/10^{-12}$$
$$=10\,(\log A/10^{-12}+\log2) \quad\quad \cdots\cdots (2)$$

ここでlog2=0.3なので (2) 式は、

$$L_2=10\log A/10^{-12}+3 \quad\quad \cdots\cdots (3)$$

となり、$L_2=L+3$すなわち3デシベル大きくなる。

　ここで、ヒトの耳は1kHz付近の音に敏感で、低周波域や高周波域では感度が鈍い。そこで、このデシベルを聴感補正のAスケールで補正したものをdB (A)、日本ではホンという。逆に、音のエネルギーが1／2になると (1) 式から3ホン小さくなることが分かる。

　音源からの距離が2倍になると図4のように音のエネルギーが通過する面積が4倍になるので、(1) 式でA=A/4とおくと$L_{1/4}$=L-6、すなわち6ホン小さくなる。

　途中を省略するが、音圧をP (Pa) とすると音のエネルギーは空気の密度をρ (kg/m^3)、音速をcとすると$P^2/\rho c$となる。これと (1) 式から常温では、L=20log P/2・10^{-5}となるので、マイクロホンで音圧を測定して音のレベルを求めることができる。

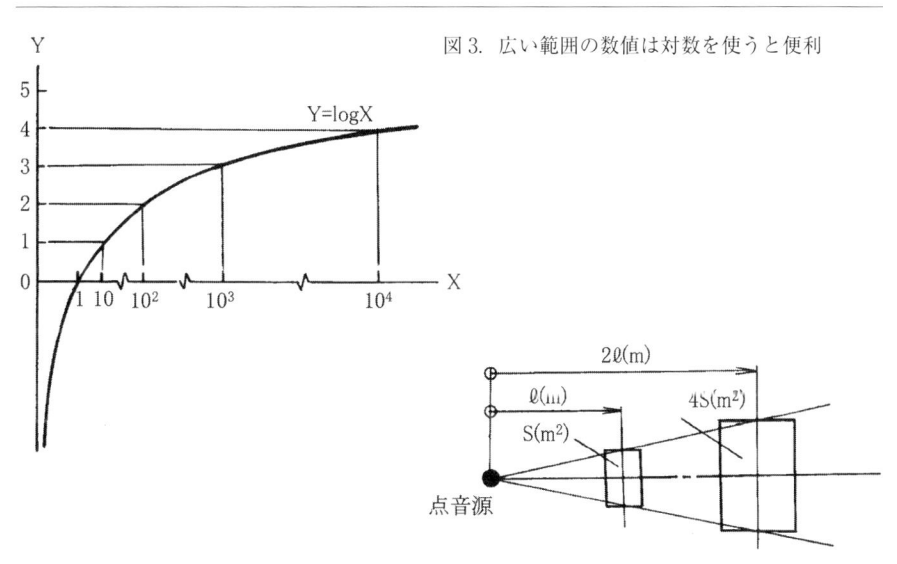

図3. 広い範囲の数値は対数を使うと便利

図4. 距離が2倍になると音の強さは1/4になる

第5章
空力

白動車が走行するとき、必ず空気による力を受ける。空気による力は抵抗ばかりではない。タイアを路面に押しつける力を発生させる。これによってレーシングカーは4章で説明した通りタイアの摩擦円を拡大して、高いコーナリング速度を維持することができる。空力パーツの効果や、レーシングカーが空気の力で容易に舞い上がるメカニズムにも触れる。スリップストリームの例から空気はエンジンの冷却に欠くことができない存在であることがわかる。

5-1. 最高速度はなぜパワーの1/3乗にしか比例しないのか

　パワーが2倍になると最高速度も2倍になりそうだが、理論的には1.26倍程度にしかならない。最大出力が8倍になってやっと最高速度は2倍になる勘定である。最高速度は平坦な水平路で出すことができる最高の速度をいう。4-1のように自動車が走行するときに働く抵抗は転がり抵抗Rr、空気抵抗Rl、登坂抵抗Rs、加速抵抗Raだが、水平路を一定速度で走行中はRsとRaはゼロである。従って、走行抵抗はR=Rr+Rlである。

　車両の質量をM（kg）、転がり抵抗係数をμ_r、重力の加速度をg（9.8m/s²）とし、ダウンフォースを無視できる場合は、Rr=μ_r・Mg（N）となる。一方、空気抵抗は空気抵抗係数をCd、空気の密度ρ（kg/m³）、前面投影面積A（m²）、車両の速度をv（m/s）とすると、Rl=1/2・ρ・Cd・A・v²（N）となる。この時、図1のように駆動力F（N）と走行抵抗は釣り合っているからF=Rr+Rl（N）。駆動輪が1秒間にする仕事はF・v（Nm/s）、すなわちF・v（W）である（図2）。エンジンやモーターの動力源の仕事率をLe（kW）、駆動輪に動力が伝達されるときの伝動効率をη_tとすると、η_t・1000Le=F・v（W）となる。一般の自動車ではη_tは0.98程度である。

$$\eta_t \cdot 1000Le = (Rr+Rl) \cdot v$$
$$= \{ (\mu_r \cdot Mg) + (1/2 \cdot \rho \cdot Cd \cdot A \cdot v^2) \} \cdot v \ (W)$$

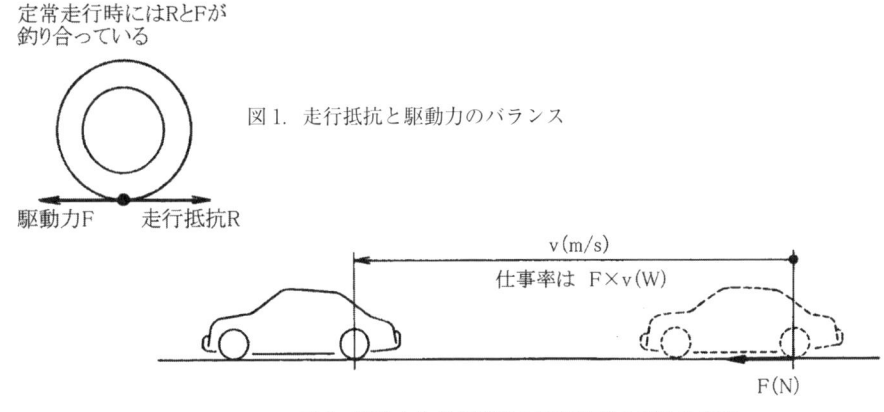

定常走行時にはRとFが
釣り合っている

図1．走行抵抗と駆動力のバランス

駆動力F　　走行抵抗R

v（m/s）

仕事率は　F×v（W）

F（N）

図2．駆動力と単位時間の移動距離の積は仕事率

左辺は駆動輪の仕事率、右辺は走行抵抗に抗して1秒間にした仕事、すなわち仕事率である。ここで簡略化のため一定となる（$\mu_r \cdot Mg$）/1000をB、（$1/2 \cdot \rho \cdot Cd \cdot A$）/1000をCとおけば、$\eta_t \cdot Le = (B+C \cdot v^2) \cdot v$ となる。これを $\eta_t \cdot Le = (B/v+C) \cdot v^3$ と書き直し、最高速度時のvをv_{max}とすれば、B/v_{max}は分母が大きくなれば無視できる。すなわち $\eta_t \cdot Le \fallingdotseq C \cdot v_{max}^3$ となる。さらに（η_t/C）$^{1/3}$=Kとおけば$v_{max} \fallingdotseq K \cdot Le^{1/3}$ となり、最高速度は動力源の出力の1/3乗に比例することがわかる。これからLeが2倍になってv_{max}は1.26倍、またv_{max}を2倍にするためにはLeを8倍にしなければならないことが分かる。

　また、坂道では登坂抵抗が加わるために図3のようにv_{max}はv_1からv_2に低下する。本格的なレーシングカーのようにダウンフォースDFがある場合には、高速時にはあたかも自重が増加したかのように作用する。逆揚力係数を-Clとすると車両を路面に押しつける力に$DF = (1/2 \cdot \rho \cdot Cl \cdot A \cdot v^2)$（N）が加わるので、転がり抵抗$Rr = \mu_r \cdot (Mg+1/2 \cdot \rho \cdot Cl \cdot A \cdot v^2)$ となる。転がり抵抗は図4のように速度の二次関数となり、高速時にはDFの方が自重よりはるかに大きくなる。DFが自重の3倍になったとすると転がり抵抗は4倍となり、最高速度に与える転がり抵抗の影響は無視できなくなる。

　途中の計算は省略するが揚抗比Cl/Cd=3、μ_r=0.05のレーシシグカーの場合は、Cdがあたかも約15%増加したかのようになる。μ_rの大きなタイヤを使うとダウンフォースの影響はさらに大きくなる。ダウンフォースはコーナリング特性を改善するが、一方で走行抵抗を増大させる。

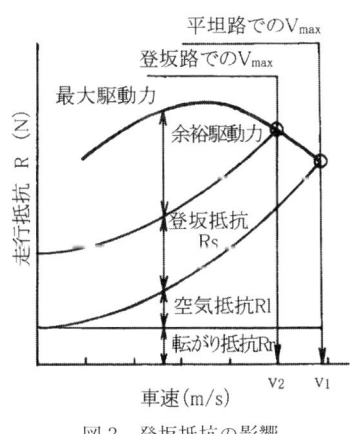

図3. 登坂抵抗の影響

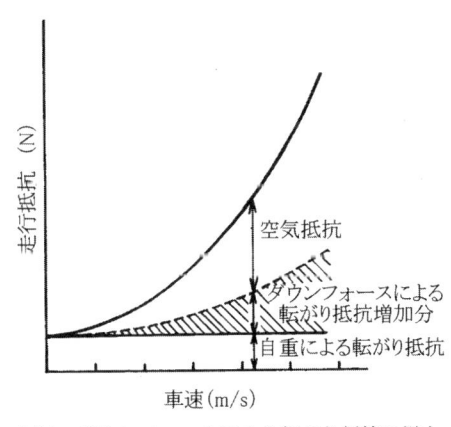

図4. ダウンフォースによる転がり抵抗の増大

5-2. レーシングカーではなぜ床下の形状が大切なのか

　以前、F1マシンは葉巻のタバコのようなボディに、サスペンションが取り付けられていた。走行性能を向上させるために空気の力を利用しようとしたのが、1968年のベルギーグランプリに登場したフェラーリであったといわれている（図1）。また、同時代の日本グランプリに、左右二枚のリアウイングをコーナリング中に独立に動かすようにした日産のR381車が出場し人目を引いた。この当時にはまだ積極的に床下の形状を工夫してダウンフォースを得ようとはしていなかった。ダウンフォースを増大させようとすると、必然的に空気抵抗も大きくなる。さらに、転がり抵抗も自重とダウンフォースの和に比例するので、その分、大きくなる。やがて、エンジンの大パワー化に伴い、空気抵抗が大きくなってもそれ以上にタイアのグリップ力が重要になってきた。

　最近では市販の乗用車でもなるべく床下をフラットにして、空気抵抗が小さくなるようにしている。一方、レーシングカーはタイアのグリップ力を増大させるために、ダウンフォースの利用が必須である。そこで考えられたのが床下に負圧を発生させて、マシンを下に吸い下げる方法である。図2のように床の前方を路面と平行に、Aから後方を斜めに跳ね上げたとする。こうすると床の下面と路面との間の空気が流れる通路断面積は、後ろに行くほど拡大する。路面と車体の前方とで挟みこまれた空気は、マシンが移動するので膨張させられ圧力が下がり大きなダウンフォースを発生する。自重以上のダウンフォースを発生させることも容易である。この跳ね上げ部分をディフューザー、負圧の発生をベンチュリー効果とも呼ぶ。

　レギュレーションにもよるが、B－C間のようにフロントにも拡張部を設けるこ

図1. 初期のウィングカー

ともある。この場合、空気はBから膨張して圧力は下がるが、再び通路断面積が小さくなるC－A間では圧縮され圧力が上がってしまう。そこで、車体の側面に負圧を発生させるようにしてここから空気を吸い出すようにする。だが、レギュレーションにより床下の形状に細かい規制が設けられている。例えば、フラットボトムと称する床下の平らな部分を確保するように、跳ね上げの位置やBの部分の地上高などが決められている。

　このように床下と路面との間の空気の流れが重要である。風洞実験で空気抵抗や揚力係数を求める場合、モデルを静止しておき前方から空気を流すだけでは正しいデータを採るのは困難である。そこで、モデルを動かすかわりに路面が動くようにしたムービングベルト風洞（図3）が考案された。ベルト状の路面をモデル前面の風速と同じ速さで動かし、走行時に近い状態を再現する。レーシングカーの空力特性の解析にはムービングベルト風洞は不可欠の設備である。航空機が着陸するとき滑走路と翼との間に空気を挟み込み、圧力が上がり揚力が増大する現象をグランドエフェクトという。レーシングカーでは逆にグランドエフェクトとは圧力が下がり、ダウンフォースを発生させる効果を指す。レーシングカーでは空気抵抗を減らす以上にダウンフォースを大きくすることが重要である。

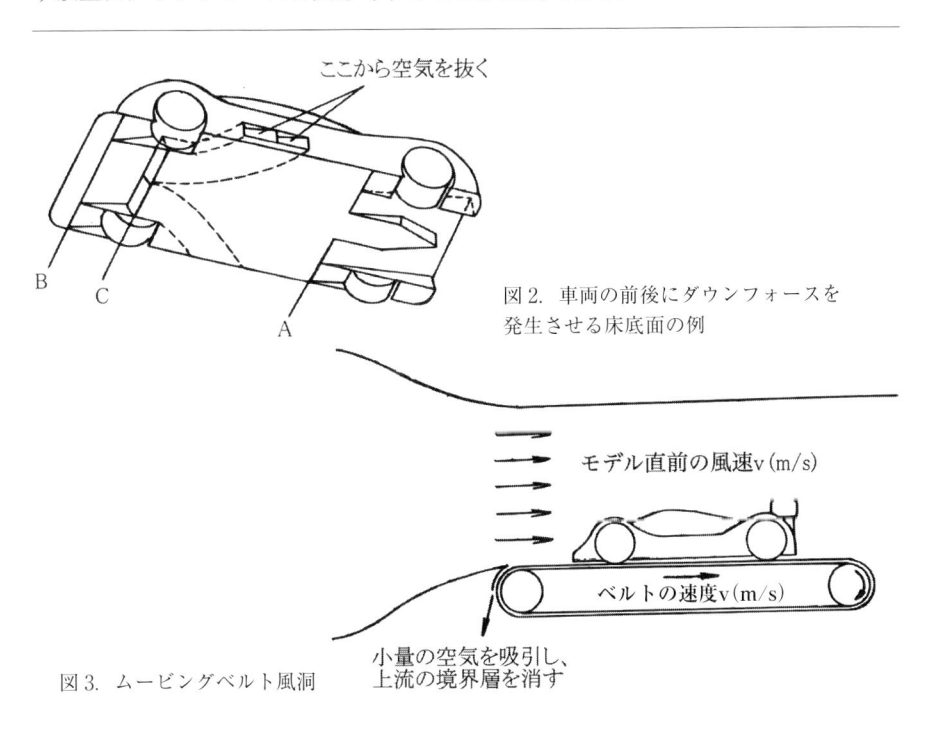

図 2. 車両の前後にダウンフォースを
発生させる床底面の例

図 3. ムービングベルト風洞

5-3. レーシングカーが後ろを向いた瞬間に飛び上がるのはなぜか

　空力ボディとも呼ばれる空気の力を使って、大きなダウンフォースを発生させる
ル・マンのLMP車のようなスポーツプロトタイプカーがスピンをして後ろ向きに
なった瞬間に飛び上がるのを、サーキットやテレビなどでご覧になった方は多いと
思う。目には見えない空気だが、圧力とそれを受ける面積があれば、大きな力とな
って現れる。

　図1の上の図のように板の前縁を下げて進むと下向きの力、すなわちダウンフォ
ースが発生する。板に当たる空気の力は、進行方向とは逆方向に働く抗力（抵抗）
とダウンフォースに分けることができる。また、前縁を上げて正の迎角、$+\theta$ にす
ると揚力が発生する。ダウンフォースや揚力を得ようとすると、必ず抗力がセット
で発生する。

　レーシングカーにとってダウンフォースは、タイアのグリップ力を増大させる手段
としてきわめて効果的である。ダウンフォースを増やすためにウイングを装着した
り、フロントやリアのフロア（アンダーカバーやアンダーパネルともいう）にディフ
ューザー部を設けたりする。また、チンスポイラーなども装着される。この中でも
大きな力を発生させるのが、リアディフューザーを形成するリアフロアとウイング
である。

　スポーツプロトタイプカーの場合、リアフロアは図2のような形状をしている。
エンジンや変速機と干渉しない部分の床に傾斜をつけて後ろに行くほど高くする。
こうすると空気が通るトンネルの断面積は後ろに行くほど大きくなる。路面と床下

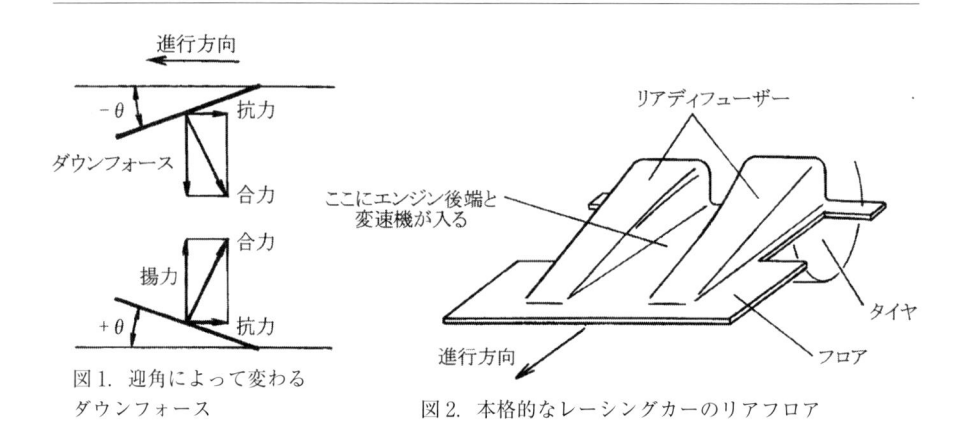

図1.　迎角によって変わる
ダウンフォース

図2.　本格的なレーシングカーのリアフロア

に挟まれた空気は膨張させられて圧力が下がる。この部分は空気を拡散させるのでディフューザーともいう。ここであたかも路面に吸いつくような力を発生させる。

このほかにも、図3の①のように、車体の各部でダウンフォースを発生させるようになっている。ウイングは大きな力を発生させる。前輪荷重を大きくするために、リアよりは小さいがフロントのフロアにもディフューザーが形成されている。

クルマが正常に前を向いて走行しているときは、フロントディフューザーでF_F、リアディフューザーでF_R、ウイングでF_Wのダウンフォースを発生させている。これにクルマの質量Mによる下向きの力Mgが加わる。すべて単位はNである。この三つの力の合計、$F_F+F_R+F_W$は非常に大きく、高速では自重による重力Mgの数倍になる。ちなみに筆者らがかつて開発したニッサンR91CPでは4倍にも達していた。

タイヤのバーストなどにより高速でスピンをして、後部が前を向く瞬間が危険である。すると、図1の下のような状態になって力の向きは上向きの揚力に変わる。同じ速度ならダウンフォースより後ろ向きになって発生する揚力の方が小さい。だが、高速で走行しているときにスピンをすると、瞬間なのでまだスピン前の速度に近い速度を維持している。図3の②のように働く揚力が自重を超えると、すなわち$F_F' +F_R' +F_W' >Mg$となるとクルマは飛び上がってしまう。また、$F_R' +F_W'$が後輪が分担する自重を超えると、リアが浮き上がり迎角が大きくなるので揚力はさらに大きくなり、ひどい場合にはあお向けにひっくり返ることがある。

こうしたことからダウンフォースを制限するために、レギュレーション（レース規則）で前後のディフューザーやウイングの大きさと形状に様々な制限が設けられている。

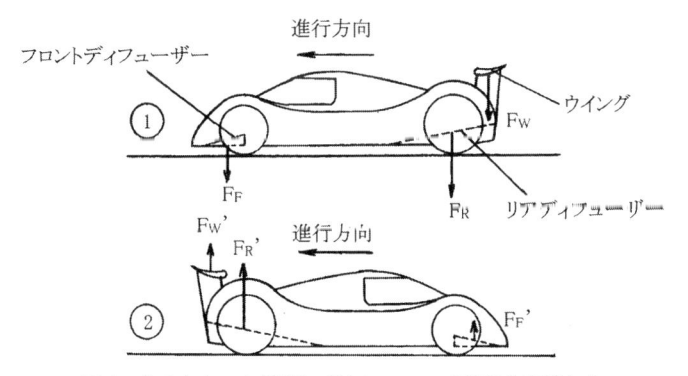

図3. 後ろを向いた瞬間にダウンフォースは揚力に変わる

5-4. 空力パーツの目的と原理はなにか

　自動車が走行するとき、必ず空気による力が働く。その力は抗力すなわち抵抗（ドラッグ）と揚力（リフト）に分けられる。抵抗は走行するのに無駄な力であり、できる限り小さくしたい。キャブオーバー型のパネルバンのキャビンの屋根に付けるカウルもそのためである。揚力はタイヤの接地力を減らし高速でのコーナリング性能を悪くする。レーシングカーのように揚力を下向きに発生させるとダウンフォース（逆揚力）となり、タイヤのグリップ力を大きくする。まず、揚力が発生する原理について説明する。

　図1のように断面が翼型をした板が底面が空気の流れに平行になるように置かれている。空気が上面と下面に分岐する点をA、再び出会う点をBとする。図のように上面に沿って流れる方が下面より速くなり長い距離を移動することになる。空気を小さな粒々（分子）と考えると、その間隔は上面では引き伸ばされ大きくなるので、圧力は下面より低くなる。従って、揚力L（N）が発生する。同時に抗力D（N）も発生する。空気の速度をv（m/s）、密度をρ（kg/m^3）、翼面積をA（m^2）、とするとLもDも$1/2 \cdot \rho \cdot A \cdot v^2$（N）に比例する。この比例定数をそれぞれ揚力係数Cl、空気抵抗係数Cdで表す。Cl/Cd（シーエルバイシーディー）を揚抗比と呼び、これが大きい方が効率がよい翼型である。図2のように気流に対して迎え角θをつけると、θの増大とともにCl、Cdともに大きくなるが、やがて空気が翼面から剥

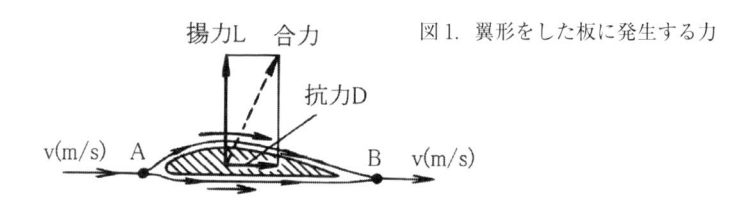

図1. 翼形をした板に発生する力

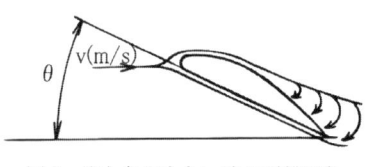

図2. 迎え角が大きい時の剥離現象

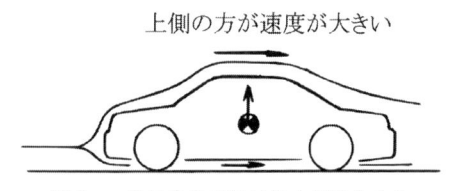

図3. 一般に自動車には揚力が発生する

離し出す。こうなるとClにくらべCdの方の増大が著しくなる。航空機では剥離を嫌うが自動車では、後流に渦が発生するのは止むを得ないとされている。

　自動車をマクロ的に見れば、図3のように床下を流れる空気より屋根側を流れる空気の方が流速は大きくなる。特別な対策を施さない限り、自動車には揚力が働き高速になるとタイアを路面に押しつける力はその分小さくなる。スポーティな車両では床下やボディの形状を工夫して揚力を発生させないゼロリフトのものもある。

　図4のように翼型をしたウイングを取り付けて下向きの力を発生させると、タイアのグリップ力は増大する。この図のようにウイングの裏面（この図では上側）が平らではなく、円弧状になっているものをキャンバー翼と呼び、効率よくClを大きくすることができる。なお、車体に沿って流れる空気は路面と平行ではなく、図のように斜め上からウイングに当たるので迎え角を取ったのと同じになる。揚力を大きくしようとすると、空気抵抗も増大する。これを誘導抵抗と呼び、無くすことはできない。

　ワンボックスカーなどで屋根の後端にスポイラーを装着することもある。しかし、極端過ぎるとここに発生する空気抵抗が、若干なりとも図5のように後車軸まわりにノーズアップ方向のモーメントを発生させる。とくにFFの場合は駆動と操向を同時に行う前輪の荷重が減少することは、決して有利なことではない。高速時の空気抵抗の増大による燃費への影響も心配である。チンスポイラーや床下の形状で効率よく有利な方向に空気の力を利用するのが賢明である。

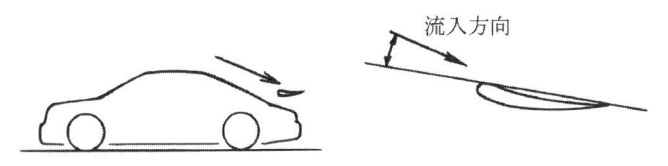

図4. リアウィングに当たる空気の流れ

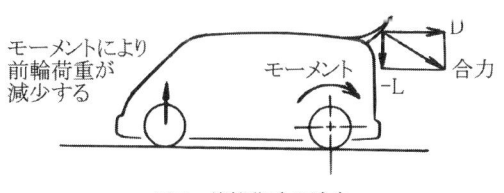

図5. 前輪荷重の減少

5-5. スリップストリームを使うとオーバーヒートしやすくなるのはなぜか

　ストレートで前のマシンにぴったりと付いて走行し、コーナー進入直前でインに入って脱出時には前車を抜いているというのは、レースにおける常套手段である。この、前を走るマシンの直後に付いて、同じスピードでも空気抵抗を小さくして走ることをスリップストリームという。強い風に向かって歩くとき人の直後についた方が楽なのと同じである。前車の後ろの空気の圧力が低くなる、すなわち風圧が減るからである。車が走り抜けると落ち葉がその後ろで舞い上がって、ついて行こうとすることからも想像がつく。

　参考までに静止気流中を270km/h（v=75m/s）で走行しているマシンにはたらく空気抵抗を求める。前面投影面積Aが2m²、空気抵抗係数Cdが0.5、空気密度ρを1.20kg/m³とすると、空気抵抗Rlは$1/2 \times \rho \times Cd \times A \times v^2 = 1/2 \times 1.20 \times 0.5 \times 2 \times 75^2 = 3375$Nとなる。ところが前の車が空気をかき分けて走ってくれるので、その直後のマシンに当たる空気の速度は小さくなり空気抵抗は減少する（図1）。

　もし、後続車に当たる空気の速度が10%、密度が3%、それぞれ小さくなれば、$3375 \times (1-0.1)^2 \times (1-0.03) \fallingdotseq 2652$Nとなり、空気抵抗は723Nも減少する。エンジンは空気抵抗の減少分と速度の積、723N$ \times 75m/s\fallingdotseq 54200$Nm/s、すなわち

図1. スリップストリームのメリット

図2. スリップストリームのデメリット

54.2kWだけ出力をセーブでき休めることができる。当然、その分燃費も良くなる。良いこと尽くめのスリップストリームだが、冷却能力の低下という危険がつきまとう。これは図2のようにラジエーターを通過する空気の速度と密度が低下するとともに、前車の排気や放熱で温められた空気を取り入れなければならないためだ。

　冷却水やエンジンオイルがエンジンから奪った熱、排気系からの熱、ミッションオイルクーラーからの熱や、ターボ車ではインタークーラーの熱などが最終的にはすべて空気に捨てられる。この中でもっとも深刻なのはラジエーターから空気への放熱である。その放熱能力は図3のように、フィンとチューブで構成されるコア部の熱交換で決まる。もっとも影響が大きいのがラジエーターフィンから空気への放熱能力である。空気の速度が大きく、温度が低く、密度が高ければ、フィンの温度が下る。するとチューブからフィンへの熱の移動が大きくなり、チューブの温度が低下する。チューブ内面と冷却水との温度差が大きくなると冷却水からチューブに流れる熱量が大きくなる。スリップストリームによりこれと逆の現象が起こることになる。前車で温められた、密度が小さくなった空気が低い流速でラジエーターコアを通過するのでトリプルパンチで放熱能力を損なうことになる。空気への放熱が小さくなると、ここがネックになって熱が溜まってしまう。

　こうしてエンジンから冷却水が奪った熱量よりも放熱できる熱量が下まわると、徐々に水温が上昇しオーバーヒート状態になる。だが、オーバーヒートする前に左右に寄って前車の後流から逃れれば、水温の上昇はさけられる。ラジエーターの放熱能力に余裕があったり、気温が低ければオーバーヒートの心配はさらに小さくなる。

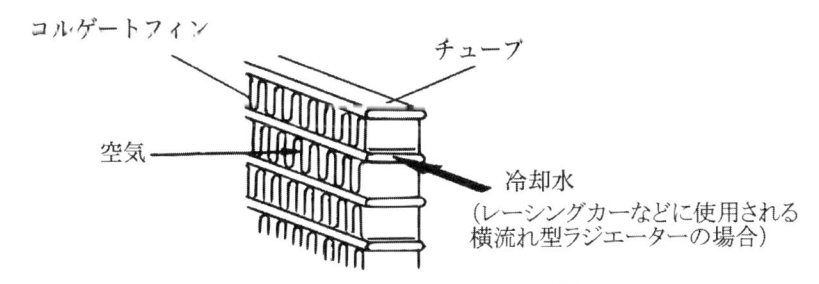

図3. ラジエーターコアにおける熱交換

第 6 章
耐久・信頼性

人間と同じようにどんな機械にも寿命がある。一発破壊と呼ばれる " ドカンボキン " は論外として、その寿命は疲労と摩耗と変質で決まる。使い始めには故障が起こりやすく、その後は故障率が低減する安定期を迎える。そして次から次へと故障が起こる終末故障期になり寿命となる。ここでは、特に偶発故障期と呼ばれる安定期の故障について述べる。触媒の焼損やベアリングの焼き付きを例に、安定期の故障発生のメカニズムを追求する。

6-1. エンジンやクルマの寿命をきめる要素はなにか

　機械は人間が作るものなので未来永劫に動き続けることはできない。ここでひとこと機械の定義について触れておく。機械とは①剛体と見なせる部分と、②相対運動をする部分があり、③力を発生あるいは伝達するもの、である。例えば、単純機械のテコ（梃子）に当てはめると、棒は曲がってはならず、力点と作用点が相対運動をして力を伝えている。滑車や輪軸についても同様である。ボイラーは装置、ディジタル時計などは機器である。

　私は故障の原因を大別すると疲労、摩耗、変質の三つであると考えている。変質はゴムの硬化や錆などである。以下これに沿って説明する。

　一般に機械は最初に故障することが多い。そして、いよいよ寿命だと感じるのは故障が頻発し出す頃である。これを図1で説明する。出来たての機械は故障率が高い。この期間が初期故障期である。ここで、故障率とは総台数のうち何台故障したかの割合である。

　初期故障が出尽くすと偶発故障期となって安定する。車であれば縁石に乗り上げたりオーバーランをさせたりして偶然に起こる故障期間である。そして、相対運動をする部分が摩耗したりゴム部品に硬化やひび割れが発生したりと、次からつぎへと故障が起こる摩耗故障期となる。このグラフは曲線の形状から鍋底曲線とも呼ばれている。

　よく聞く疲労破壊は図2のように、応力が繰り返してかかると微視的な傷などから亀裂が発生して進行し、破断につながる現象である。実験的に求められた結果であり、縦軸に応力（S）、横軸に繰り返し回数（N）をとり、S−N線図と呼ばれてい

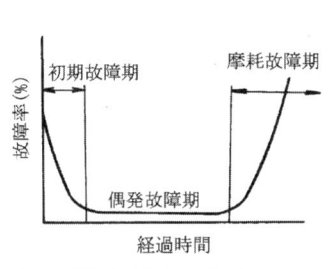

図1. 故障率は初期と末期で大きい

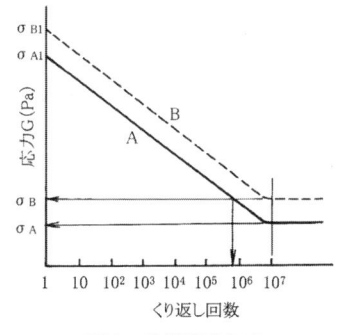

図2. 疲労強度とは

る。Aの場合はσ_Aの応力が10^7回作用しても破壊しなければこの応力ではずっと壊れない。さらに大きな応力σ_Bだと10^6以下で破壊する。もし、材料や形状がよければ破線のように、より大きな繰り返し応力σ_Bに耐えることができる。Nが1で破壊するのはドカン、ボキンで壊れるので一発破壊と呼ばれる。

　クランクシャフトに作用するガス力でクランクが微視的（数十ミクロン）に曲がると図3のようにベアリングメタルが片当たりして摩耗を助長する。自分でエンジンをチューンナップした場合、クランクの強度が不足していると起こることがある。また、シリンダーもピストンリングで擦られて摩耗する。バルブガイドも同様である。

　エンジンでは特にゴムの劣化が問題となりやすい。劣化とは硬化やひび割れ、オイルによる膨潤が主である。高い温度のもとで使われると図4のように寿命は短くなる。同じゴムでもニトリルゴムよりアクリルゴム、シリコンゴム、ふっ素ゴムの方が耐熱性に優れている。また、エンジンオイルも劣化して粘度が低下し、2-2-14で説明した潤滑性や油膜形成などの基本的な作用が損なわれる。

　クランクシャフトの前・後端のオイルシールからのオイル漏れはゴム部品の劣化の代表的な例である。オイルシールはフリクションが少なく、かつオイルを漏らさないような緊迫力を維持し続けるという二律背反の要求を満たさなければならない。ゴムのリップがクランクシャフトと接しながらクランクの小さな振れ回りでも軸の表面に追随して油密を保つ柔軟性が必要である。これが破損すると大きな被害をもたらす。以前は石綿の成形品であったが、ゴムのリップのオイルシールが発明されて油漏れは劇的に減少した。

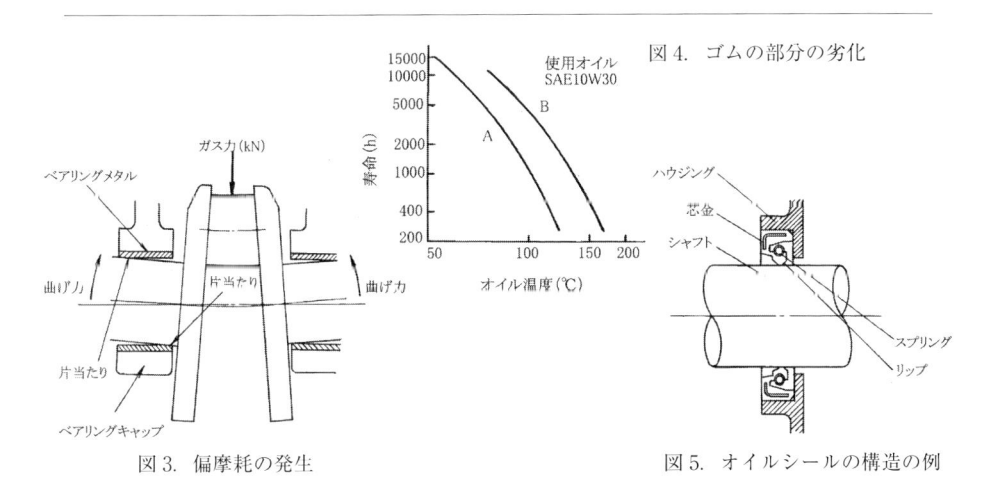

図3. 偏摩耗の発生

図4. ゴムの部分の劣化

図5. オイルシールの構造の例

6-2. ベアリングが焼き付くメカニズムはどうなっているのか

　鈴鹿サーキットがオープンした頃には、潤滑を制するものが高速エンジンを制する、と言われるほどベアリングが焼き付いていた。第二次世界大戦中の飛行機には植物性の潤滑油であるヒマシ油が使われていた。このヒマシ油をレーシングカーに使うと独特の香りがして、爆音とともにサーキットの雰囲気を盛り上げたものであった。

　ベアリングメタル（以下ベアリング）や潤滑油の研究開発が進み高速・高負荷での運転が可能になった。だが場合によっては、ベアリングの焼き付きは依然として発生している。ここではエンジンに広く使用されているプレーンベアリング（平軸受）について説明する。ベアリングが正常に機能しているときは、図1のように流体潤滑の状態になる。軸はベアリングメタルとの間にある油膜で浮き上がった状態で回転している。回転し出す瞬間は軸とベアリングの金属同士が直接接触した状態なので固体潤滑、両者の中間を境界潤滑（混合潤滑）というが、回転が少し上がればすぐに流体潤滑になる。

　流体潤滑の場合でも何らかの原因で、油膜が切れると焼き付くことがある。まず考えられるのが過大な回転速度である。軸が回転しているとき、図2のように軸の表面に付着して軸と同じ周速で動いているA点のオイルの粒子と、ベアリング表面に付着しているB点のところの粒子の間には大きな速度差が生じる。これがせん断力を発生させる。しかも動いているので（せん断力）×（周速）は仕事であるので熱にかわる。

　ところが、2-2-14で説明したようにオイルの基本的な作用として冷却作用があ

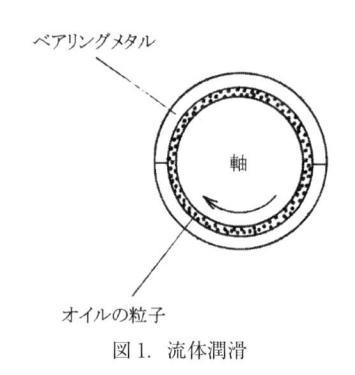

図1. 流体潤滑　　　　　　　　　　図2. オイルにせん断が働く理由

る。ギャラリーから供給される温度の低いオイルが奪う熱量より発熱量が大きくなると、油膜や軸やベアリングの温度を上昇させる。発熱によりオイルの粘性が低下し、金属同士が接触するようになりさらに温度が上がる。ついに金属の融解温度となって焼き付いてしまう。次に、軸に加わる半径方向の力が大きくなり、耐荷重を越えた状態が続くと油膜が潰され、直接金属同士が当たり焼き付きに至る。

　動いていないメインベアリング部の温度の測定は比較的簡単だが、回転しているクランクシャフトのピン部の温度の測定には手間がかかる。その一つの方法を図3で説明する。ピンの測定したい部分からピンの中心に向かって1mm程度の穴をあけ、さらにこれに交わる穴をメインジャーナルの中心を目がけてクランクアームの肩からあける。次にクランクシャフト先端の中心からこの穴に交わるように穴をあける。

　熱電対の2本の素線が入ったリード線をこの穴に通し、熱電対の玉の部分がクランクピンの表面に強固に保持されるように圧入する。そして、フロントカバーにスリップリングをアダプターを介して取り付けられているスリップリングに接続する。

　このようにして得られたデータを図4に示す。回転とともにピン部の温度は上昇し、その勾配はだんだん急になる。そして、油膜が切れ出し金属接触が起こる、するとまた温度が上昇するというサイクルを瞬間的に繰り返して焼き付きに至る。また、図5のようにクランクシャフトが曲がるとクランクジャーナルがベアリングメタルに片当たりして、この部分の面圧が増大して油膜切れを起こす。すると、この部分から焼き付きが発生する。

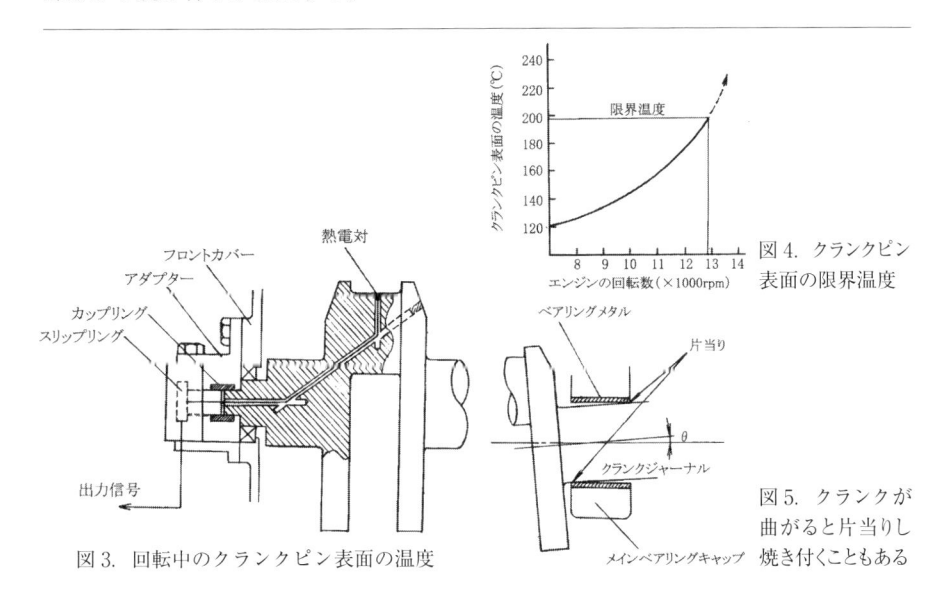

図4. クランクピン表面の限界温度

図3. 回転中のクランクピン表面の温度

図5. クランクが曲がると片当りし焼き付くこともある

6-3. ミスファイアが起こるとなぜ触媒が焼損するのか

　触媒が装着されているクルマでは、ミスファイアが続くと触媒が焼損する。触媒がなければミスファイアをしても、未燃の混合気は排気管の中ではほとんど燃えることはない。しかし、触媒があるとこの中で強烈な酸化反応が起こる。活性化温度に達している触媒に大量の燃料と酸素が供給されるため、一気に反応して大量の熱を発生させる。触媒は図1のように床下（A）や排気マニホールドの直下（B）に装着されている。触媒が排気清浄化機能を発揮するためには温度が必要である。図2のように触媒の転換効率は温度に対してＳ字形をした曲線になる。ここで、転換効率とは有害成分の触媒入口濃度と出口濃度の差を入口濃度で除した値をパーセント表示したものである。

　例題として2000cc、4気筒のエンジンを搭載したクルマが高速道路を2000rpmで走行しているとき、一つのシリンダーでミスファイアが続いた場合に触媒が焼損するまでの時間を求めてみる。触媒の温度は床下で400℃、排気マニホールド直付けでは600℃以上になっている。ここでは、触媒は床下に装着されていて、その焼損温度を1000℃だとする。触媒の温度を400℃ とすると、ここから600℃上昇すると1000℃に達して焼損する。

　図3の構造の触媒とケースを含めた昇温する部分の質量を1kg、平均の比熱を2.5kj/kg℃とし、1000℃ に達するのに必要な熱エネルギーをQkjとすると、

　　$Q = 2.5kj/kg℃ × 1kg × (1000-400)℃ = 1500kj$

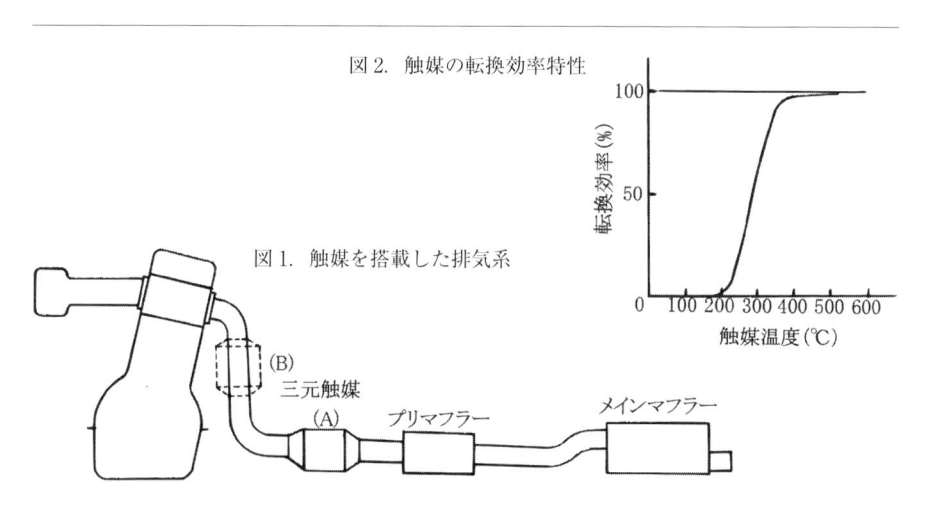

図 2. 触媒の転換効率特性

図 1. 触媒を搭載した排気系

一方、ガソリンの低発熱量Huを44000kj/kgとすると、Q/Hu=0.034kgすなわち34gのガソリンが触媒中で酸化すれば焼損することになる。これをガソリンの密度0.74g/cm³で割って体積に換算すると46cm³である。一つのシリンダーがミスファイアしパワーが下がるのを補うため、アクセルを踏み加減にしたため充填効率を70%とすれば、シリンダー当たりの1回の吸入空気の質量は$0.5\ell \times 0.7 \times 1.2g/\ell$=0.42gとなる。燃料の質量はこれを理論空燃比の1/14.7で割って約0.03g、体積では0.041cm³に相当する。先に求めた46cm³に達する噴射回数は46（cm³）/0.041（cm³/回）=1120回と算出される。これから焼損に到る時間が求められる。4サイクルエンジンなので2回転に一度ミスファイアしているシリンダーからこの量の燃料が空気とともに触媒に流れ込む。エンジンは2000rpmであるから1120×2÷2000=1.12分、すなわち1分7秒で焼損することになる。

　図4のように未燃の燃料をたっぷり含んだ混合気は活性化温度に達した触媒の表面に触れた瞬間に酸化されるため、局部的に高温になる。生ガスの直撃を受けさらに放熱されにくい担体の中央前部から、熱が溜まる後部にかけて融けることが多い。担体が融けなくてもその表面にコーティングされている白金やロジウムなどの触媒物質の機能が喪失する。

　電子制御されたエンジンでは連続してミスファイアを起こすことは稀（まれ）であるが、整備不良などで点火系に異常が生じてミスファイアを起こすこともある。そこで、触媒の温度が異常に上昇するとウォーニングランプが点灯して警告を発するようになっている。

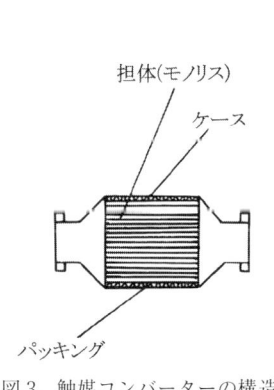

図3. 触媒コンバーターの構造

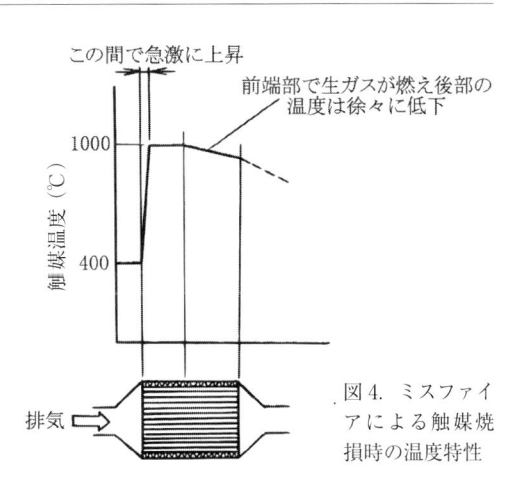

図4. ミスファイアによる触媒焼損時の温度特性

6-4. エンジンやクルマの剛性と強度はどうちがうのか

　柳に風折れなしという諺（ことわざ）がある。強い風でもしなるから、幹が折れない。柳の幹の剛性は低いが強度は高い。剛性とは変形のしにくさで、強度は壊れにくさのことである。破壊や寿命については6-1で触れたので、ここでは主に剛性について説明する。

　「はり」とは外力によって曲げを受ける棒のことである。図1のように長さ ℓ（m）の二種類のはりについて、一端を支持して他端に荷重 W（N）を加えたときのたわみ（撓み）を比べてみる。①、②ともにはりの断面形状は同じであるが、曲げる方向が異なる。①、②のたわみを δ_1、δ_2 とすると、$\delta_1 = xW\ell^3/EI_1$、$\delta_2 = xW\ell^3/EI_2$ となる。Eはヤング率と呼ばれる剛さ（こわ）をあらわす指標でスティールの場合は206GPaである。I_1 と I_2 は断面2次モーメントと呼ばれる形状係数で、xははりの支持方法により異なる係数で片持ちはりの場合は1／3となる。

　EI_1 と EI_2 が曲げ剛性で、たわみはこれに逆比例する。断面形状とヤング率が同じでも曲げる方向でたわみが異なるのは、この断面2次モーメントの影響である。図2で断面2次モーメントの求め方を説明する。はりが曲げられるとき、上側を引き伸ばされ下側は圧縮される。その中間で伸ばされも、圧縮もされない中立の軸が存在する。これを中立軸という。

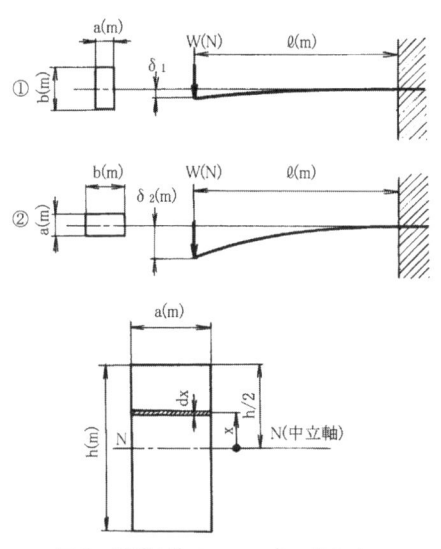

図1. 同じ断面積でも曲げる方向によってたわみは異なる

図2. 断面2次モーメントの出し方

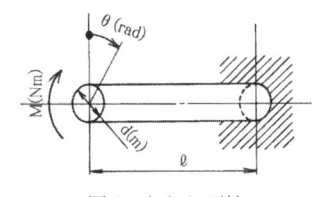

図3. ねじれ剛性

幅a（m）厚さh（m）のはりを上下に曲げるときの断面2次モーメントを求める。中立軸N−Nからx（m）離れた厚さdxの部分の微小な面積はa・dxである。この微小面積と中立軸からの距離xの二乗の積ax^2dxのh/2までの総和が中立軸から上の断面2次モーメントである。従って、幅a、厚さhの断面2次モーメントIはこの2倍となる。

$$I=2\int_0^{h/2} ax^2dx=2\left[1/3x^3\right]_0^{h/2}=ah^3/12 \ (m^4)$$

図1にもどって、b=2aならば①と②のたわみの比、$\delta_1/\delta_2=I_2/I_1=1/4$となり、同じ角材でもタテ長に使うとたわみは1／4になることがわかる。

図3のように直径d（m）、長さℓ（m）の丸棒ををねじるときの断面2次モーメントは$I_P=G・\pi/32・d^4$となり直径の4乗に比例してねじれ剛性は大きくなる。ここで、Gは剪断弾性係数（横弾性係数）で、スティールの場合80GPaである。GI_Pはねじれ剛さと呼ばれる。

次に引っ張りによる変形と破壊を図4で説明する。テストピースを両側から引っ張るとひずみと応力はPまでは直線的に比例し、力を解放するとまた元の状態にもどる。そのギリギリのところの応力σ_E（GPa）が弾性限界で、これよりさらに力を加えると伸びやすくなって勾配が小さくなる。そして急に伸び出す応力$\sigma_{y\ell}$を第1降伏点という。その後、応力はほぼ一定となるが、さらに引っ張ると応力は大きくなり第2降伏点σ_{yu}を越すと急に伸びだして破断する。この途中のMで力を緩めるとNに戻るが0−N間がひずみとして残る。

クルマの剛性の指標の一つに図5のようにねじったときのねじれ角に対するモーメント（Nm）がある。例えば、セダン型の乗用車のねじれ剛性は$1.1×10^6$Nm/rad（$1.92×10^4$Nm/deg）程度、クローズドボディのレーシングカーは$1.5×10^6$Nm/rad程度である。

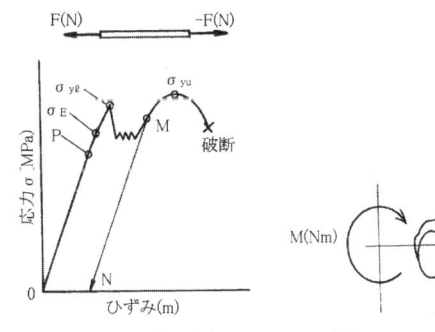

図4. 引っ張り強度

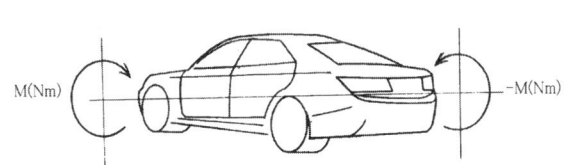

図5. クルマのねじれ剛性は大きな商品性の一つだ

第7章
歴史と展望

エンジンも自動車も欧州で発明された。そこには歴史的な必然性があった。その後モータースポーツの影響もあり、エンジンと自動車の高性能化は急速に進歩した。自動車を大量生産して広く普及させたのは、米国フォード社の功績である。そして、米国以外の国でもモータリゼーションは急速に進んだ。ここでは動弁系の変化とエンジンの進歩との関係、また、エンジンの熱効率改善の限界、自動車用エンジンのエネルギー源にも触れる。

7-1. エンジンやクルマはいつ発明されたのか

　第二次世界大戦が終わって十年も経たない1954年4月、第1回全日本自動車ショウが日比谷公園で開催された。ついに、日本にモータリゼーションの小さな波が訪れた。自動車は憧れの的で将来、自家用車を持つことが若者の夢であった。私もその一人である。

　それまでの馬車に代わって、原動機を備え人が乗って操向する初めての走行機械は、キュニョーの蒸気車と呼ばれるものである。フランス人のニコラス・ジョゼフ・キュニョーは1769年に蒸気エンジンを動力とした4人乗りの三輪自動車を製作し、走行実験に成功した（図1）。その2年後にはこれを改良したファルディエ車を完成し、弾薬の運搬などに使われた。キュニョーはまず自動車用の蒸気エンジンの開発を先に手掛けている。

　それから1世紀ほど経った1876年にドイツ人のニコラウス・オットーが4サイクルエンジンを発明した（図2）。ボイラーから高圧の蒸気が発生するまでに時間がかかり、低速で回転する蒸気エンジンより、素早く始動してパワーのある4サイクルエンジンは自動車用動力源として魅力的であった。このエンジンを自動車に利用しようとしたアイデアはゴットリープ・ダイムラー（1834-1900）が出したと言われている。

　彼の協力者のヴィルヘルム・マイバッハがこのアイデアを実現させるのであるが、まずマイバッハはカール・ベンツ（1844-1929）と並んでオットーのエンジンを自動車用に進化させた。この自動車開発の先駆者3人と先のキュニョーはエンジンの種類は異なるものの、自動車本体より先にエンジンを開発したところが興味深い。やはり自動車は動力源が主役だと認識させられる。

　ダイムラーとマイバッハはオットーエンジンの小型軽量化をはかり、1885年に木製の二輪車（図3）に搭載して、ドライブをくり返したがエンジンにトラブルはなかった。この頃、ベンツは図4のような横向きの4サイクルエンジンを開発した。その後、縦向きとなりこれを搭載した自動車は1886年7月に初めて走行している。

　ベルタ・ベンツ夫人も相当なクルマ好きであったらしく、1888年には最初の女性ドライバーとして長距離走行を行っている。図5はベンツ夫妻が、ベンツ・ヴィクトリアでドライブしているところであるが、すでにステアリングホイールが用いられている。

　ガソリンエンジン車が出現して10年も経たない1894年にパリとルーアン間で走行会が開かれた。翌年、パリとボルドー間往復の1200kmのスピードレースが開催さ

れ、ガソリンエンジン車が蒸気車を押さえて圧勝した。この頃、フランスの技術協会誌は、自動車レースこそが自動車のかかえる問題の解決に寄与できると述べている。

その後モータースポーツは自動車の発展に大きく貢献した（図6）。英国のウエズレーク博士は、浅いペントルーフ型で中心点火の4バルブの燃焼室を考案した。博士は有名なレーシングエンジン、コスワースDFVなどでも一世を風靡し、これらは広く民生用に展開されている。

ガソリンエンジンだけでなく、1880年には英国のデュガルト・クラークが2ストロークエンジンを、1897年にはドイツのルードルフ・ディーゼルがディーゼルエンジンを発明した。また、1964年にはヴァンケルエンジン車がこれに加わることになる。

図1．キュニョーの蒸気車（1769年）（林 義正著『乗用車用ガソリンエンジン入門』より）

図2．オットーの4ストロークエンジン（1876年）（エリック・エッカーマン著／松本廉平訳：『自動車の世界史』より）

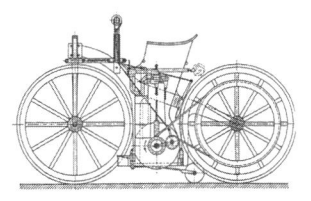
図3．ダイムラー／マイバッハの自動二輪車（1885年）（エリック・エッカーマン著／松本廉平訳：『自動車の世界史』より）

図4．ベンツの4ストロークエンジン（1885/86年）（エリック・エッカーマン著／松本廉平訳．『自動車の世界史』より）

図5．ベンツ・ビクトリア（1893年）（エリック・エッカーマン著／松本廉平訳：『自動車の世界史』より）

図6．ルノー兄弟のレーシングカー（1902/3年）（エリック・エッカーマン著／松本廉平訳：『自動車の世界史』より）

図7．ウェズレーク燃焼室（1963年）ウェズレーク／BRM実験エンジン

7-2. 動弁系の変遷とエンジンの進化の関係を知りたい

　1876年にドイツ人のオットーが4サイクルエンジンを発明した。第二次世界大戦中は航空機用エンジンが、それ以降は自動車用エンジンがめざましい進歩を遂げてきた。基本的なサイクルは同じでも、構造上あるいは構成要素に関する多くの発明が続いている。現在ではDOHCの4バルブは当たり前になっているが、自動車メーカーが昭和53年排気規制対策に血眼になっている頃には高嶺の花、夢のエンジンであった。

　1908年に発表され一世を風靡したT型フォードには図1のようなサイドバルブエンジンが搭載されていた。吸排気バルブはシリンダーブロック側に装着され、エンジンは上から見てシリンダーの外側に配置されていた。シリンダーヘッドの構造は簡単だが、肝心の燃焼室とその表面積が大きくなり、また吸排気の流れが二度曲がるために抵抗が大きく出力や燃費には不利な構造であった。

　そこで発明されたのが図2のOHV（Over Head Valve）である。吸排気バルブがシリンダーヘッドに移り、カムの力をプッシュロッドとロッカーアームで伝えてバルブを駆動する。燃焼室をコンパクトにでき、バスタブ型やウエッジ型、リカルド型などの燃焼室が生まれた。また、吸排気も上から入って上に出るので吸入効率も改善され、圧縮比も大きくできて出力は著しく向上した。吸排気ポートをヘッドの片側に開口して吸排気の流れをUターンフローとし、点火プラグをポートとは反対側に取り付けるのが一般的である。GMがフォードを抜いたのはOHVを発明したから

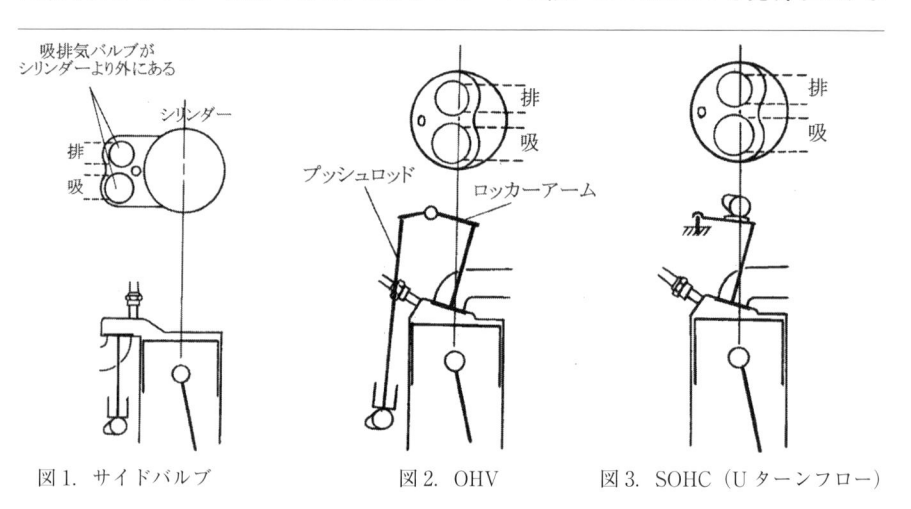

図 1. サイドバルブ　　　　図 2. OHV　　　　図 3. SOHC（U ターンフロー）

だともいわれている。

　ところがOHVはプッシュロッドとロッカーアームの質量と剛性が高速化の障害となった。日本ではカムシャフトをシリンダーブロックの上部に装着してプッシュロッドを短くしたメーカーもあった。プッシュロッドを無くすためにカムシャフトをシリンダーヘッドにもってきたSOHC (Single Over Head Camshaft) へと進化した。図3のように燃焼室と吸排気ポート配置は図2のOHVと同じである。

　タペットを使った直動のものもあったが、ロッカーアームを用いたものが主流であった。SOHCはヘッドの設計の自由度を大きくした。吸排気の流れをUターンではなく図4のように吸排気ポートを互いに反対側に配設したクロスフローと、燃焼室を半球形にすることが容易になった。稀にOHVでもこれを実現したエンジンもあった。SOHCは出力と燃費の改善に大きく貢献した。だが、SOHCの全盛の期間は比較的に短かった。

　というのも高速化と商品性の向上のために、日本ではレーシングエンジンで用いられていたDOHC (Double Over Head Camshaft) と4バルブが実用エンジンに使われるようになったからだ。2個ずつの吸排気バルブを装着し、表面積を小さくできるペントルーフ形の燃焼室（ウエズレーク形燃焼室）が現在では主流である。吸排気のカムシャフトが独立しているので、カムシャフトをひねることによりバルブタイミングの可変が容易になった。だが、DOHCでありながらバルブリフトを可変にするために、あえてロッカーアームを使う場合がある。

　動弁系の変化は燃焼室の形状と吸排気の流れに大きく影響した。動弁系と吸排気の流れをまとめると図6のようになる。動弁系の変遷はエンジンの進化の歴史でもある。

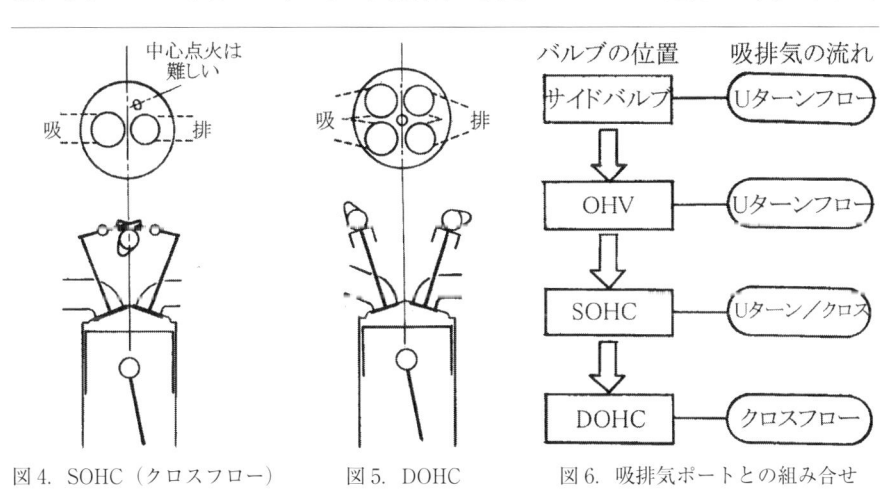

図4. SOHC（クロスフロー）　　図5. DOHC　　図6. 吸排気ポートとの組み合せ

7-3. 将来エンジンの熱効率はどこまで改善されるのか

　オットーが4サイクルエンジンを発明してから140年余りが経った。エンジンほど多くのエンジニアがかかわっても、まだ発展を続けている機械は稀である。機械工学で使う材料力学、機械力学、流体力学、熱力学の4力学を駆使して設計するエンジンは機械工学のシンボル的な存在である。

　1-7でも触れたがオットーサイクルで熱エネルギーを仕事に変換する原理を図1で説明する。摩擦のないピストンが下死点1にあるときシリンダーは気体で満たされている。次に上死点2まで断熱圧縮し、瞬間的に熱エネルギーQ_1が加えられる。これによりガスの圧力は瞬時に2→3に上昇する。3→4でガスが断熱膨脹してピストンが仕事をする。下死点4で熱エネルギーQ_2を捨てなければ、もとの1に戻ることはできない。ピストンがした仕事は1→2→3→4→1で囲まれた面積である。これは$Q_1 - Q_2$に等しい。

　現実のエンジンにおいては熱効率の改善は図2のように、加えた熱エネルギーが同じでも図示仕事（ピストン仕事）を大きくすることである。だが、これには冷却損失やポンピングロス、排気損失などの各種の損失の壁が立ちはだかっている。熱効率を高くするためにはこの壁をAの方向に動かすことである。次は少しでも大きくした図示仕事から差し引かれる摩擦損失を減らすことである。摩擦損失の低減にも立ちはだかる壁がある。

　図示仕事を増大させる技術としては例えば、①冷却損失を小さくしたコンパクトな燃焼室　②常識的だが高圧縮比化　③摩擦損失が同じなら図示仕事を増大させる

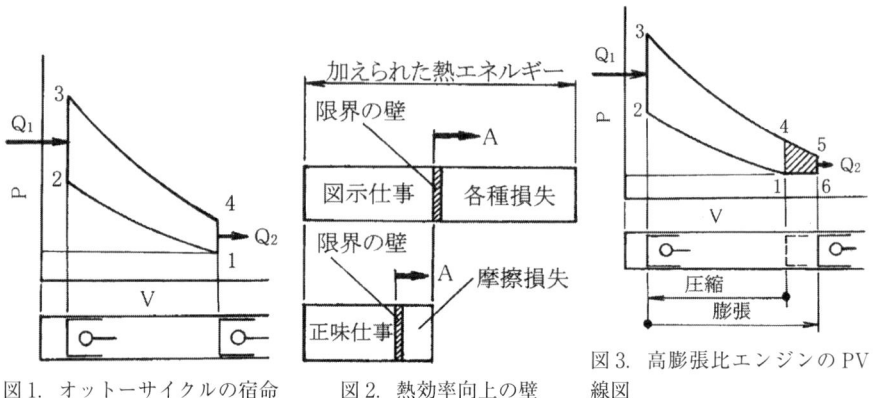

図1. オットーサイクルの宿命　　図2. 熱効率向上の壁　　図3. 高膨張比エンジンのPV線図

軽い過給　④冷やした排気を還流して燃焼ガスの温度を下げ冷却損失の低減とポンピングロスの低減　⑤多点点火により超リーンバーンを実現し作動ガスの気体の比熱比κを増大しサイクル効率の改善と冷却損失、排気損失の低減　⑥これも常識的だがシリンダー容積の最適化　⑦冷却温度の最適制御　⑧高膨張比サイクル　⑨クランクシャフト中心のオフセットによるピストンのサイドスラスト力を減らし摩擦損失の低減（図4）　⑩摺 動部分の細かい摩擦低減　⑪排気エネルギーの回生などが考えられる。

　2-2-10で説明したが⑧の高膨張比エンジンは、図3のように原理的には1→2の圧縮行程より3→5の膨張行程を大きくすることによりハッチング部分の仕事を余分にさせる。これはサイクル効率そのものを改善するので、他の技術とは独立して効果が得られる。

　ところが、冷却損失を低減する方法は、①④⑤⑦があり互いに効果が干渉しあって、効果は①から⑦までの足し算とはならない。だが、⑧の高膨張比サイクルはオットーサイクルそのものを熱効率的に改善するので、⑨のクランクシャフト中心のオフセットのような摩擦損失の低減とともに単独の効果が得られる。

　図5はオットーサイクルの宿命である排気損失を回生するシステムである。特殊な排気タービンで排気エネルギーを動力として回生して発電機を駆動し、エンジンがかかっている間はモーターでアシストする例である。前記の①から⑩まではどれを先にするかで効果は異なるが、図6のように熱効率は現実的な壁である55.6%は無理としても、多少無理をした合わせ技で50%を少し越え、⑪を巧く使ってさらに上積みができると考えられる。だが、実用性を無視してはならない。

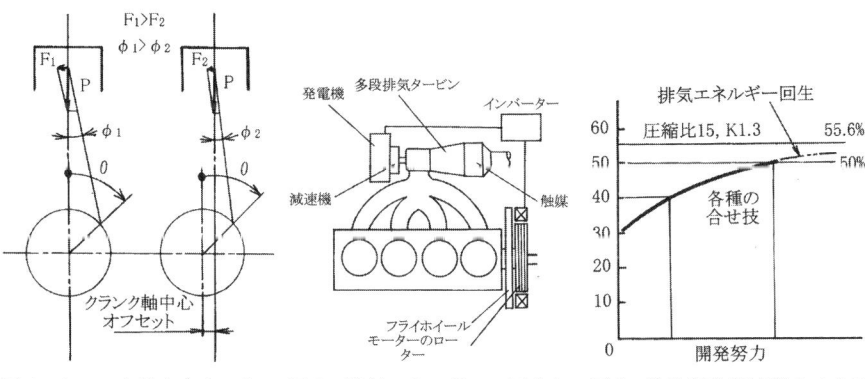

図4. クランク軸中心オフセットの効果

図5. 排気エネルギーの回生システム

図6. 熱効率改善技術のアイテムは干渉し合う

7-4. エンジンやクルマは本当になくならないのか

　初めがあれば終わりがあるのが世の常だ。太陽の寿命はあと10億年だと聞いたことがある。真理が実証できる事実なら、信念は固く信じてやまない心なのかも知れない。108回目となるこの最終話はエンジンとクルマの歴史を尊重し、半世紀を超えるエンジンの研究開発において醸成された私のちっぽけな信念である。

　辞書には衣食住は生活の最も基礎となる条件と記されている。私は現代の生活においてはこれに「動」を加え衣食住動としたい。この動が人間の暮らしを豊かにする。図1のように動は衣にも食にも住にも関係する。衣や食の原料は遠くから運ばれてくるものもあるし、環境のよい離れたところに住んで通勤に使うこともある。その動く手段としては、クルマやバイクがきわめて便利である。

　そのクルマやバイクに必須の車輪は、王の墳墓で発見された残骸や遺された絵画などからエジプトおよびメソポタミアの二大古代文明発祥地で、紀元前4000年の終わり頃に発明されたといわれている。引きずるより圧倒的に抵抗が小さい車輪のついた荷車を、馬や牛などに引かせた輸送の手段は、長期間にわたって人間の生活を支えてきた。ときには戦争にも使われることもあった。

　19世紀になり道路が整備されてきた欧州では、図2のような馬に引かせる乗用車が活躍している。スティール製の車体に屋根とドアがつき、板バネによるサスペン

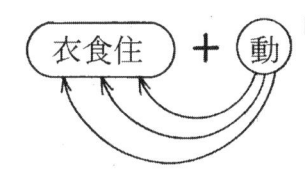
図1. すべてにかかわる移動手段

図2. 馬が動力の乗用車
（エリック・エッカーマン著／松本廉平訳
『自動車の世界史』より）

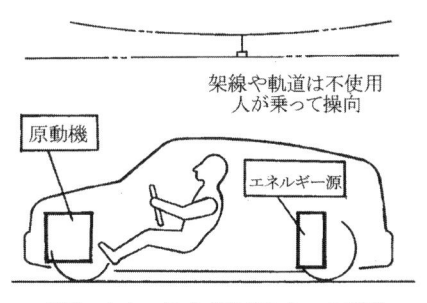
図3. クルマにまず必須の2つの要素

ション、方向転換が容易なように工夫された前輪、これに原動機さえあればまさに自動車という状態になっていた。ここに出現したのが蒸気機関とエンジンであった。動物の力を利用するのでは限界がある。そこで、自動車の先駆者達はクルマに必須の動力源の開発をまず手掛けている。高級な馬車とエンジンとの出会い、ここに自動車が生まれる必然性を感じる。

　自動車は原動機を備え人が乗って操向しなければならない。そして架線や軌道を使わないとなれば、第一に原動機は必須である。それは同時にクルマには原動機に供給する何らかのエネルギーを携行していなければならないことである（図3）。

　そのエネルギーの枯渇や環境問題、社会との調和ともバランスを保ちながら、この便利な機械は生き続けられる。だが、恒久的な完全バランスではなく妥協の余地を残したバランスである。エンジンは安価な材料で構成されて、熱を高い効率で仕事に変換する。人間の熱効率の数倍である。図5のように、エネルギー源としてはガソリンや軽油、液化石油ガス（LPG）、圧縮天然ガス（CNG）、また水性ガスやエタノールなどの再生可能なバイオ燃料、太陽光や風力、水力などで発電した電力で人為的に作った水素やそれを使った合成燃料などもある。もちろん、モーターと電気エネルギーも動力源の主役の一人である。

　天然資源が有限なのは真理である。だが、それを解決する知恵は無限である。人類が存在する限り、文明の恩恵に浴して豊かに暮らすためには、クルマは無くてはならない。そして、原動機は必須である。そのエネルギーを生み出すことが可能となればエンジンはクルマとともに同じ道を歩む。エンジンはクルマ以外にもなくてはならない存在である。エンジンとクルマは人類とともにある。これが私の信念である。

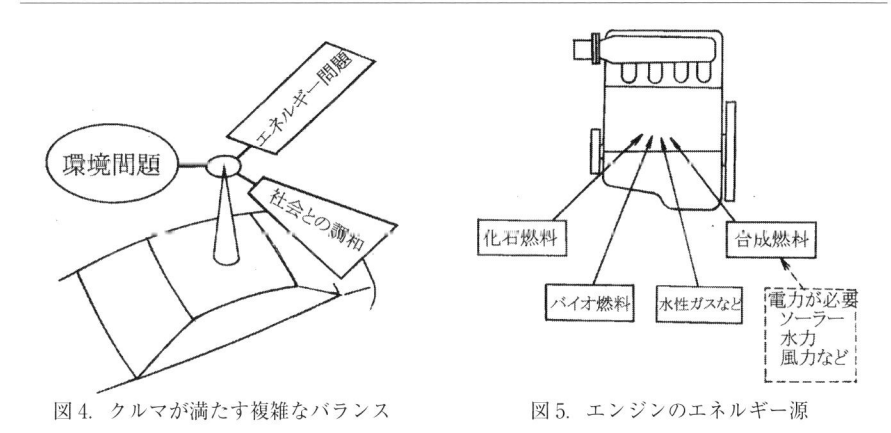

図4. クルマが満たす複雑なバランス　　　　図5. エンジンのエネルギー源

参考文献

・「エンジンとクルマの108の煩悩」（LEMA　№.517—535）　林　義正、日本陸用内燃機関協会　2014.10 - 2019. 4

・『乗用車用ガソリンエンジン入門』　林　義正、グランプリ出版　2018.11

・『レーシングエンジンの徹底研究』　林　義正、グランプリ出版　1991. 3

・『エンジンチューニングを科学する』　林　義正、グランプリ出版　1998.10

・『林教授に訊く「クルマの肝」』　林　義正、山口宗久、グランプリ出版　2006. 4

・『自動車の世界史』　エリック・エッカーマン、訳　松本廉平、グランプリ出版　1996.11

・『大車林　自動車情報事典』　監修　林　義正、他、三栄書房　2003.11

・『自動車技術ハンドブック』　自動車技術会編、自動車技術会　1991. 3

・『自動車工学便覧』　自動車技術会編、自動車技術会　1983. 9

・『内燃機関』　木村逸郎、酒井忠美、丸善1980. 5

・『工業熱力学　基礎編　全訂版』　谷下市松、裳華房1994.10

おわりに

　本書は機関誌に掲載されるという性格上、執筆期間は四年半に達しました。この間に本格的な非常用発電機用のLPガスエンジン2機種を開発しました。

　エンジンやクルマは社会ニーズに対応しながら変化してきました。これほど多くの技術者が係わっても、まだ進歩を続けている工業製品は稀だと思います。執筆しているうちに、創造力を発揮されて、この複雑な総合機械に降りかかる数々の課題をブレークスルーされた先人の業績への畏敬の念がますます強まってきました。

　エンジンやクルマにご興味のある方に加え、工学に関心をお持ちの若い方にもお読みいただければと願っております。そしてエンジンやクルマのさらなる進化を担っていただけることを願っています。また、エンジンやクルマのメカニズムが話題になったとき、本書がお役に立てれば幸甚です。

　最後になりましたが、本書をまとめるにあたり、適切な助言と校正をしていただいた㈱グランプリ出版編集部の中島匡子氏ならびに武川明氏、常にご支援くださったグランプリ出版のスタッフの皆様に深甚な謝意を表します。

　また、本書が生まれるそもそものきっかけとなったのは、グランプリ出版の創始者で元社長の尾崎桂治氏との対話でした。内容についての助言をいただいた尾崎氏に、心から御礼を申し上げます。

林　義正

著者紹介

林 義正 （はやし よしまさ） 工学博士

1939年3月東京都生まれ。九州大学工学部航空工学科卒業。1962年日産自動車㈱入社。中央研究所（当時）で高性能エンジンの研究、排気清浄化技術の開発、騒音振動低減技術の開発などを経て、スポーツエンジン開発室長、スポーツ車両開発センター長を歴任。日産のレース活動を率い、全日本スポーツプロトカー耐久レース3年連続選手権獲得。米国IMSA-GTPレース4連続選手権獲得、第30回デイトナ24時間耐久レースで数々の記録を樹立して日本車として初優勝。1994年2月に退社。同年4月に東海大学工学部動力機械工学科教授に就任、総合科学技術研究所教授を歴任。2008年、学生チームとしてル・マンに世界初出場。2012年退官と同時に㈱ワイ・ジー・ケー最高技術顧問。主な受賞歴にSpirit of Le Mans Trophy、科学技術長官賞、日本機械学会賞、自動車技術会賞などがある。著書に『ル・マン24時間』、『大車林 自動車情報事典』（監修と執筆、㈱三栄書房）、『世界最高のレーシングカーをつくる』（光文社新書）『レーシングエンジンの徹底研究』、『レース用NAエンジン』、『乗用車用ガソリンエンジン入門』、『エンジンチューニングを科学する』、『林教授に訊く「クルマの肝」』（共にグランプリ出版）などがある。

自動車工学の基礎理論
エンジン・シャシー・走行性能

著 者	林 義正	
発行者	山田国光	
発行所	**株式会社グランプリ出版** 〒101-0051 東京都千代田区神田神保町1-32 電話 03-3295-0005㈹ FAX 03-3291-4418	
印刷・製本	モリモト印刷株式会社	
組版	閏月社	